网络化控制系统随机时延研究

葛 愿 著

中国纺织出版社有限公司

内 容 提 要

随着网络技术的飞速发展，网络化控制系统已经广泛应用于智能制造、航空航天、智慧交通、远程医疗等领域。随机时延是网络化控制系统研究与应用中亟待解决的问题。本书深入分析了网络化控制系统的随机时延特征，提出了基于隐马尔可夫模型的随机时延建模方法，在此基础上研究了前向通道（控制器到执行器）的随机时延预测方法，并设计状态反馈控制器和输出反馈控制器，对随机时延进行补偿，降低随机时延对网络化控制系统性能的影响。最后基于实时仿真工具 TrueTime 搭建网络化控制系统仿真实验平台，对本书研究方法的有效性和优越性进行了验证。

本书可作为高等院校控制科学与工程、信息与通信工程、电气工程等专业的参考书，也可供相关领域的科研人员参考。

图书在版编目（CIP）数据

网络化控制系统随机时延研究 / 葛愿著. -- 北京 ：中国纺织出版社有限公司，2020.11

ISBN 978-7-5180-7922-3

Ⅰ. ①网… Ⅱ. ①葛… Ⅲ. ①计算机网络－自动控制系统－研究 Ⅳ. ①TP273

中国版本图书馆 CIP 数据核字(2020)第 182783 号

责任编辑：孔会云　　特约编辑：陈怡晓

责任校对：王蕙莹　　责任印制：何　建

中国纺织出版社有限公司出版发行

地址：北京市朝阳区百子湾东里 A407 号楼　邮政编码：100124

销售电话：010—67004422　传真：010—87155801

http：//www.c-textilep.com

中国纺织出版社天猫旗舰店

官方微博 http：//weibo.com/2119887771

北京玺诚印务有限公司印刷　各地新华书店经销

2020 年 11 月第 1 版第 1 次印刷

开本：710×1000　1/16　印张：15

字数：241 千字　定价：68.00 元

凡购本书，如有缺页、倒页、脱页，由本社图书营销中心调换

前　言

网络化控制系统是一种通过实时通信网络进行数据交换的分布式反馈控制系统。与传统的点对点控制系统相比，网络化控制系统具有减少系统布线、易于系统扩展和维护、增强系统灵活性和可靠性等优点。然而，由于网络带宽是有限的，导致数据在网络传输过程中不可避免地存在网络诱导时延。而且，由于受到网络负荷、节点竞争、网络堵塞等诸多表征网络状态的随机因素的影响，网络时延往往呈现出随机变化的特征。网络时延是导致网络化控制系统性能下降甚至不稳定的主要原因，寻找有效的网络时延建模方法在网络化控制系统建模与控制研究中占有重要地位。在这一背景下，本书从网络时延受控于网络状态这一时延产生机理出发，引入隐马尔可夫模型对网络时延进行建模、预测与补偿研究，并在此基础上研究网络化控制系统的建模与控制方法。

本书属于控制理论（网络化系统分析与控制）的范畴，主要对网络化控制系统的随机时延问题进行研究。全书共分为8个部分。第1章简单介绍了网络化控制系统的概念、基本问题以及各种随机时延的建模方法。第2章介绍了本书研究需要的预备知识，包括隐马尔可夫模型、马尔可夫跳变线性系统、矩阵不等式、阻尼复摆以及一些相关知识。第3章研究了基于离散隐马尔可夫模型的网络时延建模与预测方法。第4章主要讲述状态反馈控制器的进一步设计以实现对网络时延的补偿。第5章从最优控制角度研究了网络化控制系统的镇定问题，并通过对比分析证明最优控制器优于状态反馈控制器。第6章针对网络时延满足的混合高斯分布特征，研究了基于半连续隐马尔可夫模型的网络时延建模与预测方法，并设计最优控制器实现对网络时延的补偿。第7章研究了隐马尔可夫时延模型参数的最优初始化问题，进一步提高时延预测精度、改善时延补偿效果。第8章利用TrueTime工具箱设计了网络化控制系统仿真实验平台NCS—SP，并以离散隐马尔可夫时延模型为例展示了仿真平台的操作流程。

本书虽然涉及一定程度的数学知识，但总体而言本书读者对象仍定位于工业互联网领域的实务工作者。不过多讨论复杂的数学细节，而是直击数学模型背后朴素的物理意义，尽量从控制工程的视角研究本书涉及的建模与控制问题。

本书的顺利出版，要感谢中国纺织出版社有限公司的大力支持和编辑的辛勤帮助。作者才疏学浅，书中难免有疏漏之处，期望各位师长、广大同人批评指正。作者邮箱：geyuan@ahpu.edu.cn。

作 者
2020 年 5 月

目 录

第 1 章 绪论

1.1 引言

计算机的出现使自动控制系统从模拟信号控制进入了数字信号控制阶段，早期的计算机数字控制系统采用的是直接数字控制（direct digital control, DDC），其中所有的传感器和执行器都与同一台计算机点对点连接。因此，在 DDC 结构中，一旦计算机发生故障，将会导致整个系统及其所有回路失效。20 世纪 70 年代中期以后，随着微处理机技术和网络技术的发展，过去由一台大型计算机完成的功能可以由几十台甚至几百台微处理机来完成，各微处理机之间又可以用控制网络连接起来，从而产生了分布式控制系统（distributed control system, DCS），又叫集散控制系统。DCS 将控制任务通过控制网络分散到若干计算机控制器（现场控制单元）中，在每一个现场控制单元中，仍然采用 DDC 控制结构处理底层控制回路中的采样、计算、执行等实时任务；而控制器之间、控制器与上位机之间使用控制网络连接，用来传输开关量、监控、报警等信息。DCS 实现了集中管理和分散控制，克服了 DDC 采用集中控制的缺陷，大大提高了控制系统的可靠性。DCS 的出现标志着网络化控制时代的开始。

尽管在 DCS 中引入了控制网络，但由于每个控制单元中仍然采用点对点连接的 DDC 控制结构，所以 DCS 的扩展性不强。随着现场设备的增多，系统布线更加复杂，成本增加，抗干扰能力下降。在这种情况下，带有微处理器的智能传感器和智能执行器出现了，使控制网络在控制系统中更深层次的应用成为可能，在 20 世纪 80 年代末产生了现场总线控制系统（fieldbus control system, FCS）。与 DCS 相比，FCS 是一种全分布式的体系结构，将控制网络一直延伸到了底层的各种智能现场设备，现场设备间的信号传输完全数字化。

同时由于 FCS 的智能设备带有微处理器，能够直接在生产现场构成控制回路，所以控制功能被完全下放，实现了彻底的分散控制。FCS 其实可以看作是一种狭义的网络化控制系统了。

FCS 具有全数字化、全分布式、现场设备的智能化与功能自治性、节省布线等诸多优点，顺应了控制系统向分散化、智能化、网络化的发展趋势，因此得到了迅速的发展。尽管如此，但仍然存在一些问题制约其应用范围的进一步扩大。首先，现场总线标准不统一且不兼容，这使得不同总线产品之间的互联变得非常困难；其次，现场总线是一种专用的实时通信网络，扩展成本较高，难以实现远程控制。为了加快现代控制系统向网络化的发展与应用，各大厂商纷纷寻找其他途径以求解决兼容性和扩展性问题，大家把目光转移到了在办公和商业领域大获成功的以太网（ethernet）技术上。

以太网具有传输速率高、低功耗、易于安装和兼容性好等多方面的优势。以太网最初是为办公自动化开发设计的，介质访问控制协议使用带有碰撞检测的载波监听多路访问（carrier sense multiple access with collision detection, CSMA/CD）决定了 ethernet 是一种非确定性网络，在应用于工业自动化控制时，还存在一些问题，主要体现在实时性差、可靠性和安全性不高等方面。为了解决这些问题，人们提出了工业以太网，它在技术上与商用以太网兼容，但在材质的使用、产品的强度和工业环境适应性等方面都能满足工业现场的需要。

工业以太网作为一种控制网络不仅实现了企业下层（现场设备层）的通信连接，而且基于工业以太网的网络化控制系统与 FCS 相比在很大程度上使工业控制网络的通信协议趋于统一。然而，信息时代的发展趋势必然是信息网络与控制网络的无缝集成，所以控制网络同时还要与企业上层（信息管理层）进行连接，目的在于实现综合自动化系统中的资源管理层、监控执行层和现场设备层的互联与兼容。随着互联网（internet）技术的出现与快速发展，控制网络与互联网技术的结合将各行业综合自动化水平从 DCS、FCS 推升到了一个更高的高度，即广义的网络化控制系统（networked control system, NCS）。此外，利用无线传感器等无线网络技术实现的无线网络化控制系统（wireless networked control system, WNCS）也已经成为NCS的一个重要分支，特别适应于受控对象可随意运动的情况，或者受控对象所在环境很难使用有线网络进行连接的情况。图 1.1 给出了自动控制系统向网络化发展的历程。

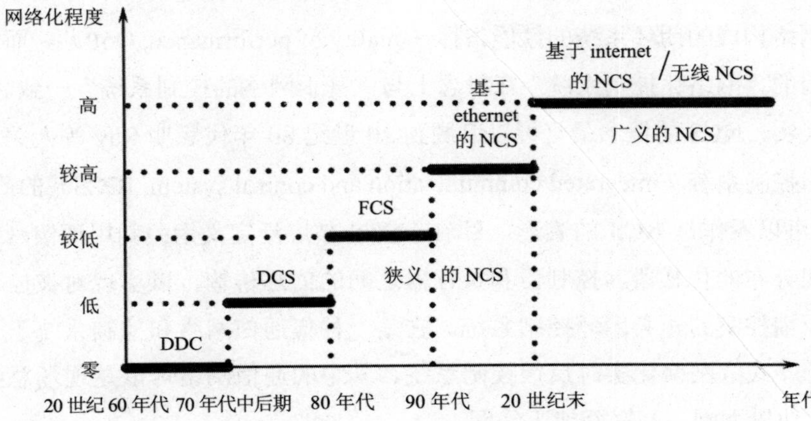

图 1.1　控制系统网络化发展历程

目前，NCS 已经在航空航天、机器人遥操作、智能交通、过程控制、远程医疗、智能家居、汽车制造等应用领域取得了巨大成功。但是，迄今为止，NCS 的理论基础和技术体系尚未形成，理论研究远远落后于实际应用。因此，开展 NCS 的理论研究是控制科学在网络化时代的迫切需求。Murray 等曾指出：控制、计算和通信的集成将会成为控制科学的一个重要发展方向，NCS 则正是这一发展方向的具体体现，为促进控制、计算机、微电子和通信技术等多门学科的交叉渗透提供了一种新的方法和途径。可以预见，在未来的几十年里，NCS 必将深刻地影响控制理论及其应用和发展，推动国民经济、社会、国防等重要领域的信息化应用。

1.2　NCS 基本概念

网络化控制系统（NCS）首先由美国马里兰大学 Walsh 等人提出，国内学者则习惯于将 NCS 称为“网络控制系统”。不过“网络控制系统”从字面上可以有两种理解，一种是对网络的控制（control of network），另一种是基于网络的控制（control based on network）。两种系统都是网络和控制的融合，只是侧重点不同，前者侧重于研究网络本身，旨在设计合适的通信协议和网络调度算法以保证网络通信的服务质量（quality of service, QoS）；而后者侧重于研究控制策略，旨在建立正确的系统模型和设计先进的控制算法以满足通过网络构成的闭环系统的性能指标（quality of performance, QoP）。而本书所使用的“网络化控制系统”在概念上与“基于网络的控制系统”一致。

其实，NCS 的概念最早可以追溯到 20 世纪 80 年代后期 Ray 等人关于集成通信控制系统（integrated communication and control system, ICCS）的研究，ICCS 可以看作是 NCS 的雏形。目前，NCS 被广泛定义为：利用通信网络实现空间分布的传感器、控制器和执行器之间的信息传输，以实现对被控对象实时反馈控制的一类闭环控制系统。它是一种集通信网络和控制系统于一体的全分布式、网络化实时反馈控制系统。其中的通信网络可以是现场总线网络、工业以太网、互联网或无线网。

NCS 的典型结构主要有两种：直接结构（direct structure）和分级结构（hierarchical structure），分别如图 1.2 和图 1.3 所示。

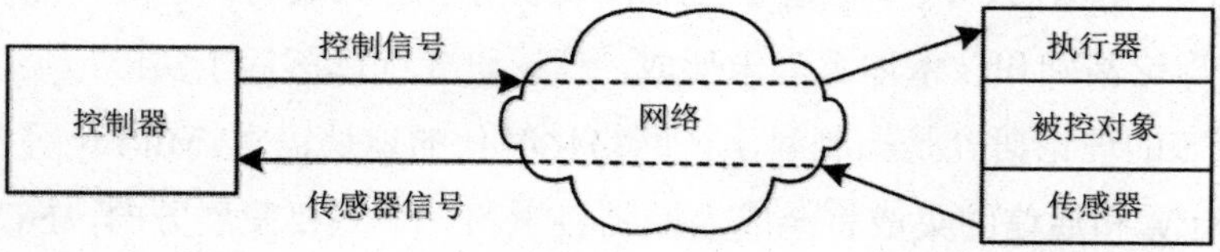

图 1.2　网络化控制系统的直接结构

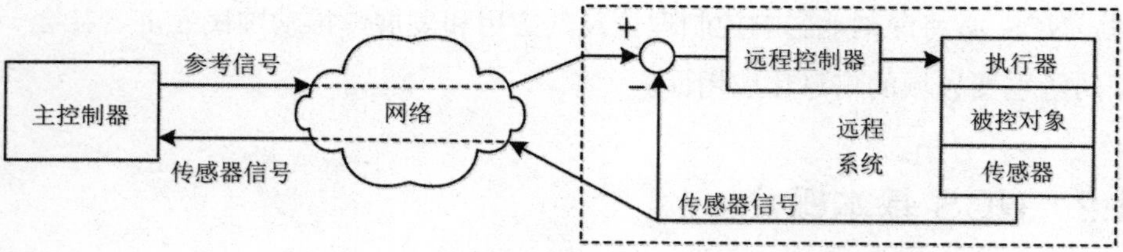

图 1.3　网络化控制系统的分级结构

直接结构的 NCS 由一个控制器和一个包括传感器、被控对象及执行器的远程系统组成。控制器和远程系统之间通过网络连接起来以实现闭环控制。系统运行时，传感器采样被控对象得到的传感器信号以数据包的形式通过网络传送到控制器；控制器计算得到的控制信号同样以数据包的形式通过网络传送到执行器，从而实现对远程被控对象的直接控制。在实际应用中，多个控制器可以封装在一个主控单元里来管理多个网络控制回路。Tipsuwan 等（2001 年）对直流电动机的速度控制就是 NCS 直接结构的一个典型应用。

分级结构的 NCS 由一个主控制器和一个包括传感器、被控对象、执行器及远程控制器的远程闭环系统组成。与直接结构相比，分级结构的最大不同点在于远程系统本身就是一个闭环控制系统。处在网络另一端的主控制器实际上是在远程本地控制回路的基础上添加了一个外环的网络控制回路。在系统运行时，传感器采样被控对象得到的传感器信号以数据包的形式一方面直接传送给远程控制器，另一方面通过网络传送给主控制器；主控制器将计算好的参考信号以数据包的形式通过网络传送到远程控制器，远程控制器根据参考信号来执行本地的闭环控制。一般而言，网络控制回路具有比远程的本地控制回路更长的采样周期。与直接结构相比，由于远程控制器的存在，分级结构具有更好的实时性。同样地，分级结构中多个控制器也可以封装在一个控制单元里来管理多个网络控制回路。Tipsuwan 等（2002 年）对移动机器人的遥控操作就是 NCS 分级结构的一个典型应用。

如果将分级结构中的远程控制回路看作一个广义对象的话，分级结构将退化为直接结构。因此，在 NCS 的研究中，往往选择直接结构的 NCS 作为研究对象。此外，采用直接结构的 NCS 更能体现网络对控制系统性能的影响。鉴于此，本书研究的 NCS 采用直接结构，并将其抽象表示为图 1.4 所示的一般形式。

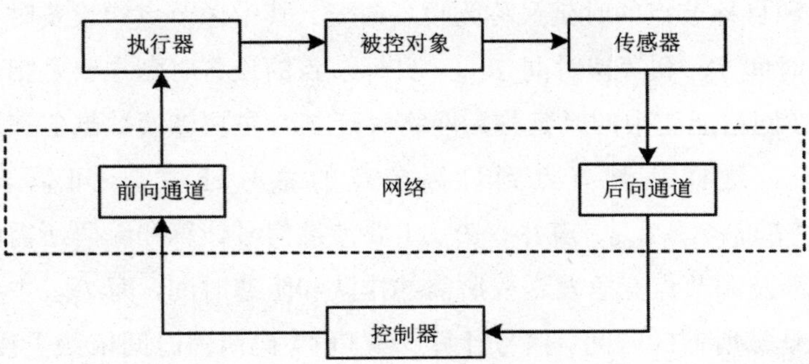

图 1.4　网络化控制系统的一般结构

1.3 NCS 基本问题

与传统的点对点控制系统相比，NCS 具有共享信息资源、远程监测与控制、减少系统布线、降低系统成本、易于扩展和维护、增强系统的灵活性和可靠性等优点。这些优点都是源于在 NCS 中引入了网络技术和分布式结构，也正是这些优点使 NCS 在诸多应用领域大获成功。

然而，NCS 所使用的通信网络不是其专用的，而是与其他诸多用户共享的，由于网络带宽的有限性，使 NCS 在具有诸多优点的同时，也具有很多明显的缺点和亟待解决的问题。

1.3.1 网络诱导时延

在 NCS 中，采样信号、控制信号等数据是通过共享的网络通道进行传输的，由于网络带宽是有限的且网络中的数据流量变化是不规则的，必然会造成数据冲撞（重传）、多路径传输、网络拥塞等现象的发生，从而不可避免地出现数据传输时间延迟，称为网络诱导时延（network-induced delay）。从时延的发生过程来看，网络诱导时延（记作 τ ）主要包括：传感器到控制器的传输时延（也称后向时延，记作 τ^{sc}）和控制器到执行器的传输时延（也称前向时延，记作 τ^{ca}），所以有 $\tau=\tau^{sc}+\tau^{ca}$。无论是 τ^{sc} 还是 τ^{ca} 都可以分为三部分，即源节点时延、网络通道中的时延和目标节点时延，如图 1.5 所示。在源节点和目标节点的时延又称为设备时延，其中源节点的设备时延主要包括预处理时间 T_{pre} 和等待时间 T_{wait}，目标节点的设备时延主要是指后处理时间 T_{post}。在网络通道中的时延称为网络时延 T_{tx}，主要涉及数据包在网络中的传输时间。这样从源节点到目标节点的总时延 T_{delay} 可以表示为：$T_{delay}=T_{pre}+T_{wait}+T_{tx}+T_{post}$。其中，$T_{pre}$ 主要涉及信号计算和编码所需的时间，T_{wait} 主要涉及源节点竞争发送权所需的排队和阻塞时间，而 T_{post} 主要涉及信号解码和计算所需的时间。信号计算、编（解）码所需时间依赖于设备的软、硬件，若采用的处理器速度足够快，可将其视为常数甚至忽略不计；而节点竞争发送权的等待时间和数据在网络中的传输时间取决于网络自身的特点，如采用的介质访问协议、数据传输速率和数据包大小等，是导致网络诱导时延具有不确定性的主要因素。

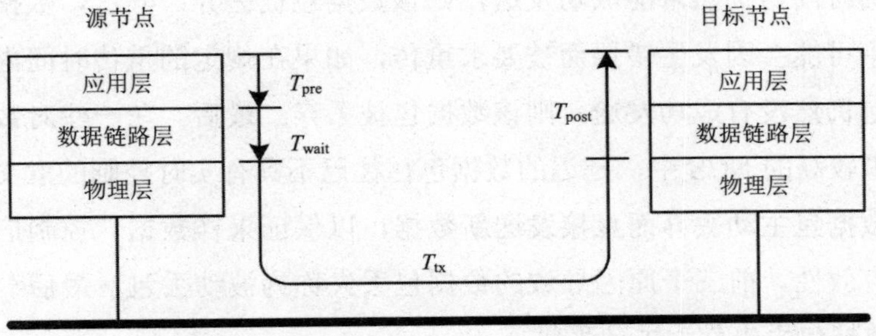

图 1.5　网络诱导时延的构成

一般来说，网络诱导时延 τ 可能小于或大于一个采样周期 h，所以可以把网络诱导时延分为短时延和长时延，定义分别如下：

定义 1.1 短时延：网络诱导时延 τ 分布在 $[0,\alpha]$ 内，且 $\alpha \leqslant h$。

定义 1.2 长时延：网络诱导时延 τ 分布在 $[0,\alpha]$ 内，且 $\alpha > h$。

相对于长时延 NCS，短时延 NCS 一般不存在数据包时序错乱问题，所以短时延 NCS 的建模与控制问题也相应简单一些。

由于受到网络拓扑结构、网络通信协议、路由算法、网络负载状况、网络传输速率和数据包大小等诸多因素的影响，网络诱导时延将呈现出或固定或随机，或有界或无界的特征。例如：ControlNet 采用的介质访问控制协议（medium access control, MAC）是令牌环机制，其网络诱导时延是固定或有界的；而 ethernet 采用的 MAC 是 CSMA/CD 机制，其网络诱导时延是随机时变的。

网络诱导时延会降低 NCS 的性能，使系统的稳定域变小，甚至会使系统变得不稳定。所以网络诱导时延是进行 NCS 分析和设计中必须考虑的重要因素之一。目前，网络诱导时延已成为 NCS 中最受关注的基本问题，关于网络诱导时延的建模方法以及相应的 NCS 系统建模与控制方法详见本章第 4 节。

1.3.2　数据包丢失

在 NCS 中引入网络用以传输数据后，除了不可避免地带来网络诱导时延外，还有可能发生数据包在传输过程中被丢失的现象。造成数据包丢失（packet losses）的原因主要有四点：首先，由于网络阻塞和连接中断导致数据包丢失；其次，当多个网络节点同时发送数据包时，需要竞争数据包发送权，若节点在规定的时间内仍然未能成功发送，则该数据包被丢弃；其次，数据包在传输过程中可能会因发生错误而被要求重传，如果在规定的重传时间内该节点的数据包仍然没有成功发送，则该数据包被丢弃；最后，在一些对数据包实时性要求较高的 NCS 中，延迟的数据包往往已不具有实时控制的意义，因此将这类数据包主动丢弃而直接发送新数据，以保证采样数据、控制信号的实时性和有效性。前三个原因导致的数据包丢失称为被动丢包，最后一个原因导致的数据包丢失称为主动丢包。

从网络传输的角度来看，数据包丢失相当于网络传输通道暂时被断开，使得系统的结构和参数发生较大变化，虽然 NCS 对这种变化具有一定的鲁棒性，但数据包丢失仍然会对 NCS 的性能产生负面影响，甚至导致系统瘫痪。一般来说，NCS 可以容忍一定比例的数据包丢失，但丢包率不能太大，否则系统将会变得不稳定。因此，研究 NCS 可接受的最大丢包率以及存在丢包时系统的性能和控制方法无疑是很有价值的。

目前，针对 NCS 数据包丢失的处理方法主要有三种：一是将具有数据包丢失的 NCS 建模成一个有事件率约束的异步动态系统（asynchronous dynamical system, ADS），借助 ADS 理论来分析 NCS 的稳定性和控制器设计问题；二是将数据包丢失过程等效为一个动态开关切换过程，然后将切换系统理论应用到 NCS 的分析与设计中；三是将数据包丢失过程视为一个服从某种概率分布的随机过程，比如，用 Markov 过程来定义数据包丢失过程，从而将 NCS 建模成一个跳变线性系统（jump linear system, JLS），再借助 JLS 理论研究 NCS 的稳定性和控制器设计问题，或者通过定义数据包丢失过程为 Bernoulli 过程来进行 NCS 的研究。

1.3.3 多包传输与数据包时序错乱

在 NCS 中，传感器信号、控制信号是以数据包的形式在网络中传输和交换的，可分为单包传输和多包传输两种情况。所谓单包传输是指将网络节点数据封装在一个数据包里进行传输；而多包传输则允许数据被分配到多个不同的数据包里进行传输。采用多包传输的主要原因有两个：一是待传输的数据超过了网络单个数据包的容量（ethernet 数据包容量为 1500bytes、CAN 数据包容量为 8bytes），此时必须将数据分割成多个数据包进行传输；二是网络节点（传感器、控制器、执行器）分布在一个很大的物理空间，此时很难将所有同类数据用单个数据包进行传输。采用多包传输时，由于节点冲突、网络拥塞、连接中断和多路径传输等原因，同时传输的多个数据包不可能同时发送，也不可能同时到达目标节点，导致多包传输 NCS 的分析与设计变得更加复杂。针对多包传输 NCS 的传统研究方法主要有：基于异步动态系统（ADS）理论的方法和基于切换系统理论的方法。近年来，很多学者开始结合系统的实际需要综合考虑同时具有时延、丢包和多包传输的 NCS 的稳定性和控制器设计问题。

NCS 中的数据传输流经众多通信设备且路径不唯一，导致数据包到达目标节点的时序与发送时序不一致，这种现象称为数据包时序错乱。数据包时序错乱通常发生在具有路由器、网关等中继环节的长时延 NCS 中。由于路由器会根据网络的实际情况（网络负荷、拥塞程度等）选择合适的网络路径进行数据传输，因而同一节点发送的数据包可能会经过不同的网络路径到达目标节点。此外，数据包在中继环节的队列中等待的时间往往也不相同，同样会造成数据包时序错乱。对于采用单包传输的 NCS，由于每个数据包中的数据是完整的，此时数据包时序错乱是指源节点按照一定先后次序发送的完整数据包在到达目标节点时的到达次序与原来的发送次序不同。而采用多包传输的 NCS，由于数据被分成多个数据包进行传输，此时的数据包时序错乱不仅包括不同时刻的数据包会发生时序错乱，而且相同时刻数据的不同数据包到达目标节点的时序也会发生错乱。目前，针对存在数据包时序错乱的处理方法主要有三种：一是在发送端和接收端设置缓冲区，严格按照时间先后顺序对数据包进行排列，以保证其先后顺序；二是利用数据包携带的时间戳信息来判断是否发生时序错乱，若接收到的数据包比当前使用的数据包具有更早的发送时刻，则丢弃接收到的数据包，仍然使用当前的数据包，否则使用接收到的新数据，或者将滞后的数据包视为发生了数据包丢失，或者将时序错乱问题转化为多步时延问题；三是基于预测方法补偿数据包时序错乱对

NCS 性能的影响。

1.3.4 时钟异步与节点驱动

当利用时间戳来测量数据包的网络时延时，往往需要数据包的发送节点和达到节点在时钟上是同步的，然而由于 NCS 节点在空间位置上的广泛分布导致这些节点之间的时钟是异步的。时钟异步一方面给时延测量带来了较大的误差，另一方面也给 NCS 的分析和设计带来了困难。目前，NCS 中的时钟同步方法有两种：一是硬件同步，通过硬件资源（如 GPS 时钟同步系统）传递同步信号使各个节点采用统一的全局时钟，这对于具有大量节点并且空间分布广泛的 NCS 来说，将会大大增加同步成本和难度；二是软件同步，利用时钟同步算法进行同步，比硬件同步节约成本，但是容易导致同步偏差积累而使精度降低，因此需要每隔一段时间重做一次软件同步。目前存在多种网络系统的时钟同步协议，可以精确到秒级（如 day time protocol, DTP）、毫秒级（network time protocol, NTP）和亚微秒级（precision time protocol, PTP）。

NCS 中的节点驱动方式有两种：时间驱动（time driven）和事件驱动（event driven）。时间驱动是指网络节点（传感器、控制器、执行器）在预定时间到达时开始工作，时间驱动可以实现网络节点的周期工作；而事件驱动是指网络节点在特定事件被触发时才开始工作，NCS 中的事件通常是指某一网络节点通过网络从另一网络节点接收到数据。一般来说，传感器采用时间驱动，依据系统时钟对被控对象进行周期采样；控制器和执行器既可以采用时间驱动又可以采用事件驱动。当传感器为时间驱动，控制器或执行器也为时间驱动时，则时间驱动节点之间的时钟需要同步。因此，控制器和执行器往往采用事件驱动方式。采用事件驱动的控制器一旦接收到从传感器发送过来的数据就立即进行控制律的计算；采用事件驱动的执行器一旦接收到从控制器发送过来的控制信号就立即执行控制命令以驱动被控对象。与时间驱动相比，采用事件驱动的控制器或执行器一方面减少了等待采样时刻的等待时延，另一方面避免了空采样、数据包丢失以及对时间驱动的节点要进行时钟同步处理等问题。

当 NCS 中存在多个传感器时，采用相同的采样周期进行采样已不能满足系统性能的需求，也不符合实际情况；此外，过小的采样周期虽然可以改善系统的性能，但是需要使用高性能的 A/D 和 D/A 转换器，成本较高。因此，对于具有多个传感器的 NCS，为了获得较好的系统性能，同时又节约硬件成本，往往需要采用多速率采样机制，即 NCS 的多个采样器以不同的采样周期进行采样。在多速率采样 NCS 中，控制器和执行器一般采用事件驱动方式。

1.3.5 带宽受限与网络调度

由于 NCS 中的数据传输和交换是通过共享通信网络进行的，而网络带宽相对于众多用户来说总是有限的，必然导致来自多个传感器（或控制器）的数据因同时访问网络而产生共享冲突问题。因此，如何在有限带宽的情况下提高网络利用率一直是 NCS 研究领域中亟待解决的问题之一，这就需要设计 NCS 中的网络调度策略来保证网络服务质量（QoS），同时也是提高 NCS 性能品质（QoP）的途径之一。

网络调度在网络层次上主要涉及网络的传输层和应用层。传输层的调度旨在控制网络中各个现场设备对网络传输介质的访问，通常是指网络接口设备按照特定的协议规范来决定数据包的发送顺序。传输层的调度算法是通过制定特定的网络协议来实现的，因而缺乏灵活性，只能适应少数算法，甚至有些网络协议（如 ethernet）没有调度数据包的功能。因此，通常所说的 NCS 网络调度是指发生在应用层上的调度，其目的在于确定网络各节点被发送数据所具有的优先权、发送时刻和发送时间间隔。通过对应用层的网络调度，可以在带宽资源有限的条件下有效地控制网络负荷、提高网络带宽利用率，从而减小网路时延，降低数据包丢失和时序错乱等现象的发生概率。

网络中需要调度的数据可分为周期数据和非周期数据。周期数据由 NCS 网络回路中的各网络节点产生（主要是传感器和控制器节点），非周期数据又分为紧急数据（如报警信号）和非紧急数据（如用于统计的报表文件）。周期数据和非周期紧急数据的实时性要求较高，而非周期非紧急数据的实时性要求较低，所以在设计网络调度策略时，可以根据数据的实时性要求来确定被发送数据包的优先级、发送时刻和发送时间间隔。

目前，NCS 中的调度算法主要有三种：一是基于优先级的调度方法，这其中又分为静态调度和动态调度，典型的静态调度有速率单调（rate monotonic，RM）、调度算法及其衍生算法，典型的动态调度有时限优先（earliest deadline first，EDF）、调度算法、最大误差优先—尝试一次丢弃（maximum error first-try once discard，MEF-TOD）调度算法；二是基于节点发送时间间隔（动态调节采样周期）的调度方法；三是基于死区的调度方法。

NCS 存在的这些基本问题中，网络诱导时延是根本问题。因为其他问题在很大程度上都是时延问题导致的，比如，丢包问题可以看成数据包经历了无限长时延，数据包时序错乱也是因为数据包经历了不同的时延，针对网络节点物理空间分布较大而采用的多包传输，也是因为考虑到对过于分散的数据进行打包需要经历的网络时延太长而影响数据打包效率，网络调度算法的使用更是源于数据包在网络传输中不可避免地存在时延而导致网络带宽利用率降低。所以，网络诱导时延是 NCS 的根本问题，也是本书研究的重点。

1.4 NCS 定常时延模型

由上一节的分析可知，网络时延是 NCS 的根本问题，所以在进行 NCS 的建模与控制之前，往往需要对网络时延进行建模，再根据不同的时延模型设计 NCS 的建模及控制方法。常见的网络时延模型主要有三种：定常时延模型、相互独立的随机时延模型和符合某种概率分布（如 Markov 链）的随机时延模型。本节将概述定常时延模型的建立方法及相应的 NCS 建模与控制方法。

定常时延模型是早期人们在无法预知时延随机分布特征的情况下采用的一种简单的时延建模方法。网络时延通常是随机时变的，因而 NCS 是一种随机系统，需要采用随机方法进行系统分析与设计，这就需要事先知道时延的概率分布特征。如果时延的这种概率分布特征无法事先获得，或者时延并不服从某一确定的概率分布，则只能设计 NCS 的确定性控制器。此时，最简单的处理方法就是把网络时延视为一个固定不变的常量，从而将网络时延的随机性转换为确定性，这样就可以采样确定性控制方法来实现对 NCS 的控制。

这种时延模型最早由 Luck 和 Ray 提出，在控制器和执行器节点中分别设置接收缓冲区，缓冲区的长度分别由传感器到控制器的最大时延和控制器到执行器的最大时延来决定，各个节点实行同步采样，这样就将随机变化的时延转化成定常时延，从而将 NCS 由一个随机系统转化成一个确定性系统，进而可以将已有的确定性系统研究方法应用到 NCS 的研究中。在此基础上，Luck 和 Ray 进一步在控制器中设置了观测器和预测器，如图 1.6 所示，首先观测器根据被控对象的输出值（保存在控制器端的先进先出缓冲区 Q_1 中）估计出被控对象的状态，然后预测器对被控对象在接收到控制量时的状态进行预测，最后控制器根据该状态预测值产生超前的控制量发送给执行器（保存在执行器端的先进先出缓冲区 Q_2 中），超前控制量经过固定时延后适时地作用于被控对象上。于之训等则针对存在噪声干扰的情况，利用类似的方法将随机时延转化为固定时延并设计了多步时延补偿器。

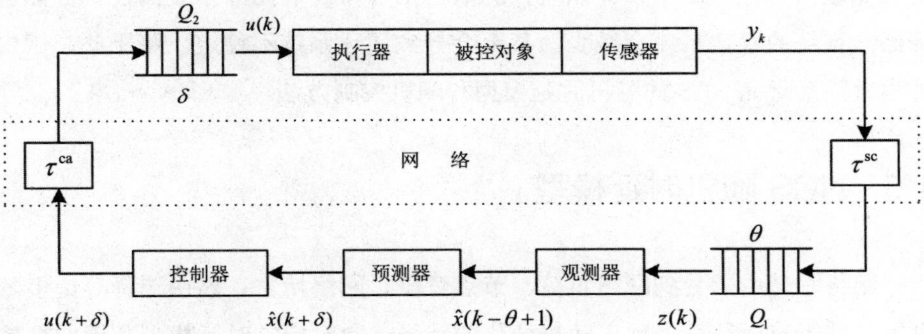

图 1.6　定常时延模型下的 NCS 设计

对于某些网络（比如交换以太网），网络时延较小且变化甚微，此时可以认为时延是固定不变的。Montestruque 等考虑了网络仅存在于传感器和控制器之间的固定时延 NCS，在控制器节点建立了被控对象模型，利用对象模型的状态预测系统的状态来计算控制律，并通过网络传输的实际对象状态对其模型状态进行校正，给出了闭环系统渐近稳定的充分必要条件。Lian 等则研究了传感器、控制器为时间驱动，而执行器为事件驱动的多输入多输出（multiple-input multiple-output, MIMO）网络化控制系统，建立了 NCS 的离散模型，并讨论了最优控制器的设计，其中传感器到控制器的后向时延和控制器到执行器的前向时延均是固定且小于一个采样周期的。此外，对于固定时延 NCS，也可以直接应用状态增广法进行系统分析与设计。针对传感器采用 UDP 协议传输采样数据、控制器采用 TCP 协议传输控制量的不对称 NCS，Kim 等将系统建模成一个具有固定输入时延的切换系统，并利用分段连续的 Lyapunov 方法讨论了闭环系统稳定的充分条件。

定常时延模型及相应的对 NCS 实施的确定性控制方法有其优越性，比如可以使用经典的确定性系统分析与设计方法对 NCS 进行研究，不受时延变化特征的影响。尤其是当网络时延相对较小且变化甚微时，网络时延往往表现为定常特性，此时更适合采用确定性控制方法。然而，由于定常时延模型通常是用最大时延代替时变时延，人为地将网络时延扩大化了，势必造成系统控制性能的下降。Yorke 和 Hirai 等已经证明，对于传输时延随机时变的系统，若按照最大传输时延来设计系统控制器，则所得到的闭环系统的控制性能会降低，系统的稳定裕度会减少，甚至会导致闭环系统不稳定。鉴于此，国内外学者开始研究 NCS 的随机时延模型和随机控制方法。

1.5 NCS 随机时延模型

网络时延由于受到网络负荷、节点竞争、网络堵塞、路由选择等诸多随机因素的影响而往往呈现出随机变化的特征，此时定常时延模型和确定性控制方法很难满足系统的控制品质要求，出现了很多采用随机时延模型进行 NCS 建模与控制的研究成果。NCS 中的随机时延模型又可以分为两类：彼此之间相互独立的随机时延模型和彼此之间满足某种约束关系（如 Markov）的随机时延模型。在无法确定随机时延的分布规律时，通常都采用彼此之间相互独立的随机时延模型来研究 NCS 的建模与控制，本小节将主要概述这方面的国内外研究现状。

1.5.1 随机控制

在相互独立的随机时延模型中，每一次的时延都可视为独立的随机变量，并且可以用随机函数模型进行描述，所以可以用随机控制或随机最优控制方法研究此时的 NCS 建模与控制问题。

早在 1998 年，Nilsson 等就研究了具有独立随机时延的 NCS，将一个传感器为时间驱动、控制器和执行器为事件驱动且随机时延小于一个采样周期的 NCS 描述为一个线性随机系统模型，把随机时延对 NCS 的影响转化为 LQG（linear quadratic gaussian）问题，然后利用动态规划原理和最优 Kalman 滤波器设计了 NCS 的 LQG 随机最优控制器和状态估计器，并证明了分离原理依然成立。Wei 等针对随机时延分布规律未知的情况下，基于平均时延窗口法（average delay window, ADW）对随机时延进行在线预测，改进了 Nilsson 等的 LQG 随机最优控制器。

当独立分布的随机时延大于一个采样周期时，Lincoln 和 Hu 等考虑了有限长时延的 NCS 最优控制问题，在系统状态完全反馈和部分反馈两种情况下，设计了可以保证系统指数均方稳定的随机最优控制器，同样证明了分离定理在此时的有效性。当独立分布的随机时延为无限长时延时，朱其新等证明了无限长时延下离散随机 Riccati 代数方程解的存在性，设计了无限长时延下 NCS 的随机最优控制器，并证明了该控制器可以保证 NCS 的指数均方稳定性。Ma 等则针对随机长时延 NCS 建立了一种新型控制模式，并从随机稳定性条件中得到了随机时延的最大允许值及相应的控制器设计方法。

当随机时延服从 Bernouli 分布时，Yang 等基于状态观测器设计了保证 NCS 均方指数稳定并具有 H∞扰动抑制的控制器；王武等则基于线性矩阵不等式（linear matrix inequality, LMI）方法设计了保证 NCS 均方指数稳定的全阶和降阶 H∞滤波器；王武等在 Yang 等的基础上设计了动态输出反馈控制器，使闭环系统满足均方指数稳定并具有给定的 H∞性能。

于之训等则研究了具有独立均匀同分布的随机时延，设计了不同节点驱动方式下的 NCS 控制律。针对具有独立随机时延的多输入多输出（MIMO）NCS，Lian 等建立了延迟可变系统状态模型，并将控制器的设计优化归纳为 LQR 最优控制问题。常玲芳等针对存在上下界的随机短时延，利用 T—S 模型和 δ 算子方法，得到了具有时延补偿功能的随机最优控制器；纪志成等进一步在 δ 域内应用动态规划理论设计了随机长时延 NCS 的动态补偿器。

1.5.2 鲁棒控制

在相互独立的随机时延模型中，还可以将时延转化成 NCS 系统的一个不确定块或者系统的一个扰动，然后就可以针对转化后的系统设计鲁棒控制器，以保证 NCS 的鲁棒稳定性及鲁棒性能指标。

早在 2000 年，Goktas 就把传感器到控制器的时延及控制器到执行器的时延都分别处理成两部分：第一部分为常值，第二部分为不确定随机时延并被看作乘性摄动；然后利用 μ 综合方法设计了连续时间鲁棒控制器，保证了 NCS 的鲁棒稳定性和鲁棒性能指标。与随机控制相比，鲁棒控制的优点在于不需要有关随机时延分布特性的先验知识。Kim 等研究了基于不对称通道时延结构的 NCS 控制问题，利用分段 Lyapunov 函数方法和通用 Lyapunov 函数方法设计了一个时延相关的切换控制器，采用动态输出反馈控制使得系统的 H∞范数最小。

Yue 等基于 Lyapunov-Krasovskii 泛函方法研究了同时具有随机时延和丢包的不确定 NCS 的鲁棒控制问题，通过引入松弛矩阵变量，并利用网络时延最小界信息提出了一种新的 H∞性能分析方法，最后通过求解一系列线性矩阵不等式设计出鲁棒 H∞无记忆型控制器。在此基础上，Jiang 等进一步设计了一种新的 Lyapunov-Krasovskii 泛函方程，避免了 Yue 等提出的方法中采用过边界技术进行 Lyapunov-Krasovskii 泛函方程交叉项的估计，而且不需要引入松弛矩阵变量，使得最后得到的鲁棒 H∞控制器比 Yue 等提出的方法中的控制器具有更小的保守性。此外，Jiang 等还考虑了数据包时序错乱问题。Wang 等同样研究了具有随机时延和数据包时序错乱的 NCS 的 H∞控制器设计问题，其中执行器总是使用最新到达的控制律数据包，但是没有进一步说明如何舍弃乱序数据包以便最新到达的控制律数据包能够被用来预测控制输入。对此，Li 等进一步全面描述了 NCS 中的数据包时序错乱现象，基于矩阵论将 NCS 建模成一个带有多步时延的参数不确定离散系统，改进了 Lyapunov-Krasovskii 方程，通过求解线性矩阵不等式的最小化问题得到了比 Jiang 和 Wang 等保守性更小的 H∞控制器。

于之训等研究了采样周期远小于受控对象主导时间常数的 NCS，将随机时延环节转化为系统的扰动块，并利用 Matlab 中的 μ 分析与综合工具箱设计了鲁棒控制器，使系统具有较好的抗干扰能力。Dritsas 等考虑了未知、有界与时变的随机时延，提出了一种有效计算最大允许时延（限制在一个采样周期内）的方法，得到了系统鲁棒稳定的充分条件。Kim 和 Park 针对有界随机时延综合利用来自当前时间戳的确定性信息和来自历史时间戳序列的随机性信息，采用 PG（pattern generation）算法将网络流量离线分成一些独立模式，采用 PI（pattern identification）算法在线辨识当前网络流量及其匹配的模式，然后设计了鲁棒 H∞控制器，给出了系统均方稳定条件。

Vatanski 等综合利用网络演算理论和鲁棒控制理论，提出了一种用以描述内部网络特性和网络通信的网络模型，用网络演算理论来估计随机时延，并将其用于设计鲁棒控制器以补偿随机时延对系统的影响。Huang 等基于一个实际工业过程控制中的网络化级联控制系统，使用 Lyapunov 稳定性理论和线性矩阵不等式方法，设计了一个 γ-次优状态反馈 H∞控制器以保证系统在受干扰情况下的鲁棒渐进稳定性。此外，还可以利用模糊控制鲁棒性较好的特性，建立 NCS 的模糊系统模型，基于模糊逻辑设计控制器来抑制随机时延对系统性能的影响。

1.5.3　预测控制

预测控制是面向工业过程发展起来的一种先进控制方法，采用模型预测、反馈校正和滚动优化等控制策略，能够克服控制过程模型的不确定性，控制效果较好，已经成功应用于复杂的工业过程控制。近年来，国内外学者开始采用预测控制方法研究具有随机时延的 NCS，取得了一系列有意义的成果。Liu 等针对具有随机时延的 NCS 设计了一种网络化预测控制器，如图 1.7 所示。网络化预测控制器由两部分组成：控制律预测器和网络时延补偿器。在控制律预测器中，使用传统的控制策略（如 PID、LQG 等）设计一个能够满足系统性能需求的控制器，由于考虑了所有可能即将发生的网络时延，所以控制器会输出一个控制律序列。在网络时延补偿器中，将根据实际的网络时延从控制律序列中选择一个合适的控制律来补偿实际网络时延对系统性能的影响。Zhao 进一步将这种控制方法分别用到了 Hammerstein 系统和 Wiener 系统的网络化控制中，取得了较好的控制效果。

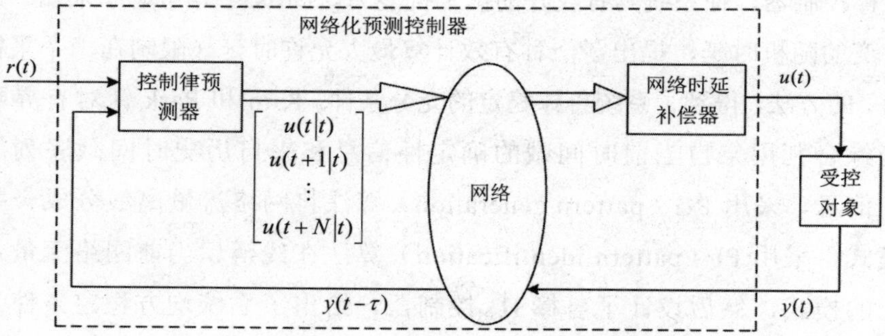

图 1.7　网络化预测控制系统

考虑到 Liu 等的预测控制器设计依赖于以前的控制输入，但在实际应用中，这些控制输入由于受网络时延的影响而不易获得，所以 Zhao 等提出了一种改进的预测控制方法，其中的预测控制器设计仅依赖于被网络延迟了的传感器采样数据，这些数据对于控制器来说是可以获得的，提高了预测控制方法在实际系统控制中的可行性。此外，Liu 等的控制器无法确定当前时刻的受控对象输入，因此在构造系统状态预测器时只能使用估计值，而估计误差的存在会导致预测精度降低甚至影响系统的稳定性。为此，Guo 等提出了一种新的网络化预测控制方法，将当前预测控制律及其历史数据一并打包，目的在于获得当前受控对象输入，在此基础上设计的状态预测器的性能和稳定性不再受到受控对象输入的影响。

采用图 1.7 所示的网络化预测控制方法后，NCS 被转化成一个包含多个子系统的切换系统，上述文献在研究该切换系统时都假设所有子系统共用一个 Lyapunov 函数，因此系统的稳定性是在切换开关任意切换条件下获得的。然而，这个条件在实际系统中过于苛刻，因为有些网络时延对于系统稳定性来说是不可接受的。为此，Wang 等提出了一种改进的时延补偿策略，通过适当地设计切换信号来分配子系统，此时即便存在一些不稳定的子系统也不会影响到预测控制的有效性。对于剩下的那些稳定子系统，不再需要一个公用的 Lyapunov 函数就可以通过设计适当的切换信号来保证整个系统的稳定性，为了找到合适的切换信号，文中采用了平均驻留时间方法，得到了切换信号加权L2增益的充分条件。Wang等将这种方法进一步用于解决随机时延NCS的H∞控制问题。

此外，张奇智等针对随机时延大于一个采样周期的NCS，提出了时间戳预测函数控制算法，用时间戳来估计由网络引入的控制时延，并将其考虑到预测系统的未来输出中，然后借鉴传统预测函数控制算法得到了有效处理随机时延的控制律。Kim等通过设计一个具有超时方案和p步超前状态估计的模型预测控制策略克服了随机时延和数据丢包对NCS的负面影响。

1.6　NCS马尔可夫链时延模型

随机时延的另外一种建模方法就是将其描述为Markov链。在实际网络通信中，通常情况下控制器只采用最新收到的采样数据。当某一时刻没有收到采样数据时，控制器一般把前一时刻的数据默认为该时刻的数据。所以，当前网络时延的计算往往依赖于前一次网络时延，也就是说，相邻时延之间不完全独立。网络时延之间的这种关系可以用Markov链来描述。孙连坤在其博士论文中也通过理论和实验证明了随机通信逻辑本质上是一个Markov链。

设网络时延序列$\{\tau_k, k=0,1,2,\cdots\}$构成一个有限状态Markov链，满足：

$$\tau_k \in \{0,1,\cdots,\tau\}\text{，}\quad \Pr\{\tau_{k+1} \mid \tau_k, \tau_{k-1}, \cdots, \tau_0\} = \Pr\{\tau_{k+1} \mid \tau_k\}$$

其中，τ为已知的正整数，表示可能的最大时延，$\Pr\{\tau_{k+1} \mid \tau_k\}$为Markov链的状态转移概率，$\tau_k$可以在状态空间$\{0,1,\cdots,\tau\}$中任意取值。

若令$\tau_k = i$、$\tau_{k+1} = j$，则转移概率定义为：

$$\theta_{ij} = \Pr\{\tau_{k+1} = j \mid \tau_k = i\}$$

由此可以得到Markov链的状态转移矩阵$\boldsymbol{\Theta}$为：

$$\boldsymbol{\Theta} = [\theta_{ij}] \in R^{\tau\times\tau}$$

其中，θ_{ij}为矩阵中第i行第j列的元素，满足：$\theta_{ij} \geqslant 0$且$\sum_{j=0}^{\tau} \theta_{ij} = 1$。

引入Markov链状态概率分布：

$$\pi(k) = [\pi_0(k), \pi_1(k), \cdots, \pi_\tau(k)]$$

$$\pi_i(k) = \Pr\{\tau_k = i\}$$

则有：

$$\pi(k+1)=\pi(k)\,\boldsymbol{\Theta}$$

近年来，越来越多的学者开始使用 Markov 链随机时延模型来研究 NCS 的建模与控制问题。从图 1.6 可以看出，网络时延一般包括传感器到控制器（sensor-controller, S−C）时延 τ^{sc} 和控制器到执行器（controller-actuator, C−A）时延 τ^{ca}。所以，目前这方面的研究成果既有只考虑 S−C 时延或 C−A 时延的，也有同时考虑 S−C 时延和 C−A 时延的。

1.6.1 仅考虑 S−C 时延或 C−A 时延

Xiao 等研究的 NCS 仅在传感器和控制器之间存在网络连接，将随机有界 S−C 时延描述为有限状态 Markov 链，并将丢包问题在一定假设条件下转化为时延问题，从而将 NCS 建模成一个离散跳变线性系统，采用 V−K 迭代算法设计了保证系统稳定的切换控制器。Wang 等将 S−C 长时延分成两部分：第一部分为采样周期的整数倍，第二部分为小于一个采样周期的随机时延，并将第二部分时延描述为有限状态 Markov 链，从而将闭环 NCS 建模成一个离散马尔可夫跳变线性系统（markovian jumping linear system, MJLS），设计了 H∞ 最优控制器，并且指出文中的建模与控制器设计方法同样适应于既存在 S−C 时延也存在 C−A 时延的 NCS。Chen 等通过在执行器端引入缓冲区将 C−A 时延变成固定常时延，但将 S−C 随机时延建模成了 Markov 链，设计了一种切换控制器，通过监测 S−C 时延所处的 Markov 状态进行控制律切换，从而使 NCS 变成一个离散 MJLS，通过求解 Lyapunov-Krasovskii 方程得到了系统时滞依赖的指数均方稳定条件。Aberkane 等出于对 NCS 安全性和容错性的考虑，将 S−C 时延建模成 Markov 链，从而将离散 NCS 建模成一个 MJLS，然后使用模型依赖 Lyapunov 函数设计了多目标的静态输出反馈控制器，其中考虑的目标性能包含了系统随机稳定性和 H2/H∞性能。He 等研究了 NCS 的鲁棒故障诊断问题，用 Markov 链描述了发生在传感器和滤波器之间的随机时延及数据丢包，其中 Markov 链状态转移矩阵具有多面体不确定性，将故障诊断问题转化成了马尔可夫跳变系统的辅助鲁棒 H∞滤波问题，最后通过求解线性矩阵不等式得到了该滤波器存在的充分条件。

Li 等用 Markov 链描述了 C–A 时延，同时还考虑了传感器到控制器之间的数据丢包以及系统的不确定性，将 NCS 建模成离散马尔可夫跳变系统，使用线性矩阵不等式方法设计了带有丢包补偿的输出反馈控制器，并且使 NCS 满足了 H∞范数约束下的随机稳定性。Liu 等同样将 C–A 时延建模成一个 Markov 链，通过引入时延量化和增广控制向量方法将 NCS 建模成马尔可夫跳变系统，设计了保证系统均方稳定的输出反馈控制器。

1.6.2　同时考虑 S–C 时延和 C–A 时延

在 NCS 中，更多的情况是同时存在 S–C 时延和 C–A 时延。于之训等将 S–C 时延和 C–A 时延合并成一个 Markov 链，建立了多步随机传输延迟的 NCS 数学模型，利用 Markov 链理论得到了满足给定性能指标的随机最优控制器，并且给出了求解 Markov 链状态转移矩阵的方法。但是，这种求解方法仅适应于文中所给的控制模式，即传感器和执行器采用时间驱动、控制器采用事件驱动，传感器数据一到达控制器，控制器立即启动计算出相应的控制律，然后立即发送给执行器；同时，为了防止数据丢失，在传感器和控制器发送端设置了发送缓冲区，其长度分别大于 S–C 和 C–A 时延的最大延迟周期数；只要缓冲区中有未被发送的数据，一旦检测到网络空闲，就会被立即发送出去，这样也保证了数据包不会发生时序错乱。Ma 等采用了与于之训等类似的 NCS 建模、控制和 Markov 链转移矩阵求解方法。Zheng 等同样用 Markov 链描述了传感器到执行器的随机时延，建立了 NCS 的 T–S 模糊模型，该模型不仅考虑了所有可能的网络时延，还考虑了数据包丢失问题；最后通过采用奇偶方程和模糊观测器解决了 NCS 的故障检测问题。Mao 等进一步使用欧拉近似方法建立了具有 Markov 随机时延的非线性 NCS 的 T–S 模糊模型，该模型在一定几何条件下被转化成输出反馈形式，设计了基于观测器的故障诊断机制。Yang 等将具有 Markov 随机时延的不确定 NCS 建模成一个离散 MJLS，提出了一种基于概率的切换模式来研究系统的可靠控制问题，采用 V–K 迭代算法设计了一类保证系统渐进均方稳定的可靠控制器。Sauter 等同样将 S–C 时延和 C–A 时延合并成一个时延并用 Markov 链进行描述并将 NCS 转化成 MJLS

模型，研究了 NCS 的故障诊断问题，设计了满足系统扰动抑制和极点约束条件下的鲁棒故障隔离滤波器。为了解决 Markov 链时延模型中状态转移矩阵未知的问题，Yang 等针对所有可能的 Markov 链状态转移矩阵设计了随机切换控制器，并通过贪婪算法获得了该控制器的切换规则。

以上文献在用 Markov 链描述 S–C 和 C–A 时延时，都是将这两种时延合并起来，然后用一个 Markov 链进行描述。然而，S–C 和 C–A 时延并不总是可以合并的。所以，更好的处理方法是将 S–C 和 C–A 时延各用一个 Markov 链进行描述。Zhang 等将 S–C 和 C–A 时延建模成两个 Markov 链，得到了闭环 NCS 的两模态跳变线性系统模型，采用线性矩阵不等式方法设计了保证系统随机稳定的两模态依赖状态反馈控制器，其中状态反馈系数不仅依赖于当前采样周期的 S–C 时延（后向通道模态），还依赖于前一次采样周期的 C–A 时延（前向通道模态）。然而，在实际系统中前一次采样周期的 C–A 时延信息需要经过后向通道网络传输才能到达控制器，由于网络传输的时滞性和不确定性，控制器在当前采样周期内并不总是能够成功获得前一次采样周期的 C–A 时延信息。针对这种情况，Shi 考虑了一种两模态依赖的输出反馈控制器设计问题，其中输出反馈控制系数依赖于当前采样周期的 S–C 时延（后向通道模态），但不再依赖于前一次采样周期的 C–A 时延，而是依赖于控制器已经接收到的最近一次采样周期的 C–A 时延（前向通道模态）。在这种输出反馈控制器下，闭环 NCS 不再是标准的 MJLS，而是一种特殊的带有多步时延模态跳变的跳变线性系统，但仍可以采用线性矩阵不等式方法设计输出反馈控制器。Shi 等在前期研究基础上，进一步在两模态依赖的输出反馈控制器设计中考虑了控制性能，不仅保证了系统的随机稳定性，还使系统的 H2 范数最小，同时系统的 H∞范数小于规定水平，从而实现了对系统的 H2 控制以及混合 H2/ H∞控制。Wu 和 Xia 等同样将 S–C 时延和 C–A 时延建模成两个 Markov 链，分别研究了 NCS 的模型预测控制（model predictive control, MPC）和网络化预测控制（networked predictive control, NPC）。宋洪波等则针对时延小于一个采样周期的 MIMO–NCS，将 S–C 时延和 C–A 时延用两个 Markov 链进行描述，整个闭环 NCS 被建模成一个具有两模态的 Markov 切换系统，设计了保证系统随机稳定的状态反馈控制器。

综上所述，本节主要针对三种不同的时延模型：定常时延模型、相互独立的随机时延模型以及 Markov 链随机时延模型，介绍了 NCS 中建模与控制方法的国内外研究现状。定常时延模型是人们早期研究 NCS 所使用的时延建模方法，随机时延模型是人们针对实际系统中网络时延是随机变化的这一特征提出的时延建模方法，其中又根据相邻时延之间是否存在依赖关系分为相互独立的随机时延模型和 Markov 链随机时延模型。

1.7　NCS 隐马尔可夫时延模型

从 1.6 节可知，在研究具有随机时延的 NCS 建模与控制之前，需要先建立随机时延的数学模型。NCS 的时延模型先后经历了定常时延模型和随机时延模型，后者又包括相互独立的随机时延模型和 Markov 链随机时延模型。基于这三种时延模型，国内外学者对 NCS 的建模与控制方法做了大量研究。网络时延建模的目标是要保证模型输出的时延特征与实际的时延特征相同或者非常接近，这样才能保证在此基础上设计的 NCS 建模与控制方法的有效性。然而，这三种时延模型都存在不同程度的局限性，因此需要寻找能够更好地表达网络时延特征的数学模型。

定常时延模型是通过设置节点缓冲区将随机变化的网络时延转化成定常时延。然而，由于缓冲区的长度通常是根据时延的最大值设置的，所以网络时延被人为地扩大了，从而造成系统控制性能的下降，甚至会导致系统因稳定裕度减小而变得不稳定。目前，定常时延模型已经很少被采用了。

1.7.1　随机时延

为了突破定常时延模型的局限性，人们开始采用随机时延模型进行 NCS 的建模与控制研究。随机时延模型的提出正是考虑到时延受到网络负荷、节点竞争、网络堵塞、路由选择等诸多随机因素的影响而呈现出随机变化的特征。但是，时延随机分布特征的获取并不是一件很容易的事。所以，一开始人们在无法获知随机时延之间的依赖关系时，就假设这些时延之间互不相干、彼此独立，从而使用相互独立的随机变量来描述网络时延。这种时延建模方法使随机时延处理起来比较简单、方便，但是，它忽略了随机时延之间的关联。

事实上，很多时候为了保证NCS控制的实时性，控制器仅使用最新时刻的采样数据作为此时控制器通过网络接收到的采样信号，即在k时刻采样数据$x(k)$已经到达控制器的情况下，那些先发而未到的旧数据$x(k')$（$k'<k$）将被丢弃。此时，如果用τ_k表示k时刻的网络时延，则有$\tau_k \leqslant \tau_{k-1}+h$（$h$为采样周期）。另一种情况，若某时刻控制器没有接收到采样数据，为了保证系统的稳定性，通常会把前一时刻的采样数据默认为该时刻接收到的采样信号，即当k时刻的网络时延为τ_k［控制器接收到数据为$x(k-\tau_k)$］时，如果$k+1$时刻没有接收到更新的采样数据，则仍然使用$x(k-\tau_k)$作为$k+1$时刻接收到的采样数据。此时，则有$\tau_{k+1}=\tau_k+h$（h为采样周期）。所以，当前采样时刻的网络时延计算往往依赖于前一采样时刻的时延大小，即相邻两次时延并不总是完全相互独立的，这一点是相互独立的随机时延模型所无法描述的。

1.7.2 Markov 链随机时延

为了突破相互独立随机时延模型的这一局限性，人们开始使用Markov链随机时延模型来描述相邻网络时延之间的依赖关系。这种时延模型刻画了相邻网络时延之间的Markov特性，即当前网络时延受且仅受前一次网络时延的影响。基于Markov链随机时延模型，NCS通常被建模成马尔科夫跳变线性系统（MJLS），然后再利用MJLS中的控制方法来设计NCS控制器。值得注意的是，在Markov链随机时延模型中有一个非常重要的参数：状态转移矩阵，它决定了网络时延之间的跳转概率。然而，在使用Markov链随机时延模型进行NCS研究的大量文献中，都假设了Markov链状态转移矩阵事先已知。遗憾的是，这种假设很难应用于实际的网络化系统控制。尽管，于之训和Ma等人对Markov链随机时延模型中的状态转移矩阵进行了估计，但这种估计方法是在传感器和执行器采用时间驱动、控制器采用事件驱动，且在传感器和控制器发送端分别设置一个长度大于最大延迟周期数的缓冲区下进行的，其结果仅适应于文中所给的控制模式，并不具有普适性；另外，文中计算的状态转移矩阵是固定不变的，但实际网络中的时延Markov链由于受到诸如网络拥塞、路由选择等不确定因素的影响而使其状态转移矩阵呈现出时变特性。

这些问题都限制了 Markov 链随机时延模型在实际 NCS 中的应用。

为了突破 Markov 链随机时延模型在 NCS 实际应用中的局限性，需要建立能够更好地表达实际网络时延特征的数学模型。

事实上，网络时延是网络服务质量（QoS）的指标之一。所谓网络 QoS 是用来解决网络延迟和阻塞等问题的一种技术，是网络的一种安全机制。网络 QoS 通常由三个参数来定义，即丢包率、时延和时延抖动，有效地控制这三个参数就可以提供优质的 QoS。网络本质上是一个分布式的随机系统，其随机性主要由网络负荷、节点竞争、网络堵塞、路由选择等诸多随机因素构成。正是这些随机因素导致数据包在网络中传输所历经的网络时延也呈现出不同程度的随机性。方便起见，通常将网络负荷、节点竞争、网络堵塞、路由选择等诸多随机因素合并起来定义为一个随机变量：网络状态。网络状态是一个抽象概念，用于表征网络的整体状况，反映了整个网络的负荷、拥塞程度、流量及其在网络节点、路由间的分布情况。所以，网络时延的随机性本质上受控于网络状态的随机性。一个很直观的解释就是：网络状态好，时延就小；网络状态差，时延就大。网络时延对 NCS 性能的影响其实是网络状态对 NCS 性能影响的外在体现。

由网络状态的定义可知，网络状态作为一种抽象变量，其值很难通过测量直接获得，但可以通过一些可测的网络性能指标（如网络时延、丢包）反映出来。因此，可以将这些网络性能指标定义为网络状态的一组观察，它们既受控于网络状态又能反映出网络状态。考虑到丢包在本质上是无限长时延，所以通常选择网络时延作为网络性能指标。由此可见，网络状态隐藏于网络时延下并决定网络时延的随机变化特征，同时又可以通过测量网络时延间接地获得网络状态信息。

网络中的每一次传输都会引起网络状态的变化，而且当前网络状态的变化趋势通常会受到前一次网络状态的影响，鉴于任意维 Markov 链对大多数随机过程的广泛适应性，可以用 Markov 链来描述网络状态的变化特征。每一次传输引起的网络状态变化被看成是 Markov 链的状态发生一次转移。而网络时延的变化受控于网络状态，所以每一次网络状态的变化都会带动网络时延跟着变化。由于网络状态不能直接观测，但可以通过网络时延间接获得，所以这个 Markov 链是隐藏在网络时延下面的。需要通过分析观察变量（即网络时延），然后对网络状态进行重构和估计才能获得该 Markov 链的信息。网络状态与网络时延之间的这种关系恰好与隐马尔可夫模型（hidden markov model, HMM）相吻合。HMM 包含两个随机过程：隐含的 Markov 链过程和可见的观测过程，其中 Markov 链的状态也是不可观测的，需要通过观测过程对其进行估计。如此一来，我们就可以用网络状态构成 HMM 中的 Markov 链状态，用网络时延构成 HMM 中的观测变量，从而将网络状态与网络时延之间的概率关系建模成 HMM。由此可见，NCS 中网络状态与网络时延之间的模型与 HMM 之间存在内在的相似性。所以，用 HMM 来描述网络时延分布特征具有先天的优越性。

1.7.3 HMM 时延

在传统的 Markov 链随机时延模型中，当前采样周期的网络时延仅与前一采样周期的网络时延有关。与 Markov 链时延模型不同，HMM 描述了网络时延与网络状态之间的概率关系，当前采样周期的网络时延仅受控于当前采样周期的网络状态。也就是说，在每一次的网络传输中，时延的变化是由隐 Markov 链的状态转移驱动的，而这个 Markov 链是由网络状态构成的。从这一点上看，HMM 是从揭示随机时延产生机理的角度对时延进行建模的，由此得到的 HMM 时延模型与实际网络环境的吻合程度更高。另外，HMM 已经被成功应用于语音识别、图像处理等诸多分类领域，可以用经典的 Baum-Welch 算法来训练 HMM 参数，从而得到隐 Markov 链的状态转移矩阵最优解，解决了 Markov 链随机时延模型因假设 Markov 链状态转移矩阵事先已知而导致其难以用于实际 NCS 控制的问题。当这种 HMM 参数训练算法被在线实现时，就可以根据网络状况的变化不断更新 Markov 链状态转移矩阵，进一步满足其时变特性的要求。所以，从这两点来看，基于 HMM 的随机时延模型比传统的 Markov 链随机时延模型更加优越。

HMM 的基本理论由 Baum 等在 20 世纪 60 年代末建立，并由 CMU 的 Baker、IBM 的 Jelinek 和 Bell 实验室的 Rabiner 等将其应用到语音识别中，取得了巨大的成功。随着计算机性能的提高和 HMM 理论的完善，HMM 逐渐占据了语音识别研究的主导地位，并开发出了一些非常实用的系统（如英国机器智能实验室开发的 HTK 系统）。20 世纪 90 年代中期以后，HMM 又被用于研究图像处理和识别，同样取得了很多有意义的研究成果。此外，HMM 在生物信息学、金融学、工程学等诸多领域都取得了很多具有科学意义和应用价值的重要成果。

将 HMM 用于研究 NCS 的建模与控制最早可以追溯到 1998 年 Nilsson 的博士论文，Nilsson 将网络状态简化为仅仅就是网络负荷，并将网络负荷分成三个等级：低（L）、中（M）、高（H），它们之间的转移关系被建模成一个三状态 Markov 链，如图 1.8 所示，其中 $p_{ij}=\Pr\{s_{k+1}=j \mid s_k=i\}$，$i, j\in\{L,M,H\}$，$s_k$ 表示 k 时刻网络所处的状态。网络时延的变化受控于该 Markov 链，每一种网络负荷对应的时延都满足某一高斯分布，如图 1.9 所示。通常情况下，当网络负荷处在"L"状态时，对应的时延分布具有较小的平均值，且时延变化较小；反之，当网络负荷处在"H"状态时，对应的时延分布具有较大的平均值，且时延变化较大。随后，Nilsson 在其博士论文第 4 章通过对 CAN 和 Ethernet 网络处在不同网络负荷下的时延测量验证了网络时延与网络负荷之间的这种概率关系，并将这种关系建模成 HMM。基于 HMM 随机时延模型，Nilsson 还在其博士论文第 6 章设计了保证 NCS 随机稳定的 LQG 控制器。

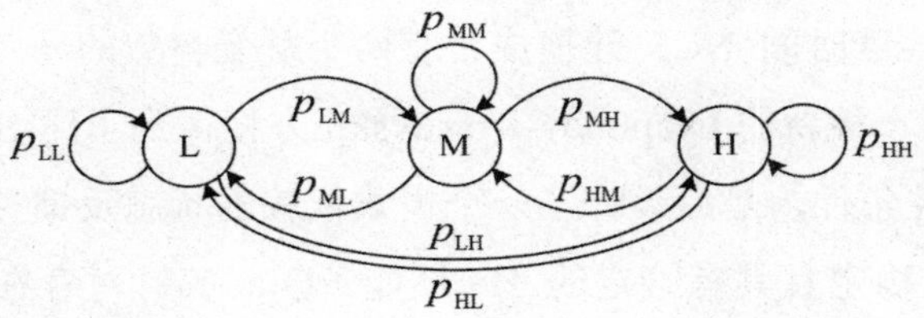

图 1.8　三种网络负荷构成的 Markov 链

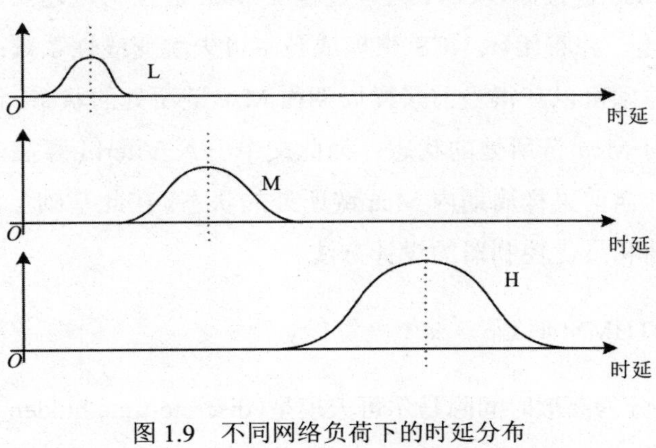

图 1.9　不同网络负荷下的时延分布

1.7.4 S–A 时延

在 Nilsson 研究的基础上，Wang 和 Sun 将 S–C 时延和 C–A 时延合并成一个时延（记为 S–A 时延），采用与 Nilsson 相同的时延建模方法定义了一个 Markov 链，并将 S–A 时延与该 Markov 链之间的关系建模成 HMM，从而将 NCS 转化成一个马尔可夫跳变线性系统（MJLS），并研究了该系统在随机稳定意义下的 H∞性能，最后使用线性矩阵不等式方法设计了系统的 H∞控制器。Huang 等则在 Nilsson 的研究基础上针对 S–C 时延和 C–A 时延分别定义了各自对应的 Markov 链（分别记为 Msc、Mca），将 S–C 时延与 Msc 链之间的关系建模成一个 HMM，将 C–A 时延与 Mca 链之间的关系建模成另一个 HMM；然后采用 Lyapunov-Razumikhin 方法设计了一个保证系统随机稳定的状态反馈控制器。Huang 等采用相同的时延建模方法，研究了一个不确定非线性 NCS 的鲁棒稳定性和扰动抑制问题，通过求解双线性矩阵不等式实现了输出反馈控制器的设计。Liu 等也采用了与 Huang 等相同的时延建模方法，将连续时间 NCS 建模成带有两个跳变参数的马尔可夫跳变线性系统模型，使用一种新的 Lyapunov-Krasovskii 方程得到了比 Huang 等更加宽松的 H∞稳定性条件，最后设计了一个模式依赖的状态反馈控制器，使闭环 NCS 均方指数稳定且具有给定的 H∞性能。Qiu 等针对存在数据包丢失的 NCS，定义了两个相互独立的 Markov 链（同样记为 Msc、Mca），其中 S–C 丢包过程受 Msc 链控制，C–A 丢包过程受 Mca 链控制，建立了数据包丢失的 HMM 描述，并将闭环 NCS 建模成马尔可夫跳变线性系统；控制器通过使用时间戳技术可以获得当前采样周期内 Msc 链所处的状态，但无法获得当前采样周期内 Mca 链所处的状态；为此文中引入 Viterbi 算法，通过观察丢包序列来估计当前采样周期内 Mca 链所处的状态。在此基础上，给出了 NCS 的稳定性条件和最优控制器的设计方法。

1.7.5 DTHMM 时延

HMM 又分为离散时间隐马尔可夫模型（discrete-time hidden markov model,

DTHMM）和连续时间隐马尔可夫模型（continuous-time hidden markov model, CTHMM）。上一节提到的文献中所采用的 HMM 实际上都是 DTHMM，其中 Markov 链状态到时延之间的观察概率是用一个二维矩阵描述的。Wei 等则通过对网络时延和丢包过程的观察建立了网络的 CTHMM 描述，其中 Markov 链状态到时延/丢包之间的观察概率是用若干个混合高斯分布函数的加权组合来描述的。与 CTHMM 相比，DTHMM 的参数训练过程更快，占用控制器运算时间更短，更能满足 NCS 的实时性要求。所以，本书首先采用 DTHMM 描述网络状态与网络时延之间的概率关系。

鉴于 DTHMM 在 NCS 时延建模方面的优越性，近年来越来越多的学者开始借助 DTHMM 进行 NCS 的建模与控制研究。然而，无论是在开创之作的 Nilsson 博士论文里，还是在后来的研究报道中，当使用 DTHMM 对 NCS 的随机时延进行建模时，都回避了 DTHMM 中隐 Markov 链状态转移矩阵的估计问题，而是假设其为事先已知的。显然，在这种假设条件下得到的理论研究成果具有很大的保守性和局限性，很难被有效地用于解决实际 NCS 中的时延问题。尽管 Liu 和 Zhang 等采用经典的 Baum-Welch 算法得到了时延 DTHMM 模型中隐 Markov 链的状态转移矩阵，但其中涉及的时延量化方法有待改进，使基于其时延量化结果的 DTHMM 参数训练算法仍然存在进一步优化的空间。

与传统的时延模型相比，DTHMM 更好地表达了实际网络时延的随机分布特征，但基于 DTHMM 的 NCS 研究尚处在起步阶段，还有很多问题亟待深入系统地研究。本书将基于 DTHMM 研究具有随机时延的 NCS 建模与控制问题，建立一套完整的基于 DTHMM 的时延建模方法，引入 K-均值聚类算法对时延数据进行量化处理，采用不完全数据期望最大化（missing-data expectation maximization, MDEM）算法估计出 DTHMM 时延模型中隐 Markov 链的状态转移矩阵，然后实现对当前采样周期内 C-A 时延的预测，最后设计合适的反馈控制器补偿该时延对 NCS 性能的负面影响。

NCS 如图 1.10 所示，其中传感器采用时间驱动（采样周期为 h），采样数据 x_k（表示第 k 个采样周期内被控对象的状态）通过网络发送到控制器，传感器到控制器之间的网络通道也称为后向通道，第 k 个采样周期的后向通道网络时延记为τ_k^{sc}；控制器采用事件驱动，一旦接收到采样数据就开始计算控制律u_k（表示第k采样周期内所采用的控制律），然后将其通过网络发送到执行器，控制器到执行器之间的网络通道也称为前向通道，第k个采样周期的前向通道网络时延记为τ_k^{ca}；执行器也采用事件驱动，一旦接收到控制律就开始驱动被控对象。在线性 NCS 中，可将前/后向网络时延合并成为$\tau_k=\tau_k^{sc}+\tau_k^{ca}$，并且本书假设 $\tau_k\leqslant h$（即本书仅考虑网络时延不大于一个采样周期的短时延 NCS）。

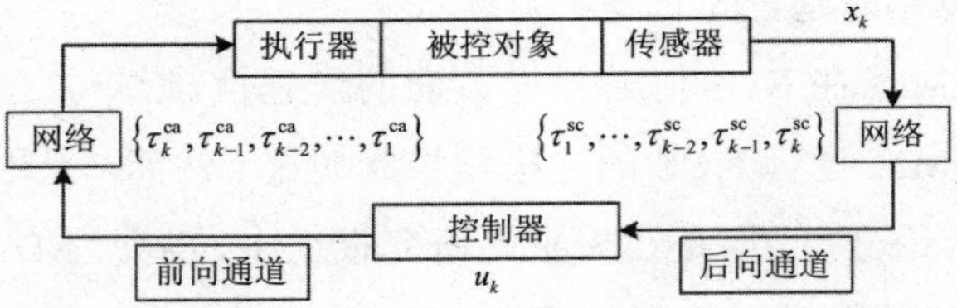

图 1.10　带有随机时延的网络化控制系统

由于τ_k^{sc}发生在计算u_k之前，所以在计算u_k时可以通过时间戳获得τ_k^{sc}信息。具体方法为：传感器在发送采样数据时给数据包打上时间戳，时间戳随采样数据一起经过后向通道网络发送给控制器，控制器接收到这个带有时间戳的数据包后，通过对比本地时间和数据包上的时间戳即可计算出τ_k^{sc}。不过，这种方法需要传感器节点和控制器节点之间满足时钟同步。然而，由于传感器节点和控制器节点存在空间上的分散性，它们之间的时钟通常是异步的，所以需要采用同步手段来获得二者之间的时钟同步。由于本书的仿真实验都是在同一台计算机上实现的，所以 NCS 各节点之间不存在时钟异步问题，因此很容易利用时间戳信息计算出τ_k^{sc}。此外，前一个（第$k-1$个）采样周期的前向网络时延τ_{k-1}^{ca}对于计算u_k来说也是已知的，具体实现方法为在第$k-1$个采样周期内控制器在将控制信号u_{k-1}发送到网络时也会打上时间戳，当执行器接收到控制信号u_{k-1}时，通过对比本地时间和控制律数据包上的时间戳即可计算出τ_{k-1}^{ca}，然后立即向控制器发送回执信息，τ_{k-1}^{ca}就被包含在这个回执信息中。所以，在第k个采样周期内计算u_k时，控制器已经获得了τ_{k-1}^{ca}信息。

由以上分析可知，在第k个采样周期内计算u_k时，控制器已经获得之前$k-1$个采样周期内的全部前/后向网络时延信息（即τ_1^{sc}，τ_2^{sc}，$\cdots$，τ_{k-1}^{sc}；τ_1^{ca}，

τ_2^{ca}，…，τ_{k-1}^{ca}）以及当前采样周期内的后向网络时延信息（τ_k^{sc}）。但是，控制器却无法获得当前采样周期内的前向网络时延信息 τ_k^{ca}，因为在计算 u_k 时 τ_k^{ca} 尚未发生。而当前采样周期内的网络时延补偿既需要补偿后向网络时延 τ_k^{sc}，又需要补偿前向网络时延 τ_k^{ca}。既然 τ_k^{sc} 已知而 τ_k^{ca} 未知，所以就只需要对 τ_k^{ca} 进行预测（不妨记其预测值为 $\hat{\tau}_k^{ca}$，且有 $\hat{\tau}_k = \tau_k^{sc} + \hat{\tau}_k^{ca}$），从而在计算 u_k 时把 $\hat{\tau}_k^{ca}$ 考虑进去，这样得到的控制律就可以补偿当前采样周期内前向网络时延 τ_k^{ca} 对系统的影响，从而达到保证系统稳定或者提高系统控制性能的目的。鉴于仅需要预测前向网络时延 τ_k^{ca}，简单起见，可以假设 NCS 中只有前向网络。也就是说，传感器与控制器直接相连，而控制器则通过网络与执行器相连，如图 1.11 所示。此时，整个网络时延仅有前向网络时延，即 $\tau_k = \tau_k^{ca}$。本书后续章节涉及的网络，若不加特别说明，均是指 NCS 的前向网络；同时，网络时延也均是指 NCS 前向通道的网络时延。

在这样的 NCS 闭环结构上，本书首先使用 DTHMM 建立前向网络中网络状态与网络时延之间的概率模型。然后，基于 DTHMM 实现对当前采样周期内前向网络时延 τ_k^{ca} 的预测。最后，设计合适的反馈控制器补偿该时延对系统性能的负面影响。

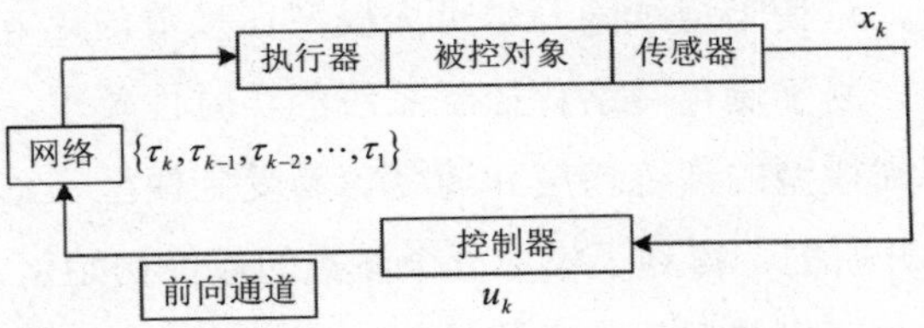

图 1.11　仅有前向网络的网络化控制系统

然而，无论是马尔可夫链时延模型，还是离散隐马尔可夫时延模型，其中随机时延都被界定为有限个离散值。马尔可夫链模型将随机时延限定在有限个离散马尔可夫链状态之间进行跳变。隐马尔可夫模型则通过对随机时延进行标量量化处理，将其限定在一个离散有限的观察空间内，从而构成一种严格意义上的离散隐马尔可夫模型。但是，随机时延实际上是可以在其允许范围内任意取值的，所以随机时延本身并不满足离散有限性。尽管离散隐马尔可夫模型在随机时延建模方面具有先天优越性，但其中对时延采用的标量量化处理方法导致所建时延模型的精度不高，进一步影响时延的预测精度和补偿效果。因此，需要寻找精度更高的随机时延建模方法，在此基础上才能提高时延预测精度以及改善时延补偿效果。

事实上，经实验测量发现，任意网络状态下的随机时延通常满足混合高斯分布。所以，从模型吻合程度上来看，隐马尔可夫模型家族中的连续隐马尔可夫模型比离散隐马尔可夫模型更适合于对随机时延进行建模。这是因为在连续隐马尔可夫模型中，马尔可夫链状态到观察值之间的概率关系是用混合高斯密度函数描述的，这与随机时延的实际分布特征完全吻合。但是，连续隐马尔可夫模型中要估计的参数过多，且参数估计时需要使用的时延历史数据量也非常大，这使时延模型参数的估计过于复杂、耗时，很难满足网络化控制系统的实时性要求。为此，本书进一步拟采用半连续隐马尔可夫模型（semi-continuous hidden markov model, SCHMM）对随机时延进行建模。一方面，可以像连续隐马尔可夫模型那样直接使用时延实际值进行建模，避免了像离散隐马尔可夫模型那样因为使用时延量化值进行建模而导致模型精度较低；另一方面，与连续隐马尔可夫模型不同，半连续隐马尔可夫模型借助一组公用的高斯密度函数减少了需要估计的模型参数和参数估计时需要使用的时延历史数据量，这使半连续隐马尔可夫模型在参数估计方面比连续隐马尔可夫模型快得多，易于满足网络化控制系统的实时性要求。考虑到随机时延半连续隐马尔可夫模型的训练精度和速度容易受到模型初始值的影响，本书首次对该问题展开研究，得到了模型五个参数的最优初始化方法。

半连续隐马尔可夫模型的参数估计要比离散隐马尔可夫模型的复杂，但是，考虑到实际网络中相邻网络状态的变化较为缓慢以及短时间内网络状态相对稳定，所以并不需要每个采样周期都对模型进行一次参数重估。那么，究竟相隔多长时间对模型进行一次参数重估以及参数重估时需要使用多少个时延历史数据都是亟待解决的问题。为此，本书还将研究半连续隐马尔可夫模型的参数重估频率以及参数重估时需要使用的时延历史数据量，以降低因模型复杂度增加而对系统实时性造成的影响。

在网络化控制系统中进行当前采样周期的控制器设计时，后向通道随机时延已经发生，对控制器来说是已知的；而前向通道随机时延尚未发生，对控制器来说是未知的。为此，本书将基于前向通道随机时延的半连续隐马尔可夫模型进一步实现对当前采样周期前向通道随机时延的预测，将该预测值与当前采样周期后向通道随机时延的实测值一起用于控制器设计，以补偿两个通道随机时延对系统性能的影响。

1.8 主要研究内容

1.8.1 随机时延的量化、建模与预测

本书采用隐马尔可夫模型（HMM，包括 DTHMM 和 SCHMM）描述网络状态与网络时延之间的概率关系。HMM 包含两个随机过程，隐含的 Markov 链过程和可见的观测过程。在随机时延的 DTHMM 中，隐含的 Markov 链过程直接由网络状态构成，但对于可见的观测过程，由于时延是在其允许范围内连续取值的，所以需要对时延进行量化处理后才能构成可见的观测过程。本书采用两种方法对时延序列进行量化处理：平均量化法和基于 K–均值聚类量化法。前者将时延所在范围平均分成若干个完备子区间，再将时延映射到这些子区间上就可以得到时延量化序列；后者则根据时延的实际概率分布特点按最小误差函数准则将时延分成若干类，再根据每个时延所在的类得到时延量化序列。然后，将时延量化序列作为一组观察，利用不完全数据期望最大化算法对 DTHMM 进行模型训练，得到模型参数的最优估计，其中包括隐 Markov 链状态转移矩阵、观测概率矩阵和状态初始分布向量。最后，结合 Viterbi 算法实现对网络状态的重构和估计，将其与 DTHMM 参数相结合即可预测出当前采样周期内的前向网络时延 $\hat{\tau}_k^{\mathrm{ca}}$ 。而在随机时延的 SCHMM 中，用混合高斯密度函数高度逼近随机时延本身呈现的连续分布特征，并且基于数据压缩原理、聚类思想和极大似然估计算法，对模型参数进行初始化和最优估计，得到精度更高的前向通道随机时延模型，获得相对于 DTHMM 更好的时延预测结果。进一步采用降低随机时延模型参数的重估频率、减少时延模型参数重估时使用的时延历史数据量以及加速时延模型参数重估的收敛速度等方法，解决随机时延模型的高精度要求与网络化控制系统的高实时性要求

之间的矛盾。

1.8.2 网络化控制系统的建模与控制

基于随机时延的 HMM（DTHMM、SCHMM），研究 NCS 的建模与控制方法，其目的在于补偿当前采样周期内前向网络时延对系统性能的负面影响。由于已经利用 HMM 预测出了当前采样周期内的前向网络时延，所以本书直接使用该时延预测值代替其实际值进行控制器设计，这种时延补偿方法又称为直接补偿。本书在控制器设计方面主要考虑了两种控制器：状态反馈控制器和最优控制器。在状态反馈控制中，首先利用网络状态的 Markov 特性将 NCS 建模成一个典型的离散时间马尔可夫跳变线性系统（MJLS），然后借助 MJLS 的随机稳定理论研究 NCS 随机稳定的充分条件，最后在受控对象状态完全反馈的情况下，利用该稳定条件设计状态反馈控制器，并通过 Schur 补引理将控制器设计问题转换成线性矩阵不等式的求解问题。由于考虑了当前采样周期内前向网络时延的预测值，这样设计出来的状态反馈控制器能够直接补偿该时延对系统性能的负面影响。在最优控制中，首先根据给定的性能指标将 NCS 建模成一个增广状态模型，其中的增广状态由当前采样周期的受控对象系统状态和前一采样周期的控制律构成，然后根据贝尔曼动态规划原理设计 NCS 的最优控制器，得到系统在该控制器下的最小性能指标，并且研究 NCS 在该最优控制器下的指数均方稳定性问题。由于考虑了当前采样周期内前向网络时延的预测值，这样设计出来的最优控制器同样能够直接补偿该时延对系统性能的负面影响，且补偿效果优于状态反馈控制器。

1.8.3 仿真平台设计与实现

为了验证基于 HMM 网络时延模型的 NCS 建模与控制方法的有效性，本书在 Matlab 环境下使用 TrueTime1.5 设计一款 NCS 仿真平台：NCS-SP。NCS-SP 主要由传感器、控制器、执行器、受控对象和干扰节点经过网络互连构成。传感器、控制器、执行器和干扰节点都采用 TrueTime1.5 中的 Kernel 模块实现；网络仅存在于控制器与执行器之间，并采用 TrueTime1.5 中的 Network 模块实现；干扰节点也连接于网络上，通过干扰节点对网络带宽的随机占用，使控制律数据包在网络传输过程中历经随机延迟；受控对象是一个阻尼复摆，使用 Simulink 中的 State-Space 模块实现。传感器采用时间驱动方式，对受控对象的状态进行周期采样，然后将采样数据直接发送给控制器；控制器采用事件驱动方式，一旦收到采样数据就启动控制律的计算，然后将控制律数据包打上时间戳，再经网络发送给执行器；执行器也采用事件驱动方式，一旦收到控制律数据包就开始驱动受控对象执行控制任务，同时将控制律数据包上的时间戳与本地时间进行比较计算出前向网络时延，并将其通过网络回传给控制器且被保存在控制器中。为了产生这些随机时延，干扰节点按照比传感器小得多的采样周期通过网络向自身发送大小随机变化的数据包。最后以 DTHMM 时延模型为例，说明如何在控制器节点完成 NCS 建模与控制，补偿前/后向网络时延对 NCS 系统性能的负面影响。

第 2 章　预备知识

2.1　引言

在应用 HMM 进行 NCS 的研究之前，需要先认识 HMM，其中包括 HMM 的概念、基本问题和基本方法。本章首先会对这些知识进行简单介绍，并通过典型示例加以说明。考虑到基于 HMM 可以将 NCS 建模成一个典型的马尔可夫跳变线性系统（MJLS），本章接着介绍 MJLS 的基本知识，包括 MJLS 的概念和稳定性分析。由于在设计 MJLS 的反馈控制器时需要用到求解线性矩阵不等式（LMI）的基本知识，所以随后将对 LMI 的概念和求解方法进行简单介绍。

在设计隐马尔可夫模型（HMM）的不完全数据期望最大化（MDEM）算法时，将会用到 Jensen 不等式和 Lagrange 乘数法；而在设计 NCS 的状态反馈控制器和最优控制器时，将会用到矩阵论中的 Schur 补和 Rayleigh 熵定理。这些定理都将被作为引理给予简单介绍。

本书关于 NCS 的建模与控制方法都将在 TrueTime 仿真平台上进行验证，仿真实验中用到的受控对象是一个阻尼复摆，关于该阻尼复摆的动力学模型及其在状态反馈控制作用下的阶跃响应也将在本章进行详细介绍。

最后，本章对全文将要用到的数学符号给予统一说明。

2.2　隐马尔可夫模型

2.2.1　马尔可夫链

Markov 过程是建立 HMM 的基础。Markov 过程是由苏联学者 A.A. Markov 首先提出和研究的一类随机过程，也称为具有 Markov 特性的过程。

所谓 Markov 特性是指：当过程在某一时刻 t_k 所处的状态已知时，过程在时刻 t（$t > t_k$）所处的状态只与过程在 t_k 时刻的状态有关，而与过程在 t_k 时刻之前的状态无关。Markov 链（Markov Chain, MC）是 Markov 随机过程的特殊情况，即状态和时间参数都是离散的 Markov 随机过程。Markov 链的数学定义如下：

设 $\{X(n), n=0,1,2,\cdots\}$ 是一个在非负整数集 $I=N\cup\{0\}$（此处 N 表示自然数集）上取值的随机序列，用“$X(n)=i$”表示 Markov 过程 X 在时刻 n 位于状态 i 这一事件，并定义过程 X 的一步转移概率如下：

$$p_{ij}(n)=\Pr\{X(n+1)=j \mid X(n)=i\},\ n=0,1,2,\cdots \tag{2.1}$$

由式（2.1）可知，所谓的一步转移概率是指：在“$X(n)=i$”这一事件发生的条件下，事件“$X(n+1)=j$”发生的条件概率。如果对任意 $i_1, i_2, \cdots, i_{n-1}, i, j \in I, n \geqslant 0$，式（2.2）都成立。

$$\Pr\{X(n+1)=j \mid X(n)=i, X(k)=i_k, k=1,2,\cdots,n-1\}=p_{ij}(n) \tag{2.2}$$

其中，$\Pr\{X(n)=i, X(k)=i_k, k=1,2,\cdots,n-1\}>0$，则称此随机过程 X 为 Markov 链，或简称为马氏链。式（2.2）表明，在 $X(n),\cdots,X(1),X(0)$ 状态已知的条件下，$X(n+1)$ 处于状态 j 的条件概率与 $X(n-1),\cdots,X(1),X(0)$ 无关，而仅与 $X(n)$ 所处状态 i 有关，这就是所谓的 Markov 特性，即在已知“现在”的情况下，“将来”与“过去”是相互独立的。若 Markov 链的状态空间 I 为可列状态集，如 $\{0,1,2,\cdots\}$，则称为可列状态的马氏链；若状态空间 I 是有限状态集，则称为有限状态的马氏链。当 $p_{ij}(n)$ 与起始时刻无关时，则称过程 X 为齐次 Markov 链。本书以后涉及的 Markov 链均是指有限状态齐次 Markov 链，并将 $p_{ij}(n)$ 简记为 p_{ij}。

根据概率定义和全概率公式可知一步转移概率 $p_{ij}(n)$ 具有如下性质：

$$0 \leqslant p_{ij} \leqslant 1,\ \text{且} \sum_{j\in I} p_{ij}=1,\ i=0,1,2,\cdots \tag{2.3}$$

全体 p_{ij} 构成一个矩阵 $\boldsymbol{P}$：

$$\boldsymbol{P}=\left(p_{ij}\right)_{i,j\in I} \tag{2.4}$$

式（2.4）称为 Markov 链的一步转移（概率）矩阵，由式（2.3）可知，矩阵 $\boldsymbol{P}$ 中任一行元素之和为 1。

此外，定义齐次 Markov 链的 m 步转移概率 $p_{ij}^{(m)}$ 如下：

$$p_{ij}^{(m)}=\Pr\{X(m)=j\mid X(0)=i\} \tag{2.5}$$

则相应的 m 步转移矩阵 $\boldsymbol{P}^{(m)}$为：

$$\boldsymbol{P}^{(m)}=[\,p_{ij}^{(m)}\,]_{i,\,j\in I} \tag{2.6}$$

由于多步转移概率 $p_{ij}^{(m)}$ 可以由一步转移概率 p_{ij} 得到，因此描述齐次 Markov 链的最重要参数是一步转移矩阵 $\boldsymbol{P}$。但是，矩阵 $\boldsymbol{P}$ 还无法决定 Markov 链状态的初始分布，即由 $\boldsymbol{P}$ 得不到 $X(0)=i$ 的概率。因此，完整描述 Markov 链，不仅需要一步转移矩阵 $\boldsymbol{P}$，还需要引入状态初始分布矢量 $\boldsymbol{\pi}$：

$$\boldsymbol{\pi}=(\pi_i)_{i\in I},\quad \pi_i=\Pr\{X(0)=i\} \tag{2.7}$$

与 p_{ij} 类似，同样有：

$$0\leqslant\pi_i\leqslant1,\ \text{且}\sum_{i\in I}\pi_i=1,\quad i=0,1,2,\cdots \tag{2.8}$$

Markov 过程已经成为内容丰富、理论完整以及应用广泛的一门数学分支。在应用 Markov 链分析解决实际问题时，Markov 链的每一个状态可以对应于一个可观测到的物理事件，其应用领域涉及自动控制、计算机通信、生物、化学、物理、经济和管理等领域。

2.2.2　隐马尔可夫模型基本概念

HMM 是在 Markov 链的基础上建立和发展起来的。实际问题中的情况比 Markov 链模型所描述的更为复杂，通常所能观察到的事件并不总是与 Markov 链的可能状态一一对应，而是通过一组概率分布将二者相联系，这样就构成了一个双重随机过程，其中一个随机过程是 Markov 链，用来描述状态转移，另一个随机过程则描述了 Markov 链中各个状态和可能出现的观察值之间的概率关系，这种模型称为隐马尔可夫模型（HMM）。HMM 之所以称为隐 Markov，是因为从观察者角度无法直接看到模型中 Markov 链的状态信息，而只能看到各个状态所呈现的观察值，所以模型中的 Markov 链是隐藏在观察值下面的。与 Markov 链不同，这些观察值与 Markov 链状态之间不存在直接的一一对应关系，而需要通过一个随机过程去关联 Markov 链中的状态信息。

为了便于理解HMM，下面介绍一个著名的HMM示例——球缸实验，从而树立起 HMM 的基本概念，有助于进一步阐述 HMM 的基本理论和算法。

设有 N 个缸，每个缸里有许多彩色的球，球的颜色由一组概率分布来描述，如图 2.1 所示。实验如下，根据 N 个缸的某一初始概率分布，从 N 个缸中随机的选择一个（比如第 i 个缸），再根据这个缸中不同颜色球的概率分布，随机的选择一个球，其颜色记为 o_1，再把球放回原来的缸中；然后根据缸的转移概率随机地选择下一个缸（比如第 j 个缸），同样根据缸中不同颜色球的概率分布随机地选择一个球，其颜色记为 o_2；按照这样的选择方式一直进行下去，可以得到一个颜色序列：o_1，o_2，$\cdots$。因为这是一些观测到的事件，所以称为观测值序列，记为 o（$o=\{o_1,o_2,\cdots\}$）。但是，无法直接观测到每次选取的缸以及缸与缸之间的转移情况，这些都被隐藏起来了。而且，每次选择哪个缸是由一组转移概率决定的。此外，每次从缸中选取球的颜色与缸之间也不存在一一对应关系，而是由该缸中彩球颜色的概率分布决定的。球与缸之间的这种概率关系就可以用 HMM 进行描述。

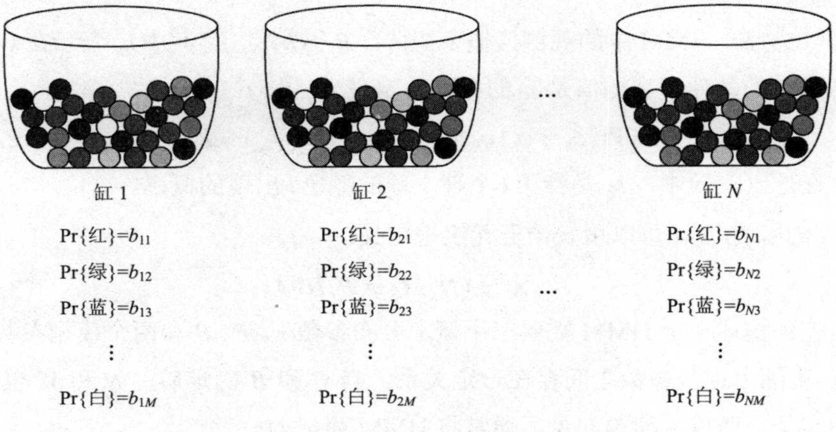

图 2.1　HMM 的球缸实验

基于上面讨论的 Markov 链以及球缸实验，可以用下列参数描述 HMM 的定义。

（1）N：HMM 中隐 Markov 链的状态个数。不妨记 N 个 Markov 状态构

成了状态集Q（$Q=\{\theta_1,\theta_2,\cdots,\theta_N\}$）；记$k$（$k\geqslant1$）时刻Markov 链所处的状态为$q_k$，显然有$q_k\in Q$。在球缸实验中的缸就相当于 HMM 中的隐 Markov 状态。

（2）M：HMM 中每个 Markov 链状态对应的可能的观测值个数。不妨记M个观测值构成了观测空间O（$O=\{\varphi_1,\varphi_2,\cdots,\varphi_M\}$）；记$k$（$k\geqslant1$）时刻的观测值为$o_k$，显然有$o_k\in O$。在球缸实验中所选球的颜色就相当于 HMM 中的观测值。

（3）$\boldsymbol{\pi}$：HMM 中隐 Markov 链状态的初始分布矢量。$\pi=(\pi_1,\pi_2,\cdots,\pi_N)$，其中：

$$\pi_i=\Pr\{q_1=\theta_i\}，1\leqslant i\leqslant N \tag{2.9}$$

在球缸实验中，π是指实验开始时选择的某个缸的概率。

（4）$\boldsymbol{P}$：HMM 中隐 Markov 链的状态转移矩阵。$\boldsymbol{P}=(p_{ij})_{N\times N}$，其中$p_{ij}$表示 Markov 链的一步状态转移概率，定义为：

$$p_{ij}=\Pr\{q_{k+1}=\theta_j\mid q_k=\theta_i\}，1\leqslant i,j\leqslant N \tag{2.10}$$

在球缸实验中，p_{ij}是指在选取当前缸为第i缸的条件下，选取下一个缸为第j缸的概率。

（5）$\boldsymbol{B}$：HMM 中的观测值概率矩阵。$\boldsymbol{B}=(b_{il})_{N\times M}$，其中$b_{il}$表示在$k$时刻状态是$\theta_i$的条件下观测值是$\varphi_l$的概率，定义为：

$$b_{il}=\Pr\{o_k=\varphi_l\mid q_k=\theta_i\}，1\leqslant i\leqslant N，1\leqslant l\leqslant M \tag{2.11}$$

在球缸实验中，b_{il}是指第i个缸中球的颜色l出现的概率。

因此，HMM 可以用一个五元组来定义：

$$\lambda\triangleq(N,M,\pi,P,B) \tag{2.12}$$

完整描述一个 HMM 需要三个概率分布参数π、$\boldsymbol{P}$、$\boldsymbol{B}$和两个模型参数N、M，实际上这些参数之间存在一定关系，当$\boldsymbol{P}$和$\boldsymbol{B}$确定后，N和M也就随之确定了。所以，简单起见，通常将 HMM 简记为：

$$\lambda\triangleq(\pi,P,B) \tag{2.13}$$

由 HMM 的数学描述可知这三个关键元素（$\pi,\boldsymbol{P},\boldsymbol{B}$）实际上可以分成两个部分，如图 2.2 所示，一部分是由π和$\boldsymbol{P}$描述的 Markov 链，负责生成状态序列；另一部分随机过程则是由$\boldsymbol{B}$描述，负责产生观测序列。

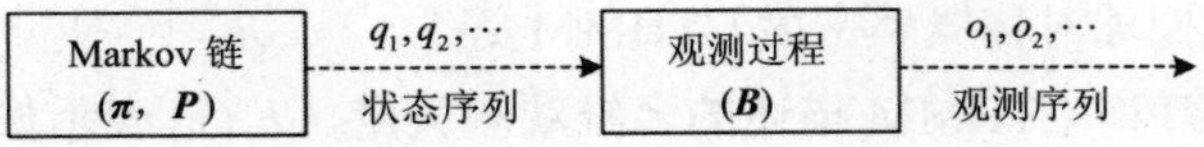

图 2.2　HMM 组成示意图

此外，从定义可以得到 HMM 的三个重要性质：

（1）状态具有 Markov 性。在 HMM 中，从某一状态跳转到另一个状态的转移概率仅与这两个状态有关，而与以前的状态和观测值均无关，即：

$$\Pr\left\{q_{k+1}=\theta_j \mid q_k=\theta_i, q_{k-1}, q_{k-2}, \cdots, q_1\right\}=\Pr\left\{q_{k+1}=\theta_j \mid q_k=\theta_i\right\}，1\leqslant i, j\leqslant N \quad (2.14)$$

（2）状态转移概率具有时间独立性，即：

$$\Pr\left\{q_{k+1}=\theta_j \mid q_k=\theta_i\right\}=\Pr\left\{q_{t+1}=\theta_j \mid q_t=\theta_i\right\}，1\leqslant k, t \quad (2.15)$$

（3）观测值输出具有当前时刻状态仅相关性。在 HMM 中，每一时刻 k 所产生的观测值的概率只与该时刻所处的状态有关，而与以前的状态和观测值均无关，即：

$$\Pr\left\{o_k, o_{k-1}, \cdots, o_1 \mid q_k, q_{k-1}, \cdots, q_1, \lambda\right\}=\prod_{t=1}^{k}\Pr\left\{o_t \mid q_t, \lambda\right\} \quad (2.16)$$

2.2.3　隐马尔可夫模型分类及基本问题

按照输出概率分布可以将 HMM 分成离散隐马尔可夫模型（discrete-time hidden markov model, DTHMM）、连续隐马尔可夫模型（continuous-time hidden markov model, CTHMM）和半连续隐马尔可夫模型（semi-continuous hidden markov model, SCHMM）。

（1） DTHMM。所谓 DTHMM 是指其观测值出自一个有限的离散符号集，某个 Markov 链状态（i）对应的观测值的统计特性由一组概率数值 b_{il}（$l=1,2,\cdots,M$）来描述，上节定义的 HMM 正是 DTHMM。DTHMM 的模型参数相对较少，对训练数据集没有过高要求，计算耗时较低，易于实现。

（2） CTHMM。在 CTHMM 中，每个 Markov 链状态输出的观测序列的概率分布由连续观测密度表示。CTHMM 实现了对连续信号序列的建模，其观测输出具有无限连续取值特点。在 CTHMM 中，状态 j 的观测输出（记为 y）的概率密度函数不妨用 $b_j(y)$ 表示。按照 $b_j(y)$ 的不同类型，还可将 CTHMM 进一步分为：单高斯 CTHMM、混合密度 CTHMM、高斯自回归 M 元混合密度 CTHMM、椭球对称概率密度 CTHMM 等。

对于用单高斯 CTHMM 描述的多维观测矢量，$b_j(y)$ 表示如下：

$$b_j(y)=\frac{1}{(2\pi)^{d/2}\left|\Sigma_j\right|^{1/2}}\exp\left\{-\frac{1}{2}\left(y-\mu_j\right)\Sigma_j^{-1}\left(y-\mu_j\right)^{\mathrm{T}}\right\} \tag{2.17}$$

其中 d 表示观测矢量维数，μ_j 表示高斯分布均值向量，Σ_j 表示高斯分布协方差矩阵。

由于实际问题中信号的复杂性，仅用一个高斯密度函数描述信号分布是不够的，而需要采用多个不同高斯密度函数的加权组合才能覆盖整个信号分布空间，即采用混合密度 CTHMM，此时的 $b_j(y)$ 定义如下：

$$b_j(y)=\sum_{g=1}^{G}c_{jg}N(y,\mu_{jg},\Sigma_{jg}) \tag{2.18}$$

其中 $N(y,\mu_{jg},\Sigma_{jg})$表示均值向量为 μ_{jg}、协方差矩阵为 Σ_{jg} 的高斯密度函数。每个 Markov 链状态都对应的观测输出均由 G 个不同的高斯分布混合表示，c_{jg} 表示第 j 状态的第 g 个高斯密度函数的加权系数，并且有：

$$0\leqslant c_{jg},\quad \sum_{g=1}^{G}c_{jg}=1,\ 且\int_{-\infty}^{\infty}b_j(y)\mathrm{d}y=1,\quad 1\leqslant j\leqslant N,\quad 1\leqslant g\leqslant G \tag{2.19}$$

混合密度函数在高斯密度函数足够多的情况下可以逼近任意概率分布函数，所以 CTHMM 的建模精度较高，但具体应用时还要考虑计算耗时等因素来选择规模合适的混合高斯密度函数。

（3） SCHMM。DTHMM 模型训练速度快但建模精度较低，CTHMM 建模精度高但模型训练速度较慢，半连续隐马尔可夫模型（Semi-continuous Hidden Markov Model, SCHMM）正是为了克服 DTHMM 和 CTHMM 的不足而提出来的。SCHMM 的输出概率密度定义为：

$$b_j(y)=\sum_{g=1}^{G}c_{jg}N(y,\mu_g,\Sigma_g) \tag{2.20}$$

式（2.20）与式（2.18）形式上相似，$b_j(y)$ 都是由若干个高斯密度函数加权而成，所不同的是，在描述 CTHMM 输出的式（2.18）中这些高斯密度函数是状态相关的，而在描述 SCHMM 输出的式（2.20）中这些高斯密度函数是状态无关的。即，在 SCHMM 中所有 G 个高斯密度函数为每个状态所共有，只是对于不同状态各高斯密度函数的权重 c_{jg} 依赖于状态，这些权重同样满足式（2.19）的约束条件。

本书首先将 NCS 中网络时延进行量化处理，采用 DTHMM 建立 NCS 的随机时延模型，并给出时延预测方法和用于补偿时延的控制器设计方法；为了进一步提高随机时延的建模和预测精度，采用 SCHMM 建立 NCS 的随机时延模型，并给出相应的时延预测与补偿方法。

给定一个 HMM（DTHMM 或 SCHMM），有三个基本问题需要解决。

问题 1：已知观测序列 $o=\{o_1,o_2,\cdots,o_K\}$ 和 HMM 模型 $\lambda\triangleq(\boldsymbol{\pi},\boldsymbol{P},\boldsymbol{B})$，如何高效计算 $\Pr\{o\,|\,\lambda\}$？

问题 2：已知观测序列 $o=\{o_1,o_2,\cdots,o_K\}$ 和 HMM 模型 $\lambda\triangleq(\boldsymbol{\pi},\boldsymbol{P},\boldsymbol{B})$，如何在某种意义上最优地选择一个相应的状态序列 $q=\{q_1,q_2,\cdots,q_K\}$？

问题 3：已知观测序列 $o=\{o_1,o_2,\cdots,o_K\}$，如何调整模型参数 $\lambda\triangleq(\boldsymbol{\pi},\boldsymbol{P},\boldsymbol{B})$，使 $\Pr\{o\,|\,\lambda\}$ 最大？

问题 1 是评估问题，即在模型和观测序列已知的条件下，计算由该模型产生此观测序列的概率。评估问题也可以用以评价一个给定模型与一个观测序列之间的匹配程度，帮助我们从诸多候选模型中选出与观测序列最吻合的模型。可以直接计算 $\Pr\{o\,|\,\lambda\}$ 来解决评估问题，但是计算量太大，所以常采用前向算法和后向算法。

问题 2 是解码问题，目的在于揭示模型的隐藏部分，即寻找满足某项最优标准的最佳状态序列。最优标准有许多合理的选择，标准的确定应该根据状态序列的具体用途来确定，比如本书中用 DTHMM 研究 NCS 建模与控制时所选择的最优标准是沿该状态序列产生出某时延量化序列的概率最大。解决解码问题的典型算法是 Viterbi 算法。

问题 3 是训练问题，旨在寻找最优化模型参数以便最佳地描述已知观测序列。训练问题是大多数 HMM 应用中最关键的问题，目前主要通过迭代计算（如 Baum-Welch、梯度法）来选择 λ，使 $\Pr\{o\,|\,\lambda\}$ 局部最大。

关于 DTHMM、SCHMM 基本问题的求解方法将会在本书第 3 章、第 6 章分别有针对性地展开，用以解决基于 DTHMM、SCHMM 的 NCS 时延建模问题。

2.3 马尔可夫跳变线性系统

基于 DTHMM 可以将 NCS 建模成一个马尔可夫跳变线性系统（Markovian Jump Linear System, MJLS），然后就能借助 MJLS 的系统分析与设计方法研究 NCS 的稳定性与控制器设计问题。所谓 MJLS 是一类同时包含相互作用的离散事件和连续变量的特殊混杂系统，最早由 Krassovskii 等在 1961 年提出。MJLS 的系统矩阵在一系列离散时刻随机跳变，但在跳变之间仍保持为线性，这些线性子系统对应于不同的系统模式，且系统在这些模式之间的跳变规律符合 Markov 过程的变化规律，故称为马尔可夫跳变线性系统。MJLS 又分为连续时间 MJLS 和离散时间 MJLS。

连续时间 MJLS 通常描述为：

$$\begin{cases}\dot{x}(t)=A[r(t)]x(t)+B[r(t)]u(t)\\ y(t)=C[r(t)]x(t)+D[r(t)]u(t)\end{cases} \tag{2.21}$$

其中，$x(t)\in R^n$ 是系统的状态向量，$u(t)\in R^m$ 是系统的控制输入向量，$y(t)\in R^l$ 是系统的输出向量，$r(t)$ 是系统的模态。

通常假设不同模态的系统具有相同的维数，$A[r(t)]$、$B[r(t)]$、$C[r(t)]$、$D[r(t)]$ 是依赖于模态 $r(t)$ 的维数适当的矩阵。系统模态 $r(t)$ 随着时间 t 的连续变化满足状态集为 S （$S=\{1,2,\cdots,N\}$）的 Markov 随机过程，其状态转移矩阵为 $P=(p_{ij})$ （$i,j\in S$），模态转移概率定义如下：

$$\Pr\{r(t+\Delta t)=j\,|\,r(t)=i\}=\begin{cases}p_{ij}\varDelta+o(\varDelta), & i\neq j\\ 1+p_{ii}\varDelta+o(\varDelta), & i=j\end{cases} \tag{2.22}$$

其中 $\varDelta>0$ 且有 $\lim\limits_{\Delta\to 0}o(\varDelta)/\varDelta=0$，$p_{ij}$ 表示从模态 i 到模态 j 的转移概率，且满足 $\sum_{j\in S,j\neq i}p_{ij}=-p_{ii}$。简单起见，如果 t 时刻系统处在模态 $r(t)=i$，那么相应的系数矩阵分别简记为 A_i、B_i、C_i、D_i，其他简记类似。

当系统具有全状态反馈时，可以设计出相应的状态反馈控制器，不妨记为 $u(t)$，且有 $u(t)=K[r(t)]x(t)$。此时，系统状态方程可以写成：

$$\dot{x}(t)=\{A[r(\mathrm{t})]+B[r(\mathrm{t})]K[r(\mathrm{t})]\}x(t)=\tilde{A}[r(\mathrm{t})]x(t) \tag{2.23}$$

上式描述的是连续 MJLS 的自治系统。下面简单介绍这类系统的稳定性定义及判据。

（1）渐近均方稳定。对于任意系统初始状态 $x_0 \in R^n$ 以及系统模态 $r(t)$ 的初始分布（$\rho_1,\rho_2,\cdots,\rho_N$），如果 $\lim\limits_{t\to\infty} E\{\| x(t,x_0)\|^2\}=0$（其中 $\| x(t,x_0)\| = \int_0^{+\infty} x^T(t,x_0)x(t,x_0)\mathrm{d}t$）成立，则式（2.23）描述的系统是渐近均方稳定的。

（2）指数均方稳定。对于任意系统初始状态 $x_0 \in R^n$ 以及系统模态 $r(t)$ 的初始分布($\rho_1,\rho_2,\cdots,\rho_N$)，如果存在常数 $\alpha,\beta>0$ 使得 $E\{\|x(t,x_0)\|^2\}\leqslant\alpha\|x_0\|^2\mathrm{e}^{-\beta t}$（$\forall\ t\geqslant 0$）成立，则式（2.23）描述的系统是指数均方稳定的。

（3）随机稳定。对于任意系统初始状态 $x_0 \in R^n$ 以及系统模态 $r(t)$ 的初始分布($\rho_1,\rho_2,\cdots,\rho_N$)，如果 $\int_0^{+\infty} E\left\{\left\|x\left(t,x_0\right)\right\|^2\right\}\mathrm{d}t<+\infty$ 成立，则式（2.23）描述的系统是随机稳定的。

（4）几乎渐近稳定。对于任意系统初始状态 $x_0 \in R^n$ 以及系统模态 $r(t)$ 的初始分布($\rho_1,\rho_2,\cdots,\rho_N$)，如果 $\Pr\left\{\lim\limits_{t\to\infty}\left\|x\left(t,x_0\right)\right\|=0\right\}=1$ 成立，则式（2.23）描述的系统是几乎渐近稳定的。

以上定义中 $E\{\bullet\}$ 表示在概率测度 Pr 下的期望算子函数。

渐近均方稳定、指数均方稳定和随机稳定三者之间是等价的，即只要满足其中一种稳定性，则同时满足另外两种稳定性。此外，由前三种稳定性中的任何一种都可以得出系统是几乎渐近稳定的结论，但反之不成立。

若要通过这些定义来判断一个 MJLS 的稳定性，则需要先求出系统状态方程的状态解。遗憾的是，很多时候这些方程很难求解，因此通过定义判断系统稳定性不具有可操作性。现在已经有很多基于 Lyapunov 第二方法的稳定性判据，利用这些判据可以直接判断系统是否稳定而不需要求解状态方程。下面给出常用的系统稳定性判据。

判据 1：对于系统（2.23），下列叙述等价：

①系统（2.23）均方稳定；

②耦合代数 Riccati 方程 $\tilde{A}_i^{\mathrm{T}}F_i+F_iA_i+\sum_{j\in S,j\neq i}p_{ij}F_j<0$ 存在解 $F_i>0$（$i\in S$）；

③对任意给定的 $U_i\in R^{n\times n}\geqslant 0$（$i\in S$），存在唯一 $F_i\geqslant 0$，满足

$$\widetilde{A}_i^{\mathrm{T}} F_i + F_i A_i + \sum_{j \in S, j \neq i} p_{ij} F_j + U_i = 0$$

判据 2： 系统（2.23）是随机稳定的充要条件是存在对称矩阵 $F_i > 0$，使得 $\forall i \in S$，$\widetilde{A}_i^{\mathrm{T}} F_i + F_i A_i + \sum_{j \in S, j \neq i} p_{ij} F_j = -\boldsymbol{I}$ 成立，其中 $\boldsymbol{I}$ 表示单位矩阵。

从以上判据可以看出，系统稳定性判断可以转化为求解代数 Riccati 方程。在求解这类方程时尽管问题本身有解，也不容易找到问题的解，此时需要再将其转化为线性矩阵不等式的求解问题。

对于离散时间 MJLS，可以用如下方程描述：

$$\begin{cases} x(k+1) = A[r(k)]x(k) + B[r(k)]u(k) \\ y(k) = C[r(k)]x(k) + D[r(k)]u(k) \end{cases} \tag{2.24}$$

其中，各变量、参数的定义与式（2.21）相同，$r(k)$ 是随时间 k 的变化在有限状态集 $S(S = \{1, 2, \cdots, N\})$ 上取值的 Markov 链，状态转移概率为 $p_{ij} = \Pr\{r(k+1) = j \mid r(k) = i\}$，其中 $p_{ij} \geqslant 0$，且对 $\forall i \in S$ 有 $\sum_{j \in S} p_{ij} = 1$ 成立。

离散时间 MJLS 在系统稳定性定义和判据方面与连续时间 MJLS 相同，此处省略。本书第 4 章在研究基于 DTHMM 的 NCS 状态反馈控制时，就是先根据网络状态的 Markov 跳变特性将 NCS 建模成一个典型的离散时间 MJLS，然后再根据 MJLS 的稳定性理论设计可以保证 NCS 随机稳定的状态反馈控制器。

2.4 线性矩阵不等式

在研究 MJLS 的稳定性和控制器设计时，往往需要将问题转化成求解线性矩阵不等式（LMI），本节简单介绍 LMI 的基本概念和求解方法。

早在 20 世纪 40 年代，LMI 就被 Lur'e、Postrvikov 等用于解决工程中的一些控制问题，到了 60 年代前后，Yakubovich、Popov、Kalman 等又发现可以采用 LMI 方法解决与正实引理（Positive-real Lemma）相关的控制问题，于是出现了著名的圆周准则、Popov 准则、Tsypkin 准则等。但早期的 LMI 求解主要采用直接法和图形法，求解过程复杂。随着椭球法和内点法的出现、Matlab 软件中 LMI 工具箱的推出，LMI 有了快速高效便捷的求解方法。目前，LMI 已经成为解决系统与控制问题的一个强有力手段，尤其在鲁棒控制器设计方面具有强大优势。

一个 LMI 的一般表达形式如下：

$$F(x) \triangleq F_0 + \sum_{i=1}^{m} x_i F_i < 0 \tag{2.25}$$

其中，$\boldsymbol{x}=[x_1, x_2, \cdots, x_m]^{\mathrm{T}} \in R^m$ 是 m 个未知变量，$\boldsymbol{x}$ 也称为决策向量，$F_i = \boldsymbol{F}_i^{\mathrm{T}} \in R^{n\times n}(i=0,1,2,\cdots,m)$ 是一组给定的对称矩阵。$F(x)<0$ 表示是负定的，即对任意非零向量 $u \in R^n$，存在不等式 $\boldsymbol{u}^{\mathrm{T}}F(x)u<0$ 成立，或者 $F(x)$ 的最大特征值 $F(x)$ 小于零。式（2.25）描述的 LMI 也称为严格线性矩阵不等式，当其中的“<”变成“≤”时可得到非严格线性矩阵不等式。

若 x 和 y 是分别满足 $F(x)<0$ 和 $F(y)<0$ 的两个决策向量，那么有：

$$F[\lambda x+(1-\lambda)y] = \lambda F(x)+(1-\lambda)F(y)<0 \tag{2.26}$$

上式中 $\lambda \in (0,1)$，故集合 $\{x \mid F(x)<0\}$ 是一个凸集，即式（2.25）描述的 LMI 是关于 x 的一个凸约束，这是 LMI 的一个重要特性。正是 LMI 的这一特性使得可以应用解决凸优化问题的有效方法来求解相关的 LMI 问题成为可能。

值得注意的是，约束 $F(x)>0$ 和 $F(x)>G(x)$ 是式（2.25）的特性形式，它们可以分别等效写成 $-F(x)<0$ 和 $-F(x)+G(x)<0$。

许多实际工程的控制问题初看起来并不是一个 LMI 问题，或不具备式（2.25）的形式，但往往可以通过适当的处理将问题转化成式（2.25）的形式。比如：将用多个线性矩阵不等式描述的约束系统通过引入一个块对角矩阵等价为用一个线性矩阵不等式描述的约束系统；将一个仿射型约束系统的多约束问题转化成一个单一的线性矩阵不等式约束问题；将非线性矩阵不等式问题通过利用矩阵的 Schur 补性质转化成线性矩阵不等式问题。

对于 LMI，存在三类标准的 LMI 问题，并且在 Matlab 的 LMI 工具箱中也给出了相应的求解器。

问题 1：可行性问题（LMIP），即检验是否存在决策向量 $\boldsymbol{x}$ 使得给定的线性矩阵不等式 $\boldsymbol{F}(x)<0$ 成立。如果存在这样的 x，则该 LMI 是可行的；否则该 LMI 是不可行的。在 Matlab 的 LMI 工具箱中解决这类问题的求解器为 feasp。

问题 2：特征值问题（EVP），即在一个 LMI 约束下求矩阵 $\boldsymbol{G}(x)$ 的最大特征值的最小化问题，其一般形式为：

$$F(x) < 0$$

$$\min\lambda \ \text{s.t.} \ G(x) < \lambda I \tag{2.27}$$

上式也可描述为：

$$\min c^{\mathrm{T}}x \ \text{s.t.} \ H(x) < 0 \tag{2.28}$$

式（2.27）和式（2.28）中的 F、G 和 H 表示对称的矩阵值仿射函数，c 代表一个给定的常数向量（下同）。在 Matlab 的 LMI 工具箱中解决这类问题的求解器为 mincx。

问题 3：广义特征值问题（GEVP），即在一个 LMI 约束下求两个仿射矩阵函数的最大广义特征值的最小化问题。

所谓广义特征值是指对标量 λ 和给定的两个同阶对称矩阵 $\boldsymbol{F}$ 和 $\boldsymbol{G}$，如果存在非零向量 y 使得 $\boldsymbol{G}y=\lambda\boldsymbol{F}y$ 成立，则 λ 称为矩阵 $\boldsymbol{F}$ 和 $\boldsymbol{G}$ 的广义特征值。λ 的计算可以转化为一个具有 LMI 约束的优化问题。

假设 $\boldsymbol{F}$ 为正定矩阵，则对充分大的 λ，总有 $\boldsymbol{G}-\lambda\boldsymbol{F}<0$ 成立。随着 λ 减小到某个适当值，$\boldsymbol{G}-\lambda\boldsymbol{F}$ 将变为奇异的。因此，存在非零向量 y 使得 $\boldsymbol{G}y=\lambda\boldsymbol{F}y$ 成立，此时的 λ 就是矩阵 $\boldsymbol{F}$ 和 $\boldsymbol{G}$ 的广义特征值。根据这一思想，λ 可以通过求解如下的优化问题得到：

$$\min\lambda \ \text{s.t.} \ \boldsymbol{G}-\lambda\boldsymbol{F}<0 \tag{2.29}$$

当 $\boldsymbol{F}$ 和 $\boldsymbol{G}$ 均是向量 $\boldsymbol{x}$ 的仿射函数时，可以按照如下形式来求解受 LMI 约束的矩阵函数 $F(x)$ 和 $G(x)$ 的最大广义特征值的最小化问题。

$$\min\lambda \ \text{s.t.} \ G(x) < \lambda F(x),\ F(x) > 0,\ H(x) < 0 \tag{2.30}$$

在 Matlab 的 LMI 工具箱中解决这类问题的求解器为 gevp。

2.5 阻尼复摆

本书在仿真实验中所使用的受控对象均为阻尼复摆（Damped Compound Pendulum），其实物平台如图 2.3 所示。可以用一个夹子将阻尼复摆固定到桌子边上，开启电源后，启动电动机推进器将产生一个扭矩（围绕支点的扭矩），使得复摆逆时针旋转。实验旨在为阻尼复摆系统设计合适的控制器来获得理想的暂态或稳态响应。由于平台结构简单、鲁棒性好、组装储备简单，已经成功应用于验证 PID 控制、模糊控制、滑模控制以及自适应控制等。

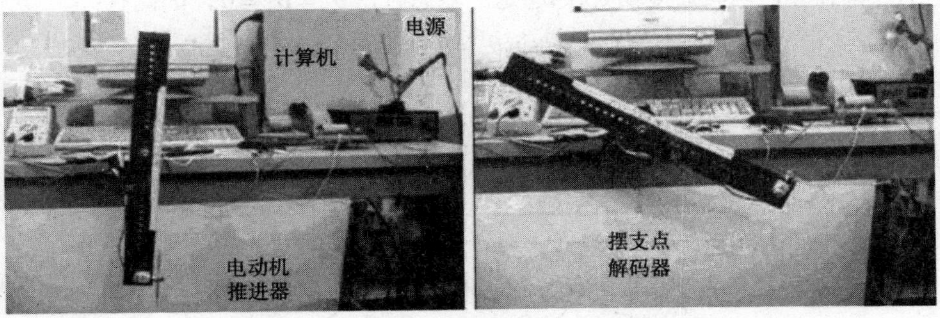

图 2.3　阻尼复摆

阻尼复摆本质上是一个典型的欠阻尼二阶系统（具有一对共轭复数极点，阻尼比介于 0 和 1 之间），当给电动机推动器上电后，阻尼复摆开始振荡（振荡过程指数衰退）直至达到动态平衡（即稳态：Steady-state）。稳定后的复摆具有一定的倾斜角，此时电动机推力与复摆重力平衡，将此时复摆的角度记为 θ_{ss}。复摆的角度是通过安装在复摆支点处的光电编码器来获得的，实验中复摆达到稳态时的倾斜角度 θ_{ss} =20°。

在研究阻尼复摆的稳定性和控制器设计之前，首先需要建立阻尼复摆的动力学模型，如图 2.4 所示。作用于电动机的电压为 V，推进器转动产生的推力为 $\boldsymbol{F}$，推动杠杆产生的转矩为 $\boldsymbol{T}$，摆的转动角度为 θ，转动惯量为 $\boldsymbol{J}$，复摆质量为 m_L，复摆长度为 L，复摆重心到支点的距离为 d，电动机到复摆支点的距离为 r（$r=d+L/2$），黏滞阻尼系数为 c，阻尼比为 z，重力加速度为 g。由图 2.4 得到阻尼复摆的动力学模型为：

$$J\ddot{\theta}+c\dot{\theta}+m_L gd\sin\theta=T \tag{2.31}$$

假设复摆扭矩正比于电动机电压：$T=K_m V$。此外，当角度 θ 很小时，采用近似处理使得阻尼复摆的运动过程可以按照线性动力学建模。因此，可以得到如图 2.5 所示的用频域表示的系统框图，其开环传递函数（open loop transfer function, OLTF）为：

$$G_{ol}(s)=\frac{\theta(s)}{V(s)}=\frac{K_m/J}{s^2+\frac{c}{J}s+\frac{m_L gd}{J}} \tag{2.32}$$

关于 K_m 的计算，可以根据 K_m 的定义和阻尼复摆最终处在稳态时的偏转角 θ_{ss} 来计算，当阻尼复摆处在 θ_{ss} 这一稳态时，$\ddot{\theta}_{ss}=\dot{\theta}_{ss}=0$，因此有：

$$m_L gd\sin\theta_{ss}=T_{ss}=K_m V \tag{2.33}$$

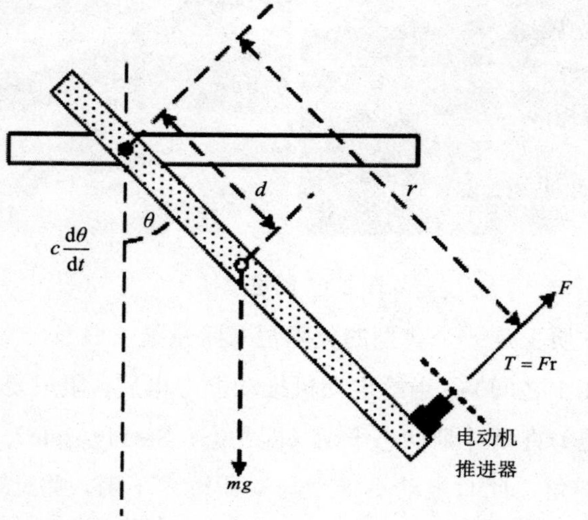

图 2.4　阻尼复摆动力学模型图

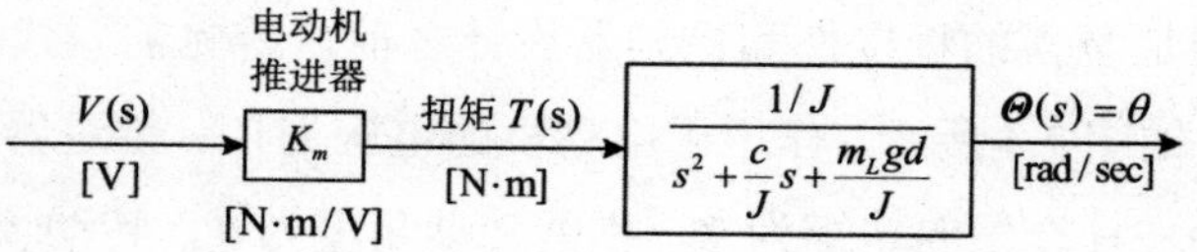

图 2.5　阻尼复摆系统框图

阻尼复摆实验中各参数按照表 2.1 取值，则可以得到 K_m=0.017N·m/V（其中"N·m/V"表示物理单位："牛·米/伏特"），相应的系统传递函数为：

$$G_{\mathrm{ol}}(s)=\frac{\Theta(s)}{V(s)}=\frac{1.89}{s^2+0.039s+10.77} \tag{2.34}$$

由式（2.34)可以计算出系统的极点分布如下（其中 j 表述虚数单位）：

$$s_1=-0.00195+3.2817j,\quad s_2=-0.00195-3.2817j$$

若定义系统状态：$x_1=\theta$、$x_2=\dot{\theta}$，定义系统输入：$u=V$，定义系统输出：$y=x_1$，那么根据式（2.34），可以得到阻尼复摆系统的状态空间表达式如下：

$$\begin{cases}\begin{pmatrix}\dot{x}_1\\ \dot{x}_2\end{pmatrix}=\begin{pmatrix}0 & 1\\ -\dfrac{m_L g d}{J} & -\dfrac{c}{J}\end{pmatrix}\begin{pmatrix}x_1\\ x_2\end{pmatrix}+\begin{pmatrix}0\\ K_m/J\end{pmatrix}u\\ y=(1\quad 0)\begin{pmatrix}x_1\\ x_2\end{pmatrix}+(0)\boldsymbol{u}\end{cases} \tag{2.35}$$

将表 2.1 中的参数代入式（2.35）可得状态空间表达式具体为：

$$\begin{cases}\begin{pmatrix}\dot{x}_1\\ \dot{x}_2\end{pmatrix}=\begin{pmatrix}0 & 1\\ -10.77 & -0.039\end{pmatrix}\begin{pmatrix}x_1\\ x_2\end{pmatrix}+\begin{pmatrix}0\\ 1.89\end{pmatrix}\boldsymbol{u}\\ y=(1\quad 0)\begin{pmatrix}x_1\\ x_2\end{pmatrix}\end{cases} \tag{2.36}$$

上式通常简记为：

$$\begin{cases}\dot{x}=\boldsymbol{Ax}+\boldsymbol{Bu}\\ y=\boldsymbol{Cx}+\boldsymbol{Du}\end{cases} \tag{2.37}$$

其中，$\boldsymbol{X}=\begin{pmatrix}x_1\\ x_2\end{pmatrix}$，　$\boldsymbol{A}=\begin{pmatrix}0 & 1\\ -10.77 & -0.039\end{pmatrix}$，$\boldsymbol{B}=\begin{pmatrix}0\\ 1.89\end{pmatrix}$，$\boldsymbol{C}=(1\quad 0)$，$\boldsymbol{D}=0$。

表 2.1　阻尼复摆参数设置

参数名	取值	单位
V	2.0	Volts（伏特）
F	0.123	N（牛顿）
m_L	0.43	kg（千克）
L	0.495	m（米）
d	0.023	m（米）
J	0.009	Kg·m^2（千克·平方米）
c	0.00035	N·ms/rad（牛顿·米·秒/弧度）
g	9.8	m/s^2（米/平方秒）
z	0.0059	—

可以在 Matlab 的 Simulink 中实现对该阻尼复摆开环系统的仿真，图 2.6 采用了传递函数描述法，而图 2.7 则采用了状态空间描述法，二者在系统结构和性能上是等价的。所以，在 2V 电压输入作用下，两个系统的阶跃响应曲线均如图 2.8 所示。

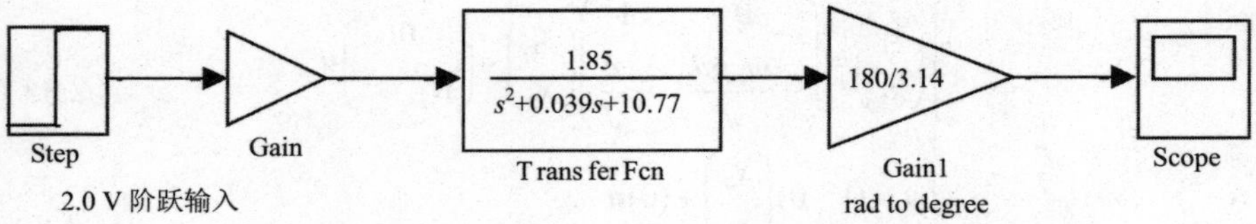

图 2.6　阻尼复摆 Simulink 仿真（传递函数描述法）

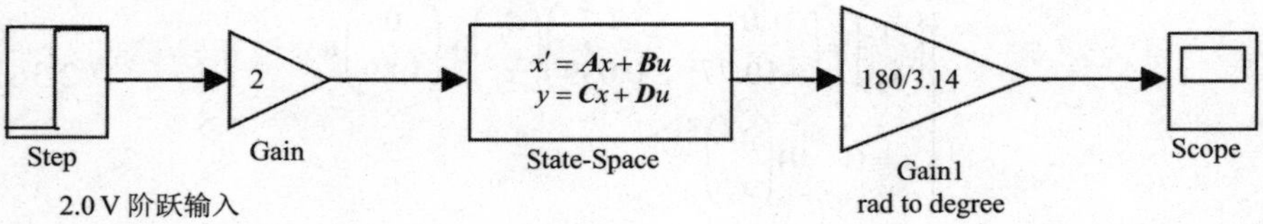

图 2.7　阻尼复摆 Simulink 仿真（状态空间描述法）

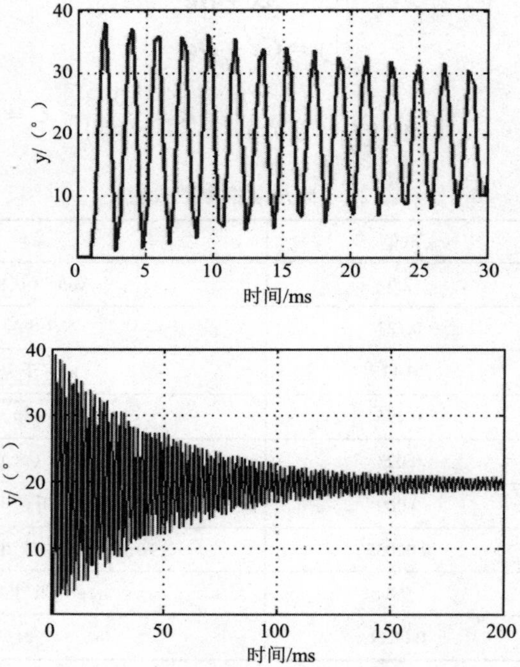

图 2.8　阻尼复摆开环阶跃响应

在开环情况下，由于阻尼系数很小，所以系统超调量很大而且需要经过很长时间的振荡（调整时间过大）后才能稳定下来（稳定到某一倾斜角度）。此时，可以通过设计状态反馈控制律 u（$u = -Kx$）来改变系统的零极点分布，使得系统具有较小的超调量和调整时间。

假设改变后的复摆系统极点为：

$$s_1=-2.4+2.4j，\quad s_2=-2.4-2.4j \tag{2.38}$$

由此可解得状态反馈控制器系数为：

$$\boldsymbol{K}=(k_1\quad k_2)=(0.4\quad 2.58) \tag{2.39}$$

带有状态反馈控制的阻尼复摆闭环系统如图 2.9 所示，其阶跃响应如图 2.10 所示。不难看出，当加上状态反馈控制律 $\boldsymbol{u}=-\boldsymbol{Kx}$ 后，复摆系统超调大大减小，调整时间也大大减小，系统输出很快就达到稳态值 $\theta_{ss}=18.8°$。

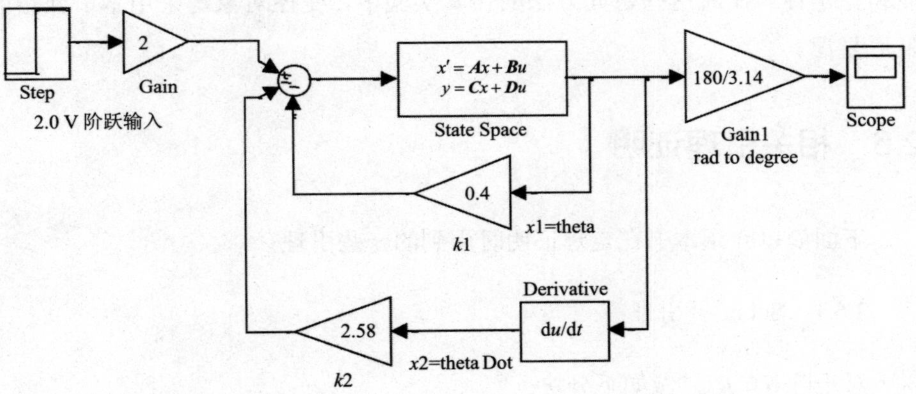

图 2.9　带有状态反馈的阻尼复摆 Simulink 仿真

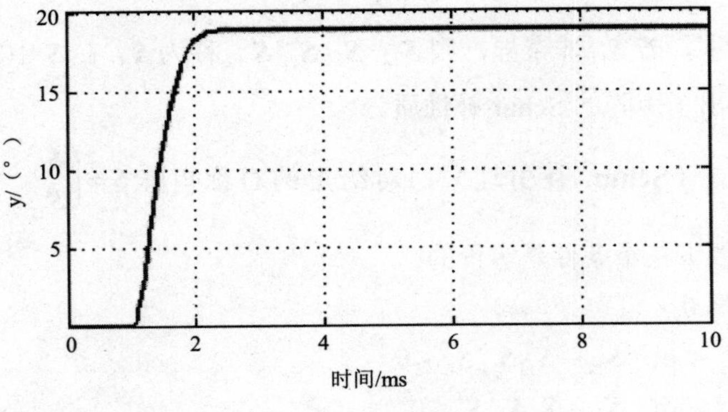

图 2.10　阻尼复摆闭环阶跃响应

阻尼复摆是本书在验证基于 DTHMM 的 NCS 建模与控制方法时所使用

的受控对象，对比图 2.8 和图 2.10 可知，状态反馈控制律 $\boldsymbol{u}$ 可以改善阻尼复摆闭环系统的动态特性和稳态特性，此时系统的信息（包括采样信息和控制律）传递是通过点到点的电缆实现的，数据实时性较好，保证了阻尼复摆系统的性能。然而，当这些信息的传输采用了与其他用户共享的通信网络从而构成 NCS 时，由于网络中不可避免地存在随机时延，势必会造成阻尼复摆网络化控制系统的性能下降，甚至会导致系统不稳定。为了避免这类情况的发生，本书拟采用 DTHMM/ SCHMM 实现对 NCS 网络时延的建模与预测，并将这一预测值用于设计网络化控制器，从而保证网络化阻尼复摆系统的性能和稳定性。在对这些研究方法的仿真实验中，受控对象均采用本节介绍的阻尼复摆。

2.6 相关引理证明

下面简单介绍本书在定理证明时用到的一些引理。

2.6.1 Schur 补引理

对矩阵 $\boldsymbol{S}\in\boldsymbol{R}^{n\times n}$ 做如下分块：

$$\boldsymbol{S}=\begin{pmatrix}\boldsymbol{S}_{11} & \boldsymbol{S}_{12}\\ \boldsymbol{S}_{21} & \boldsymbol{S}_{22}\end{pmatrix}$$

其中 $\boldsymbol{S}_{11}\in\boldsymbol{R}^{r\times r}$，若 $\boldsymbol{S}_{11}$ 非奇异，则 $\boldsymbol{S}_{22}-\boldsymbol{S}_{21}\boldsymbol{S}_{11}^{-1}\boldsymbol{S}_{12}$ 称为 $\boldsymbol{S}_{11}$ 在 $\boldsymbol{S}$ 中的 Schur 补。下面引理给出了矩阵的 Schur 补性质。

引理 2.1（Schur 补引理）：对给定的对称矩阵 $\boldsymbol{S}=\begin{pmatrix}\boldsymbol{S}_{11} & \boldsymbol{S}_{12}\\ \boldsymbol{S}_{21} & \boldsymbol{S}_{22}\end{pmatrix}$，其中 $\boldsymbol{S}_{11}\in\boldsymbol{R}^{r\times r}$，以下三个条件是等价的：

（1）$\boldsymbol{S}<0$；

（2）$\boldsymbol{S}_{11}<0$，$\boldsymbol{S}_{22}-\boldsymbol{S}_{12}^{\mathrm{T}}\boldsymbol{S}_{11}^{-1}\boldsymbol{S}_{12}<0$；

（3）$\boldsymbol{S}_{22}<0$，$\boldsymbol{S}_{11}-\boldsymbol{S}_{12}\boldsymbol{S}_{22}^{-1}\boldsymbol{S}_{12}^{\mathrm{T}}<0$。

证明：首先证明(1)和(2)之间等价。由于 $\boldsymbol{S}$ 为对称阵，故有 $\boldsymbol{S}_{11}=\boldsymbol{S}_{11}^{\mathrm{T}}$，$\boldsymbol{S}_{22}=\boldsymbol{S}_{22}^{\mathrm{T}}$，$\boldsymbol{S}_{21}=\boldsymbol{S}_{12}^{\mathrm{T}}$。应用矩阵块的初等变换可以得到如下运算关系：

$$\begin{pmatrix} \boldsymbol{I} & 0 \\ -S_{21}S_{11}^{-1} & \boldsymbol{I} \end{pmatrix}\begin{pmatrix} S_{11} & S_{12} \\ S_{21} & S_{22} \end{pmatrix}\begin{pmatrix} \boldsymbol{I} & 0 \\ -S_{21}S_{11}^{-1} & \boldsymbol{I} \end{pmatrix}^{\mathrm{T}} = \begin{pmatrix} S_{11} & 0 \\ 0 & S_{22}-S_{21}S_{11}^{-1}S_{12} \end{pmatrix}$$

其中 I 表示维数适当的单位矩阵。

因此有：

$$S<0 \Leftrightarrow \begin{pmatrix} \boldsymbol{I} & 0 \\ -S_{21}S_{11}^{-1} & \boldsymbol{I} \end{pmatrix}\begin{pmatrix} S_{11} & S_{12} \\ S_{21} & S_{22} \end{pmatrix}\begin{pmatrix} \boldsymbol{I} & 0 \\ -S_{21}S_{11}^{-1} & \boldsymbol{I} \end{pmatrix}^{\mathrm{T}} < 0 \Leftrightarrow \begin{pmatrix} S_{11} & 0 \\ 0 & S_{22}-S_{21}S_{11}^{-1}S_{12} \end{pmatrix} < 0 \Leftrightarrow (2)$$

其中符号“ $\Leftrightarrow$ ”表示等价关系。由此就证明了(1)和(2)之间是等价的。

然后，类似地可以证明(1)和(3)之间等价。应用矩阵块的另一种初等变换可以得到

$$\begin{pmatrix} \boldsymbol{I} & -S_{12}S_{22}^{-1} \\ 0 & \boldsymbol{I} \end{pmatrix}\begin{pmatrix} S_{11} & S_{12} \\ S_{21} & S_{22} \end{pmatrix}\begin{pmatrix} \boldsymbol{I} & -S_{12}S_{22}^{-1} \\ 0 & \boldsymbol{I} \end{pmatrix}^{\mathrm{T}} = \begin{pmatrix} S_{11}-S_{12}S_{22}^{-1}S_{21} & 0 \\ 0 & S_{22} \end{pmatrix}$$

类似前面的证明就可以得到(1)和(3)之间是等价的。

既然 $(1)\Leftrightarrow(2)$ 且 $(1)\Leftrightarrow(3)$，那么就有 $(1)\Leftrightarrow(2)\Leftrightarrow(3)$，即引理结论成立。

应用 Schur 补引理可以将非线性矩阵不等式问题转换成线性矩阵不等式问题。

对于 LMI：$\boldsymbol{F}(x)<0$，若其中 $\boldsymbol{F}(x)=\begin{pmatrix} F_{11}(x) & F_{12}(x) \\ F_{21}(x) & F_{22}(x) \end{pmatrix}$，且 $\boldsymbol{F}_{11}(x)$是方阵，则应用矩阵的 Schur 补性质可以得到：$\boldsymbol{F}(x)<0$ ，当且仅当：

$$\begin{cases} F_{11}(x)<0 \\ F_{22}(x)-F_{12}^{\mathrm{T}}(x)F_{11}^{-1}(x)F_{12}(x)<0 \end{cases} \tag{2.40}$$

或

$$\begin{cases} F_{22}(x)<0 \\ F_{11}(x)-F_{12}(x)F_{22}^{-1}(x)F_{12}^{\mathrm{T}}(x)<0 \end{cases} \tag{2.41}$$

注意到式（2.40）和式（2.41）中的第二个不等式是非线性矩阵不等式，由以上的等价关系可知，应用矩阵的 Schur 补引理可以将这些非线性矩阵不等式问题转化成线性矩阵不等式问题。

Schur 补引理将被用于辅助证明本书设计的 NCS 状态反馈控制器和最优控制器的有效性。

2.6.2 Rayleigh 熵引理

对于复数矩阵 $\boldsymbol{A}\in\boldsymbol{C}^{n\times n}$，如果满足 $\boldsymbol{A}^{\mathrm{H}}=\boldsymbol{A}$（其中上标“H”表示矩阵的共轭转置），则称 $\boldsymbol{A}$ 为 Hermite 矩阵。再若 $\boldsymbol{A}^{\mathrm{H}}\boldsymbol{A}=\boldsymbol{I}_n$（其中 $\boldsymbol{I}_n$ 为 n 阶单位矩阵），则称 $\boldsymbol{A}$ 为酉矩阵。Hermite 矩阵 $\boldsymbol{A}$ 的特征值和特征向量定义如下：

$$\boldsymbol{A}\boldsymbol{x}=\boldsymbol{\lambda}\boldsymbol{x} \tag{2.42}$$

其中向量 $\boldsymbol{x}\in\boldsymbol{C}^{n}$。

对于 Hermite 矩阵 $\boldsymbol{A}$，由 $\boldsymbol{A}^{\mathrm{H}}=\boldsymbol{A}$ 可知 $\boldsymbol{A}\boldsymbol{A}^{\mathrm{H}}=\boldsymbol{A}^{\mathrm{H}}\boldsymbol{A}$，所以 Hermite 矩阵必然是正规矩阵。由正规矩阵的性质可知，存在酉矩阵 $\boldsymbol{U}\in\boldsymbol{C}^{n\times n}$ 可以将 Hermite 矩阵 $\boldsymbol{A}$ 酉相似对角化，即：

$$\boldsymbol{U}^{\mathrm{H}}\boldsymbol{A}\boldsymbol{U}=\mathrm{diag}\{\lambda_1,\lambda_2,\cdots,\lambda_n\} \tag{2.43}$$

由式（2.43）知，对于 Hermite 矩阵 $\boldsymbol{A}$ 有：$\boldsymbol{A}$ 与 $\boldsymbol{A}^{\mathrm{H}}$ 的特征值相互共轭，且对应的特征向量一致。考虑到 Hermite 矩阵的初等因子均为一次的，并且对应于不同特征值的特征子空间相互正交，所以 Hermite 矩阵的特征值均为实数，即：

$$\lambda_j\in R,\quad j=1,2,\cdots,n \tag{2.44}$$

此外，对于任意 Hermite 二次型：$\langle\boldsymbol{x},\boldsymbol{A}\boldsymbol{x}\rangle=\boldsymbol{x}^{\mathrm{H}}\boldsymbol{A}\boldsymbol{x}$（$\boldsymbol{x}\in\boldsymbol{C}^{n}$），总有酉变换 $\boldsymbol{x}=\boldsymbol{U}\boldsymbol{y}$（$\boldsymbol{U}$ 是 n 阶酉矩阵，$\boldsymbol{y}\in\boldsymbol{C}^{n}$）将所给二次型化为标准型：

$$\lambda_1|y_1|^2+\lambda_2|y_2|^2+\cdots+\lambda_n|y_n|^2 n=\sum_{i=1}^{n}\lambda_i\overline{y}_i y_i \tag{2.45}$$

其中实数 $\lambda_1,\lambda_2,\cdots,\lambda_n$ 是 Hermite 矩阵 $\boldsymbol{A}$ 的特征值，$\overline{y}_i$ 是 $\boldsymbol{y}_i$ 的共轭向量。

基于 Hermite 二次型概念，定义 Hermite 矩阵 $\boldsymbol{A}\in\boldsymbol{C}^{n\times n}$ 的 Rayleigh 熵为：

$$R(x)=\frac{\langle x,\boldsymbol{A}x\rangle}{\langle x,x\rangle}=\frac{\boldsymbol{x}^{\mathrm{H}}\boldsymbol{A}x}{\boldsymbol{x}^{\mathrm{H}}x},\quad x\neq 0 \tag{2.46}$$

显然 Rayleigh 熵 $R(x)$ 与 x 长度无关，即：

$$R(\alpha x)=R(x),\quad \forall 0\neq\alpha\in\boldsymbol{C} \tag{2.47}$$

下面给出关于 Rayleigh 熵的性质引理。

引理 2.2（Rayleigh 熵引理）：设 Hermite 矩阵 $\boldsymbol{A}=\boldsymbol{A}^{\mathrm{H}}\in\boldsymbol{C}^{n\times n}$ 有特征值和特征向量。

$$Ax_j=\lambda_j x_j,\quad j=1,2,\cdots,n$$

其中特征值按降序排列 $\lambda_1 \geqslant \lambda_2 \geqslant \cdots \geqslant \lambda_n$，则 Rayleigh 熵 $R(x)$ 具有如下性质：

$$\lambda_n \leqslant R(x) \leqslant \lambda_1,\quad \forall 0 \neq x \in C^n$$

证明：根据式（2.43），对于 Hermite 矩阵 $\boldsymbol{A}$，存在酉矩阵 $\boldsymbol{U}$，使得：

$$\boldsymbol{U}^{\mathrm{H}}\boldsymbol{A}\boldsymbol{U} = \Lambda = \mathrm{diag}\{\lambda_1, \lambda_2, \cdots, \lambda_n\}$$

其中 $\lambda_1 \geqslant \lambda_2 \geqslant \cdots \geqslant \lambda_n$ 是按降序排列的特征值。再做可逆变换 $x=\boldsymbol{U}y$，有：

$$R(x)=\frac{\boldsymbol{x}^{\mathrm{H}}\boldsymbol{A}x}{\boldsymbol{x}^{\mathrm{H}}x}=\frac{\boldsymbol{y}^{\mathrm{H}}\Lambda y}{\boldsymbol{y}^{\mathrm{H}}y}$$

则由 $\lambda_1 y^{\mathrm{H}}y \geqslant y^{\mathrm{H}}\Lambda y \geqslant \lambda_n y^{\mathrm{H}}y$ 就可以得到引理的结论。

Rayleigh 熵引理将被用于辅助证明本书设计的 NCS 状态反馈控制器和最优控制器的有效性。

2.6.3　Jensen 不等式引理

Jensen 不等式是针对凸（凹）函数而言的，所以首先介绍凸（凹）函数的定义。设 $f(x)$ 是区间 L（L 可以是一个开区间或闭区间，也可以是一个有限区间或无限区间）上有定义的连续函数，如果对于 L 中任意两点 x_1 、 x_2 以及任意 $\alpha \in (0,1)$ 恒有不等式：

$$f[\alpha x_1+(1-\alpha)x_2] \leqslant \alpha f(x_1)+(1-\alpha)f(x_2) \tag{2.48}$$

成立，则称 $f(x)$ 是区间 L 上的凸函数；反之，如果总有：

$$f[\alpha x_1+(1-\alpha)x_2] \geqslant \alpha f(x_1)+(1-\alpha)f(x_2) \tag{2.49}$$

成立，则称 $f(x)$ 是区间 L 上的凹函数。

若在式(2.48)和式(2.49)中，当 $x_1 \neq x_2$ 时，有严格不等号成立，则称 $f(x)$ 在区间 L 上是严格凸（或严格凹）的。

引理 2.3(Jensen 不等式引理)：设 $f(x)$ 是区间 L 上的凹函数，若 $\alpha_1,\alpha_2,\cdots,\alpha_n$ 为一组非负有理实数，且满足 $\sum_{i=1}^{n} a_i = 1$，那么对于区间 L 上的任一组数据 $\{x_1,x_2,\cdots,x_n\}$ 恒有不等式 （2.50）成立。

$$\sum_{i=1}^{n} a_i f(x_i) \leqslant f\left(\sum_{i=1}^{n} a_i x_i\right) \tag{2.50}$$

不等式（2.50）称为 Jensen 不等式。

证明：采用数学归纳法证明。

（1）初始情况为只有两个离散值 x_1, x_2（即 $n=2$），此时 $\alpha_1+\alpha_2=1$，根据函数 f 的凹特性，显然有：

$$\alpha_1 f(x_1)+\alpha_2 f(x_2)\leqslant f(\alpha_1 x_1+\alpha_2 x_2)$$

因此，在初值 $n=2$ 时 Jensen 不等式成立。

（2）假设 $n=k-1$ 时 Jensen 不等式成立，此时有 $\sum_{i=1}^{k-1} a_i=1$，且不等式(2.51)成立：

$$\sum_{i=1}^{k-1} a_i f(x_i)\leqslant f\left(\sum_{i=1}^{k-1} a_i x_i\right) \tag{2.51}$$

（3）那么当 $n=k$ 时，令 $\alpha_i'=\alpha_i/(1-\alpha_k)$，$i=1,2,\cdots,k-1$，则有 $\sum_{i=1}^{k-1}\alpha_i'=1$，于是有：

$$\sum_{i=1}^{k}\alpha_i f(x_i)=\alpha_k f(x_k)+\sum_{i=1}^{k-1}\alpha_i f(x_i)=\alpha_k f(x_k)+(1-\alpha_k)\sum_{i=1}^{k-1}\alpha_i' f(x_i) \tag{2.52}$$

由式（2.51）可知 $\sum_{i=1}^{k-1}\alpha_i' f(x_i)\leqslant f\left(\sum_{i=1}^{k-1}\alpha_i' x_i\right)$，所以有：

$$\sum_{i=1}^{k} a_i f(x_i)\leqslant a_k f(x_k)+(1-a_k)\ f\left(\sum_{i=1}^{k-1}\alpha_i' x_i\right) \tag{2.53}$$

若定义 $\sum_{i=1}^{k-1}\alpha_i' x_i=x_{k-1}'$，则式（2.53）右端可写成 $\alpha_k f(x_k)+(1-\alpha_k)f(x_{k-1}')$，再根据凹函数性质可以得到：

$$a_k f(x_k)+(1-a_k)f(x_{k-1}')\ \leqslant f\left[a_k x_k+(1-a_k)x_{k-1}'\right] \tag{2.54}$$

综合式（2.53）和式（2.54），再考虑 x_{k-1}' 的定义，可得：

$$\sum_{i=1}^{k} a_i f(x_i)\leqslant f\left[a_k x_k+(1-a_k)\sum_{i=1}^{k-1} a_i' x_i\right] \tag{2.55}$$

将 $\alpha_i'=\alpha_i/(1-\alpha_k)$ 代入式（2.55），则式（2.55）可以写成：

$$\sum_{i=1}^{k} a_i f(x_i)\leqslant f\left(a_k x_k+\sum_{i=1}^{k-1} a_i x_i\right)=f\left(\sum_{i=1}^{k} a_i x_i\right)$$

即：

$$\sum_{i=1}^{k} a_i f(x_i)\leqslant f\left(\sum_{i=1}^{k} a_i x_i\right) \tag{2.56}$$

故由式（2.56）可知，当 $n=k$ 时，Jensen 不等式仍然成立。

综上所述，Jensen 不等式引理得证。

Jensen 不等式引理将被用于辅助证明本书设计的用于 DTHMM 模型参数训练的不完全数据期望最大化（MDEM）算法的有效性。

2.6.4　Lagrange 乘数法

拉格朗日（Lagrange）乘数法旨在寻找变量受一个或多个条件限制的多元函数的极值（即条件极值）。条件极值问题的一般形式是在条件组 $\varphi_k(x_1, x_2, \cdots, x_n)=0$，$k=1,2,\cdots,m(m<n)$ 的限制下，求目标函数 $y=f(x_1, x_2, \cdots, x_n)$的极值。

对于这种问题，通常都是采用 Lagrange 乘数法求解，即将一个有 n 个变量与 k 个约束条件的极值问题转化为一个有 $n+k$ 个变量的方程组的极值问题，其变量不再受任何条件约束。该方法需引入一种新的标量未知数，即 Lagrange 乘数。

下面以二元函数为例介绍求解条件极值的 Lagrange 乘数法。

设给定二元函数 $z=f(x,y)$ 和约束条件 $\varphi(x,y)=0$，为寻找 $z=f(x,y)$ 在约束条件下的条件极值，先做 Lagrange 函数 $L(x,y,\lambda)$：

$$L(x,y,\lambda)=f(x,y)+\lambda\varphi(x,y) \tag{2.57}$$

其中，λ 就是 Lagrange 乘数。

那么，$z=f(x,y)$ 在约束条件 $\varphi(x,y)=0$ 下的极值问题就可以转化为下列偏微分方程组的求解问题：

$$\begin{cases}\partial L(x,y,\lambda)/\partial x=0\\ \partial L(x,y,\lambda)/\partial y=0\\ \partial L(x,y,\lambda)/\partial\lambda=0\end{cases} \tag{2.58}$$

式（2.58）还可写成：

$$\begin{cases}\partial f(x,y)/\partial x+\lambda\,\partial\varphi(x,y)/\partial x=0\\ \partial f(x,y)/\partial y+\lambda\,\partial\varphi(x,y)/\partial y=0\\ \varphi(x,y)=0\end{cases} \tag{2.59}$$

由上述方程组解出 x, y 和 λ，如此求得的 (x,y) 就是函数 $z=f(x,y)$ 在约束条件 $\varphi(x,y)=0$ 下的极值点。

对于一般形式的条件极值，可以构造 Lagrange 函数 $L(x_1, x_2, \cdots, x_n, \lambda_1, \lambda_2, \cdots, \lambda_m)$：

$$L(x_1,x_2,\cdots,x_n,\lambda_1,\lambda_2,\cdots,\lambda_m)=f\left(x_1,x_2,\cdots,x_n\right)+\lambda_1\varphi_1(\bullet)+\cdots+\lambda_m\varphi_m(\bullet) \quad (2.60)$$

其中，$\varphi_k(\bullet)$（$1\leqslant k\leqslant m$）代表 $\varphi_k\left(x_1,x_2,\cdots,x_n\right)$，$\lambda_1,\lambda_2,\cdots,\lambda_m$ 为 m 个 Lagrange 乘数。那么，$y=f\left(x_1,x_2,\cdots,x_n\right)$ 在约束条件 $\varphi_k\left(x_1,x_2,\cdots,x_n\right)=0$ 下的极值问题就可以转化为下列偏微分方程组的求解问题：

$$\begin{cases}\partial L(x_1,x_2,\cdots,x_n,\lambda_1,\lambda_2,\cdots,\lambda_m)/\partial x_1=0\\ \vdots\\ \partial L(x_1,x_2,\cdots,x_n,\lambda_1,\lambda_2,\cdots,\lambda_m)/\partial x_n=0\\ \partial L(x_1,x_2,\cdots,x_n,\lambda_1,\lambda_2,\cdots,\lambda_m)/\partial \lambda_1=0\\ \vdots\\ \partial L(x_1,x_2,\cdots,x_n,\lambda_1,\lambda_2,\cdots,\lambda_m)/\partial \lambda_m=0\end{cases} \quad (2.61)$$

式（2.61）还可写成：

$$\begin{cases}\partial f\left(x_1,x_2,\cdots,x_n\right)/\partial x_1+\lambda_1\,\partial\varphi_1\left(x_1,x_2,\cdots,x_n\right)/\partial_{x_1}+\cdots+\lambda_m\,\partial\varphi_m\left(x_1,x_2,\cdots,x_n\right)/\partial x_1=0\\ \vdots\\ \partial f\left(x_1,x_2,\cdots,x_n\right)/\partial x_n+\lambda_1\,\partial\varphi_1\left(x_1,x_2,\cdots,x_n\right)/\partial_{x_n}+\cdots+\lambda_m\,\partial\varphi_m\left(x_1,x_2,\cdots,x_n\right)/\partial x_n=0\\ \varphi_1\left(x_1,x_2,\cdots,x_n\right)=0\\ \vdots\\ \varphi_m\left(x_1,x_2,\cdots,x_n\right)=0\end{cases} \quad (2.62)$$

由上述方程组解出 $x_1,x_2,\cdots,x_n$ 和 $\lambda_1,\lambda_2,\cdots,\lambda_m$，如此求得的 $(x_1,x_2,\cdots,x_n)$ 就是函数 $y=f\left(x_1,x_2,\cdots,x_n\right)$ 在约束条件 $\varphi_k\left(x_1,x_2,\cdots,x_n\right)=0$ 下的极值点。

2.7 符号说明

本书涉及大量的数学符号及其运算，并且在它们出现的地方通常都给出了具体含义。由于本书使用的数学符号数量较多，所以存在不同章节之间相同数学符号代表不同含义的情况。此时，该符号所表示的具体含义应该以其所在章节的定义为准，这类符号往往都是表达变量时的常见符号，比如：符号 j 在 2.2.1 节表示 Markov 链的状态，在 2.5 节表示虚数单位，而在 2.6.2 节则表示序号。因此，这些普通数学符号所代表的含义应该以其出现之处所给的具体含义为准。

此外，为了语言叙述简要，若同一符号的含义相同，本书仅在其第一次出现的地方给出含义说明，之后将不再重复说明，这类符号往往都是具有特定含义的符号，比如 max、min、argmax 等。另外，本书为了叙述简单而大量采用了专业术语的英文缩写，这些缩写的含义是贯彻全文而固定不变的，其含义往往只在首次出现的地方给出了详细说明，比如 NCS 代表网络化控制系统、DTHMM 代表离散隐马尔可夫模型、MJLS 代表马尔可夫跳变线性系统等。

表 2.2 对一些重要的数学符号及其运算进行简单说明。

表 2.2 符号说明

符号	意义
R^n	n 维实数空间
$R^{m\times n}$	$m\times n$ 维实数空间
C^n	n 维复数空间
$C^{m\times n}$	$m\times n$ 复实数空间
$\dot{x}$	变量 x 的一阶导数
$\ddot{x}$	变量 x 的二阶导数
$\sum_{i=1}^{n} x_i$	对序列 $x_1, x_2, \cdots, x_n$ 求和
$\prod_{i=1}^{n} x_i$	对序列 $x_1, x_2, \cdots, x_n$ 求积
$\exp\{x\}$	指数函数 e^x
$N(x,\mu,\Sigma)$	关于随机变量 x 的均值为 μ 方差为 Σ 的高斯分布
$\forall i \in S$	从集合 S 中任取一个元素 i
$(p_{ij})_{M\times N}$	M 行 N 列矩阵，$1\leqslant i\leqslant M, 1\leqslant j\leqslant N$
s.t.	使得
$\lvert x\rvert$	x 的绝对值
$\lVert x\rVert$	x 的范数
$\langle x, y\rangle$	x 和 y 的内积
$\Pr\{x\}$	随机变量 x 的概率
$\Pr\{\cdot\vert\cdot\}$	条件概率
$E\{x\}$	随机变量 x 的数学期望

续表

符号	意义
$E\{\cdot\|\cdot\}$	条件数学期望
$\partial f(x,y)/\partial x$	函数 $f(x,y)$ 关于 x 的一阶偏微分
$\sqrt{x}$	x 开平方
$\boldsymbol{A} \Leftrightarrow \boldsymbol{B}$	$\boldsymbol{A}$ 与 $\boldsymbol{B}$ 等价
$g_1 \triangleq g_2$	将 g_1 定义为 g_2
$\boldsymbol{A}^{\mathrm{T}}$	矩阵 $\boldsymbol{A}$ 的转置
$\boldsymbol{A}^{\mathrm{H}}$	矩阵 $\boldsymbol{A}$ 的共轭转置
$\boldsymbol{A}^{-1}$	矩阵 $\boldsymbol{A}$ 的逆
$\mathrm{tr}\{\boldsymbol{A}\}$	矩阵 $\boldsymbol{A}$ 的迹
$\mathrm{diag}\{\bullet\}$	对角阵
$\lambda_{\min}(\boldsymbol{A})$	矩阵 $\boldsymbol{A}$ 的最小特征值
$\lambda_{\max}(\boldsymbol{A})$	矩阵 $\boldsymbol{A}$ 的最大特征值
$\boldsymbol{A} \cup \boldsymbol{B}$	$\boldsymbol{A}$ 与 $\boldsymbol{B}$ 的并
lim	求极限
max	求最大值
min	求最小值
$\arg\max\limits_{1 \leqslant i \leqslant N}[g(i)]$	求使得 $g(i)$ 最大的 i
$\arg\min\limits_{1 \leqslant i \leqslant N}(g(i))$	求使得 $g(i)$ 最小的 i

2.8 本章小结

本章主要介绍了一些预备知识，包括 HMM 的基本概念、分类及基本问题，MJLS 的基本概念及稳定性分析，LMI 的基本概念及求解方法，阻尼复摆的动力学模型及状态反馈控制，Schur 补、Rayleigh 熵、Jensen 不等式和 Lagrange 乘数法的内容及其证明。这些预备知识是本书后续研究内容的基础，将辅助研究基于 HMM 随机时延模型的 NCS 建模和控制。

第 3 章　基于 DTHMM 的网络时延建模与预测

3.1　引言

为了克服定常时延模型、相互独立随机时延模型和 Markov 链随机时延模型的局限性，本章将引入离散时间隐马尔可夫模型（DTHMM）来研究网络化控制系统（NCS）的时延建模问题。将网络负荷、节点竞争、网络堵塞、路由选择等诸多影响时延随机变化的因素定义为一个抽象变量：网络状态，并用 Markov 链描述网络状态的变化特征，从而建立起网络状态与网络时延之间的 DTHMM 描述方法。

在 DTHMM 随机时延模型中，本章将使用不完全数据期望最大化（MDEM）算法得到 DTHMM 参数的最优估计，其中就包括隐 Markov 链的状态转移矩阵，避免了像 Markov 链随机时延模型中那样假设其状态转移矩阵事先已知。所以，基于 DTHMM 随机时延模型的研究成果更便于实际应用。此外，本章还将使用 Viterbi 算法预测出当前采样周期内的前向网络时延，使其能够被控制器直接观测到。尽管在 NCS 中可以使用 BP 神经网络来预测网络时延，但 BP 算法本质上为梯度下降法，效率低、收敛慢，不适于实时控制系统。与 BP 算法相比，MDEM 算法能够以更大的迭代步幅沿递减方向收敛于期望的最优解。

此外，本章的研究结果是后续研究内容的基础。无论是第 4 章设计的状态反馈控制器还是第 5 章设计的最优控制器都是通过使用本章得到的前向时延预测值来直接补偿其实际值对系统性能的负面影响的。由于当前采样周期的前向网络时延在设计控制器时是未知的，所以这种“直接补偿”策略需要建立在对这类时延的预测基础上，而本章的主要任务就是要通过建立前向网络时延的 DTHMM 来实现对这类时延的预测。

3.2 网络时延量化

按照第 2 章关于 DTHMM 的定义，要求 DTHMM 中的状态和观测都出自离散有限集。在具有前向网络时延的 NCS 中，按 Markov 链跳变的网络状态可以是离散有限的（不妨假设有 N 种不同的网络状态，且状态空间为 $Q=\{1,2,\cdots,N\}$；最简单的情况就是仅将网络状态分为“好”与“不好”两种）。在第 k 个采样周期内，若定义网络状态为 q_k，则有 $q_k \in Q$，所以网络状态都出自离散有限集 Q。但网络时延 τ_k 则可以在 $(0,h]$ 内任意取值（即 $\tau_k \in (0,h]$），而 $(0,h]$ 并非离散集，且 τ_k 的取值也非有限，可见网络时延 τ_k 本身并不出自严格的离散有限集。因此，为了建立 NCS 网络时延的 DTHMM，首先要对网络时延数据 τ_k 进行标量量化处理。所谓时延量化，就是在时延允许的范围内设计一些离散有限的完备子区间（不妨假设有 M 个子区间，每个子区间按序分别赋予标识 $1,2,\cdots,M$，从而构成观测空间 $O=\{1,2,\cdots,M\}$），然后将网络时延 τ_k 映射到这些子区间上，假设 τ_k 被映射到第 o_k（$o_k \in O$）个子区间上，那么就产生一个观测值 o_k，这样就实现了对 τ_k 的标量量化。不难发现，经过对网络时延 τ_k 量化产生的观测值 o_k 出自一个严格的离散有限集 O。这为建立 NCS 网络时延的 DTHMM 提供了必要条件。

本书在网络时延标量量化方面主要采用了两种方法：平均量化法和基于 K-均值聚类的量化法。

3.2.1 平均量化

本书考虑的前向网络时延 τ_k 满足 $\tau_k \in (0,h]$，在时延的平均量化方法中将时延所在范围等分成 M 个完备子区间，因此有：

$$(0,h]=(h_0,h_1]\cup(h_1,h_2]\cup\cdots\cup(h_{M-2},h_{M-1}]\cup(h_{M-1},h_M] \tag{3.1}$$

其中，$h_0=0$，$h_M=h$。

将这 M 个子区间从左到右分别赋予数值标识，即用 j 标识子区间

$\left(h_{j-1},h_j\right]$，其中 $j=1,2,\cdots,M$，这样就得到与完备子区间集对应的离散有限标识集 $O=\{1,2,\cdots,M\}$。每一次网络传输都会产生一个网络时延 τ_k（$\tau_k\in(0,h]$），其中 $k=1,2,\cdots$，可将这些时延数据映射到式（3.1）描述的子区间上，从而产生时延量化值 o_k。由 M 个子区间的完备性可知，τ_k 必将被映射到 M 个子区间中的唯一一个子区间，不妨记为 $\left(h_{l-1},h_l\right]$，则有 $o_k=l$（$l\in O$）。不难发现，时延量化值 o_k 出自一个离散有限集 O。当网络时延 τ_k 在 $\left(0,h\right]$ 内变化时，时延量化值 o_k 随之在 O 内变化。经过 K 次采样周期后，将产生一个网络时延序列 $\tau=\{\tau_1,\tau_2,\cdots,\tau_K\}$ 以及与之相对应的时延量化值序列 $o=\{o_1,o_2,\cdots,o_K\}$，其中 $o_k\in O$，$k=1,2,\cdots,K$。下面以 $M=5$，$K=10$ 为例，给出某一随机时延序列的平均量化过程，如图 3.1 所示，其中横轴表示采样周期，右纵轴表示时延所在子区间，左纵轴表示时延量化值。时延序列{1.20;0.50;2.20;2.65;1.50; 3.20; 2.62;4.30;3.30;1.50}，在图中用符号“•”标识，该时延序列的分散性较大，经过平均量化后按照每个时延数据所处的量化子区间产生的量化序列为{2;1;3;3;2;4;3;5;4;2}，在图中用符号“×”标识出了这些时延量化值。

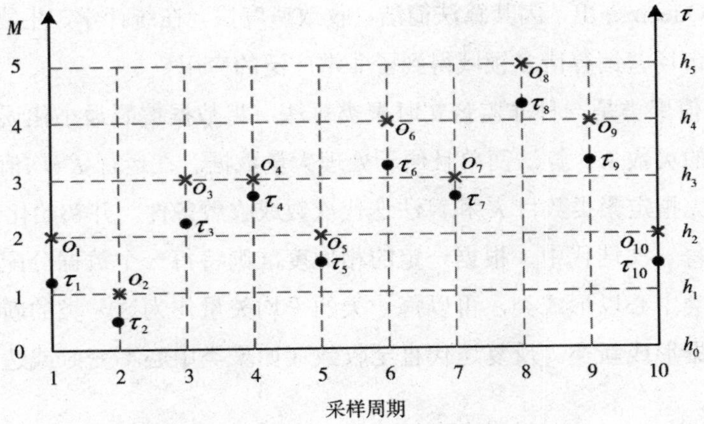

图 3.1　网络时延的平均量化（时延全分散）

经过平均量化产生的时延量化值序列 o 将被作为 DTHMM 的观测值，以此作为模型输入，为建立和训练 NCS 网络时延的 DTHMM 提供了必要条件。

3.2.2 基于 K–均值聚类的量化

网络时延的平均量化法实现起来比较简单高效，但是实际 NCS 中的网络时延往往并不总是均匀分布在有限区间 $(0,h]$ 内的。事实上，当网络处在较理想的状态时（比如网络负荷较小），网络时延往往集中分布在式（3.1）所描述的子区间中靠左的部分，此时网络时延具有较小的统计均值；而当网络处在较差的状态时（比如网络负荷较大），网络时延往往集中分布在式（3.1）所描述的子区间中靠右的部分，此时网络时延具有较大的统计均值。所以，平均量化法不能很好的描述网络时延的这种分布特征，需要研究更加有效的时延量化方法。

考虑到网络时延的分布情况受网络状态影响，不同网络状态下时延分布的统计均值是不同的。因此，在时延量化时，那些相对集中的时延数据应当被量化成同一个观测值，而那些相对分散的时延数据应当被量化成不同的观测值。由此可见，时延量化问题实际上是一个分类问题。众所周知，K–均值聚类（K–means Clustering）算法是一种经典有效的分类算法，最早是在 1967 年由 MacQueen 提出，因其算法简洁、收敛速度快，在统计学、生物学、数据库技术和市场营销等诸多领域得到了非常广泛的应用。

K–均值聚类是一种非监督实时聚类算法，将数据按照最小化误差原则划分为预定的类数 K，算法简单且便于处理大量数据。在运行 K–均值聚类算法之前必须先指定聚类数目 K 和算法迭代次数或收敛条件，并初始化 K 个聚类中心。在每一次迭代中，根据一定的相似度准则将每一个数据分配给最近或相似的聚类中心以形成类，再以每一类的平均矢量作为这一类的新中心，重新分配数据形成新类。反复迭代直至收敛（如聚类中心不变）或达到最大的迭代次数。

下面就采用 K–均值聚类算法来实现对网络时延序列的标量量化处理。针对 3.1 节平均量化中收集到的时延序列 $\tau=\{\tau_1,\tau_2,\cdots,\tau_K\}$，基于 K–均值聚类算法的标量量化处理过程如下：

输入： 聚类类数 M 、时延序列 τ；

Step1：随机选择 M 个点作为初始化聚类中心，设定迭代终止条件；

Step2：开始迭代；

Step3：根据某种准则将时延数据分配到最近的聚类中心，形成 M 个类；

Step4：更新聚类中心；

Step5：满足迭代终止条件；

输出：M 个类及其中心。

在网络时延量化时，尽管聚类类数 M 允许任意选择，但是如果 M 太小，则会影响时延量化的精度，进而影响 DTHMM 的精度，如果 M 太大，则会增加时延量化的复杂度，进而增大 DTHMM 的训练难度，所以，M 的选择通常以略大于网络状态数 N 为宜。此外，考虑到本书的时延序列是分布在一维空间上，此时 K-均值聚类算法对于初始聚类中心的选取没有依赖性，因此初始聚类中心可以任意选取。至于终止条件，往往通过判断聚类中心是否变化或者最大迭代次数是否到达来决定是否需要中止迭代过程。具体来说，当聚类中心不再变化（或者变化很小，低于某一设定阀值）或者达到最大迭代次数时，终止迭代；否则，继续迭代。迭代终止后，K-均值算法将输出 M 个类（分别定义为 $C_1,C_2,\cdots,C_M$ ）以及每个类的聚类中心（分别定义为 $c_1,c_2,\cdots,c_M$ ）。经过聚类量化后，K 个时延数据被不重复地分配到这 M 个类中，并假设第 i 个类中含有 m_i 个时延数据。

在算法过程的第 3 步（Step3）要将时延数据分配给“最接近”的聚类中心，此时，需要某种相似度测量准则来判断某个时延数据距离哪一个聚类中心最近。通常采用欧式距离作为这种相似度测量准则。由于所有的时延数据和聚类中心都分布在一维欧式空间中，所以此处仅需采用一维欧式距离。时延 τ_k 和聚类中心 c_i 之间的欧式距离按式（3.2）定义为二者之差的绝对值：

$$\mathrm{dist}(c_i,\tau_k)=|c_i-\tau_k|,\quad 1\leqslant i\leqslant M,\ 1\leqslant k\leqslant K \tag{3.2}$$

在算法过程的第 4 步（Step4）要重新计算聚类中心，聚类中心的更新不仅依赖于相似度测量准则，还依赖于聚类目标。K-均值聚类算法的聚类目标通常用一个目标函数来表达，这种目标函数依赖于时延数据之间以及时延数据到聚类中心之间的相似度测量。由于 K-均值聚类中采用的相似度测量是欧式距离，所以本书使用均方误差和（sum of squared error, SSE）作为聚类目标函数来衡量聚类效果。所以，算法的第 4 步先是计算每一个时延数据到其最近聚类中心的差（欧式距离），然后再计算 SSE，并通过迭代来最小化 SSE。假设由两种不同的 K-均值聚类过程产生了两种不同的分类结果，那么其中具有较小 SSE 的分类结果比另一个分类结果更好，因为在具有较小 SSE 的类中，每个聚类中心更能代表分配到该类中的时延数据。式（3.3）给出了均方误差和（SSE）的定义：

$$\mathrm{SSE}=\sum_{k=1}^{K}\sum_{i=1}^{M}\gamma_{ki}\,\mathrm{dist}\left(\tau_k,c_i\right)^2 \tag{3.3}$$

其中，γ_{ki} 在时延数据 τ_k 被分配到类 C_i 中时为 1，否则为 0。

直接计算 γ_{ki} 和 c_i 来最小化 SSE 并不容易，但是可以采取迭代的方法：先固定 c_i，选择最优的 γ_{ki}，显而易见只要将各时延数据分配到离它最近的那个聚类中心就能保证 SSE 最小（这就是 Step3 要完成的工作）；下一步则固定 γ_{ki}，求最优的 c_i（这就是 Step4 要完成的工作）。将 SSE 对 c_i 求微分并令微分结果等于零，很容易得到 SSE 最小时 c_i 应该满足的条件：

$$c_i=\frac{\sum_{k=1}^{K}\gamma_{ki}\tau_k}{\sum_{k=1}^{K}\gamma_{ki}} \tag{3.4}$$

可见，c_i 的值应当等于类 C_i 中所有时延数据的平均值。

K-均值聚类过程中的第 3 步（Step3）和第 4 步（Step4）的目的就在于最小化 SSE，第 3 步针对给定的聚类中心根据时延到聚类中心的欧式距离最近原则将时延数据分配到合适的类中；第 4 步根据给定的时延分类结果重新计算新的聚类中心，然后再回到第 3 步，如此迭代下去，直到满足迭代终止条件。由于每次迭代都是取到 SSE 的最小值，所以 SSE 只会不断地减小（或者不变），而不会增大，这就保证了 K-均值聚类最终会达到一个极小值。

时延序列 $\tau=\{\tau_1,\tau_2,\cdots,\tau_K\}$ 经过 K-均值聚类量化处理后，可以得到 M 个类（$C_1,C_2,\cdots,C_M$）及相应的聚类中心（$c_1,c_2,\cdots,c_M$）。对于任一个时延数据（不妨记为 $\tau_k\in\tau$），有且仅有一个类（记为 C_i）包含这个时延数据，本书用“$\tau_k\in C_i$”

表示这种时延分配关系。当 $\tau_k \in C_i$（1≤k≤K-1，1≤i≤M）成立时，我们定义一个新变量：观测值 o_k，并对其赋值为 $o_k = i$，显然有 $o_k \in O = \{1,2,\cdots,M\}$。观测值 o_k 就被称为经过 K-均值聚类算法处理后的时延量化值。那么，对应于时延序列 $\tau = \{\tau_1, \tau_2, \cdots, \tau_K\}$，利用 K-均值聚类算法就会产生一个时延量化序列 $o = \{o_1, o_2, \cdots, o_K\}$，这些量化值都出自一个离散有限集 $O = \{1,2,\cdots,M\}$。当网络时延 τ_k 在 $(0,h]$ 内变化时，时延量化值 o_k 随之在 O 内变化。

既然时延 τ_k 分布于一维欧式空间，那么可以在相邻两类（比如 C_i 和 C_{i+1}，1≤i≤M-1）之间选取一点（记为 h_i）作为类 C_i 的上确界以及 C_{i+1} 的下确界，再定义 $h_0 = 0$、$h_M = h$，则时延所在范围 $(0,h]$ 可以用如下完备子区间表示：

$$(0,h] = (h_0, h_1] \cup (h_1, h_2] \cup \cdots \cup (h_{M-2}, h_{M-1}] \cup (h_{M-1}, h_M] \tag{3.5}$$

式（3.5）与式（3.1）在形式上一样，但式（3.1）中的子区间长度是相同的（因为平均量化的缘故），而式（3.5）中的子区间长度未必相同。此时，若存在 $\tau_k \in (h_{i-1}, h_i]$（1≤k≤K，1≤i≤M），那么同样可以得到相应的量化值 $o_k = i$，且 $o_k \in O$。对于时延序列 $\tau = \{\tau_1, \tau_2, \cdots, \tau_K\}$，按此方法也能得到时延量化值序列 $o = \{o_1, o_2, \cdots, o_K\}$。

同样以图 3.1 中的随机时延序列 τ={1.20;0.50;2.20;2.65;1.50;3.20;2.62;4.30;3.30;1.50}为例，仍然取 $M = 5$，聚类中心初始化为 $\bar{c}$={0.5;1.5;2.5;3.5;4.5}，采用 K-均值聚类算法对这些时延数据进行量化处理后，产生的量化序列为 o={2;1;3;3;2;4;3;5;4;2}，迭代终止时的聚类中心为 c={0.5;1.4;2.49;3.25;4.3}，相应的类为 $C_1, C_2, \cdots, C_5$。由量化结果可知：C_1 中包含时延数据{τ_2:0.50}，C_2 中包含时延数据{τ_1:1.20; τ_5:1.50; τ_{10}:1.50}，C_3 中包含时延数据{τ_3:2.20; τ_4:2.65; τ_7:2.62}，C_4 中包含时延数据{τ_6:3.20; τ_9:3.30}，C_5 中包含时延数据{τ_8:4.30}。根据式（3.5）可以选择相邻两类之间的分界点，方便起见，此处 h_i（1≤i≤5）的选择可以与 3.1 节平均量化相同而不会影响到 K-均值聚类的量化结果。所以，在 $M = 5$、初始聚类中心为 $\bar{c}$ 的条件下，对 τ 进行 K-均值聚类量化产生量化序列 o 的过程如图 3.2 所示（其中坐标轴的定义与图 3.1 相同，“•”和“×”分别标识时延及其量化值）。

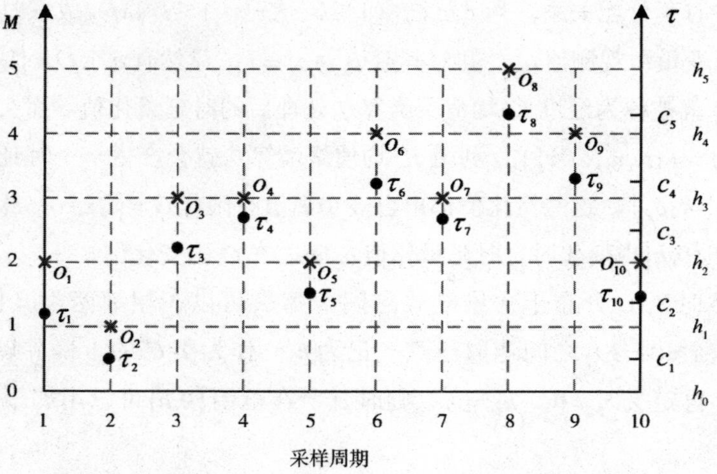

图 3.2　网络时延的 K-均值聚类量化（时延全分散）

对比图 3.2 和图 3.1 发现，二者的时延量化结果相同，这主要是缘于时延数据过于分散，没有出现相邻多个数据相对集中的情况。此时，平均量化要比 K-均值聚类量化简单高效。但是，当出现相邻多个数据相对集中的情况时，平均量化往往不能正确实现数据分类，这个时候就显示出 K-均值聚类量化方法的优势了。比如，对 τ 稍作变化，使其中每一个时延数据并不脱离原来平均量化时所在的子区间，变化后的时延序列为 $\tau'=\{1.05;0.98;2.01;2.05;1.96;3.20;2.97;4.02;3.95;1.50\}$。此时，按照平均量化法得到的量化序列仍然为 $o=\{2;1;3;3;2;4;3;5;4;2\}$，量化结果见图 3.3（其中坐标轴的定义、“•”和“×”的含义都与图 3.1 相同）。再按照 K-均值聚类方法对 τ' 作量化处理，依然选择相同的类数：$M=5$ 和初始聚类中心：$\overline{c}=\{0.5;1.5;2.5;3.5;4.5\}$。用 K-均值聚类量化后，产生的量化序列则变为 $o'=\{1;1;3;3;3;4;4;5;5;2\}$，迭代终止时的聚类中心变为 $c'=\{1.015;1.5;2.0067;3.085;3.985\}$，相应的类为 $C_1',C_2',...,C_5'$。由量化结果可知：C_1' 中包含时延数据 $\{\tau_1':1.05;\tau_2':0.98\}$，$C_2'$ 中包含时延数据 $\{\tau_{10}':1.50\}$，C_3' 中包含时延数据 $\{\tau_3':2.01;\tau_4':2.05;\tau_5':1.96\}$，$C_4'$ 中包含时延数据 $\{\tau_6':3.20;\tau_7':2.97\}$，$C_5'$ 中包含时延数据 $\{\tau_8':4.02;\tau_9':3.95\}$。此时，相邻两类之间的边界就不能再像平均量化中那样选择了，根据 C_i 中所包含的时延数据，再按照式（3.5），不妨将边界设计为 $h'=\{h_i'\}_{1\leqslant i\leqslant 5}=\{1.3h;1.8h;2.5h;3.5h;4.0h\}$

（其中 h 为采样周期）。最后，在 $M=5$、初始聚类中心为 $\bar{c}$ 的条件下，对 τ 进行 K-均值聚类量化，产生量化序列 o' 的过程如图 3.4 所示（其中坐标轴的定义、“•”和“×”的含义都与图 3.2 相同），其中左/右坐标轴的坐标不再均匀分布。

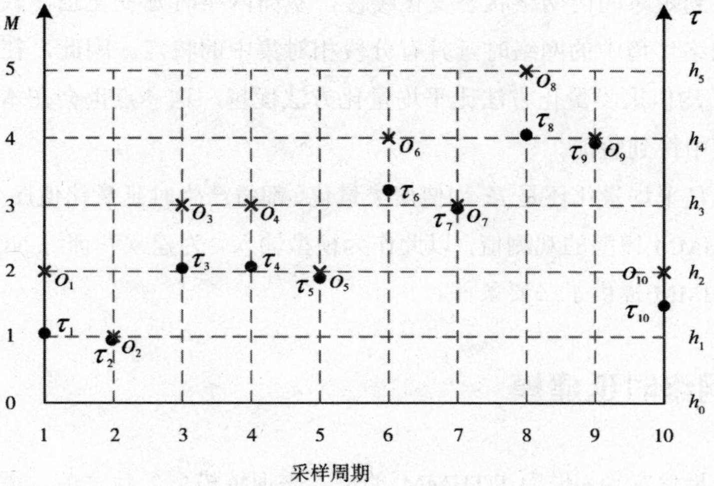

图 3.3　网络时延的平均量化（时延部分集中）

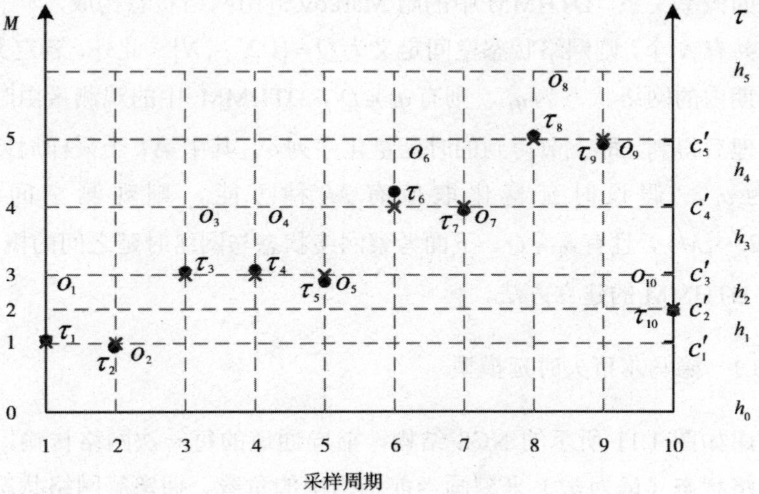

图 3.4　网络时延的 K-均值聚类量化（时延部分集中）

对比图3.4与图3.3可以发现，在时延数据出现部分相对集中时（比如 τ_3 , τ_4 , τ_5 ），这些时延数据应当被量化为同一个值，这一点在平均量化方法中没有得到体现（比如τ_3,τ_4被量化为3，而τ_5却被量化为2），但在K-均值聚类量化方法中得到了很好的体现（比如τ_3,τ_4,τ_5均被量化为3）。从这个角度看，K-均值聚类量化优于平均量化。

考虑到短时间内网络状态变化缓慢，从而网络时延变化也比较缓慢，所以实际网络环境中的网络时延具有分段相对集中的特点。因此，在时延量化方面，K-均值聚类量化方法比平均量化方法优越，这一点也会在本章后面的仿真实验中得到验证。

无论是平均量化还是K-均值聚类量化，都将产生时延量化值序列o，将o视为DTHMM模型的观测值，以此作为模型输入，为建立和训练NCS网络时延的DTHMM提供了必要条件。

3.3 网络时延建模

在将量化序列o作为DTHMM的输入来训练模型参数之前，需要先建立NCS网络时延的DTHMM（离散隐马尔可夫模型）来描述网络状态与网络时延之间的概率关系。DTHMM中的隐Markov链由网络状态构成，本书假设网络状态共有N个，则网络状态空间定义为$Q=\{1,2,\cdots,N\}$；此外，若定义第k个采样周期内的网络状态为q_k，则有$q_k\in Q$。DTHMM中的观测量由时延经过量化处理后得到，即上节得到的时延量化序列o，其中第k个采样周期内的观测量为o_k，假设时延量化取值有M种可能，则观测空间定义为$O=\{1,2,\cdots,M\}$，且有$o_k\in O$。下面考察网络状态与网络时延之间的概率关系，并给出DTHMM的建立方法。

3.3.1 隐马尔可夫时延模型

考虑如图1.11所示的NCS结构，前向通道的每一次网络传输，都存在一个网络状态（记为q_k）来刻画当前网络中的负载、拥塞等网络状况。下一次的网络传输将促使网络状态跳变到下一个状态（记为q_{k+1}），状态q_{k+1}与状态q_k可以相同也可以不同。经过K次采样周期后，将产生一个状态序列

$q=\{q_1,q_2,\cdots,q_k\}$，其中 $q_k\in Q$，$k=1,2,\cdots,K$。每次网络传输对网络状态来说都构成一次状态跳变，鉴于任意隐 Markov 链对多数随机过程的广泛适应性，本书将网络状态的跳变建模成一个有限状态的齐次 Markov 链（图 3.5），其中 $p_{ij}=\Pr\{q_{k+1}=j\mid q_k=i\}$（$1\leqslant i, j\leqslant N$）表示网络从当前时刻 k 所处的状态 i 跳转到下一时刻 $k+1$ 所处的状态 j 的概率。此外，从图 3.5 可以看出，网络从当前采样周期内的某个状态出发，到下一采样周期内可以跳转到 Q 中的任一状态，说明本书所建的 DTHMM 允许网络状态发生突变。由网络状态构成的 Markov 链是隐藏在网络时延下面的，无法直接观测到，但是它决定了每次网络传输产生的网络时延。因此，在 Q 和 O 之间存在某种概率关系（图 3.6），其中 $b_i(l)=\Pr\{o_k=l\mid q_k=i\}$（$1\leqslant i\leqslant N$，$1\leqslant l\leqslant M$）表示在第 k 个采样周期内网络所处状态为 i 的条件下时延量化值为 l 的概率。受网络状态影响的时延序列 τ 是可以直接观测到的，并且可以采用标量量化手段得到时延量化序列 o。依据 Q 和 O 之间的概率关系可以估计出与 o 相对应的网络状态序列 q。考虑到网络状态和时延量化结果的离散有限性，网络状态和网络时延之间关系被描述为典型的离散隐马尔可夫模型（DTHMM），如图 3.7 所示。一般可用式（3.6）所示的五元组来表示这个 DTHMM：

$$\lambda\triangleq(N,\ M,\boldsymbol{\pi},\ \boldsymbol{P},\ \boldsymbol{B}) \tag{3.6}$$

其中 $\boldsymbol{P}=[p_{ij}]_{1\leqslant i,j\leqslant N}$，是网络状态 Markov 链的转移矩阵；$\boldsymbol{B}=[b_i(l)]_{1\leqslant i\leqslant N,1\leqslant l\leqslant M}$，是网络状态到网络时延的观测矩阵；$\boldsymbol{\pi}$ 是网络状态初始分布矢量（$\boldsymbol{\pi}=\{\boldsymbol{\pi}_1,\boldsymbol{\pi}_2,\cdots,\boldsymbol{\pi}_N\}$，$\boldsymbol{\pi}_i=\Pr\{q_1=i\},i\in Q$）。最后将这些参数集中到一个符号 λ 里来表示整个 DTHMM。

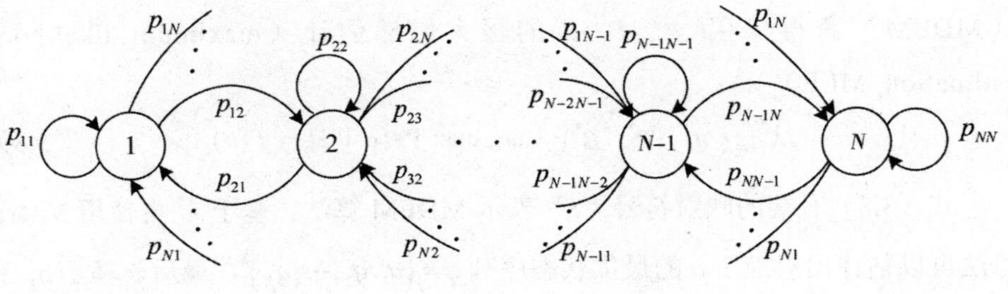

图 3.5　网络状态 Markov 链

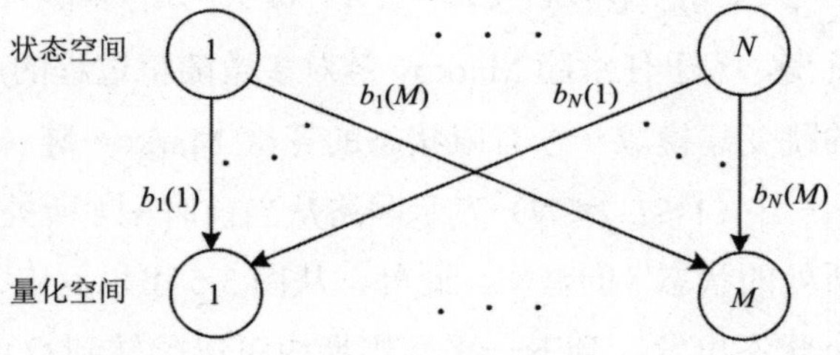

图 3.6　网络状态空间和时延量化空间之间的概率关系

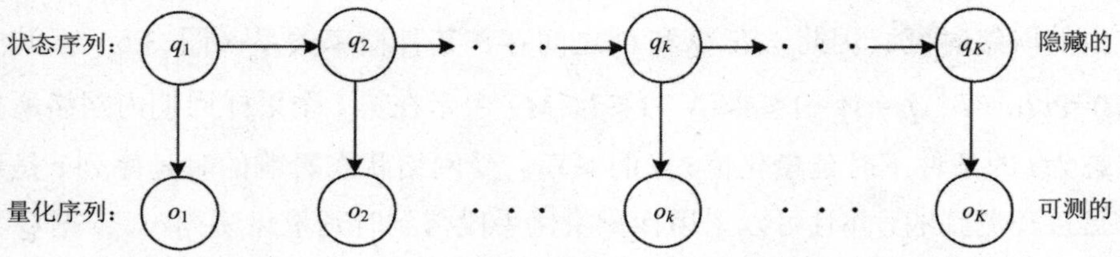

图 3.7　网络状态序列和时延量化序列之间的 DTHMM

通常 $\lambda \triangleq (N, M, \boldsymbol{\pi}, \boldsymbol{P}, \boldsymbol{B})$中的 N、M 是已知的，而 $\boldsymbol{\pi}$、$\boldsymbol{P}$、$\boldsymbol{B}$ 都是未知的，因此式（3.6）可以简记为：

$$\lambda \triangleq (\boldsymbol{\pi}, \boldsymbol{P}, \boldsymbol{B}) \tag{3.7}$$

式（3.7）描述了 NCS 前向网络中的网络状态和网络时延之间的 DTHMM，但是模型中的参数 $\boldsymbol{\pi}$，$\boldsymbol{P}$，$\boldsymbol{B}$ 都是未知的，需要通过 DTHMM 的模型训练进行估计。根据第 2 章关于 HMM 的预备知识，这个问题正是 HMM 三个基本问题中的训练问题。由于经过 K 次采样产生的时延量化序列 $o=\{o_1,o_2,\cdots,o_K\}$ 是已知的，所以本书拟采用不完全数据期望最大化算法（MDEM）获得 $\lambda \triangleq (\boldsymbol{\pi}, \boldsymbol{P}, \boldsymbol{B})$的极大似然估计（maximum likelihood estimation, MLE）λ^*：

$$\lambda^* \triangleq (\boldsymbol{\pi}^*, \boldsymbol{P}^*, \boldsymbol{B}^*) = \arg\max_{\lambda} \Pr\{o \mid \lambda\} = f(o) \tag{3.8}$$

式（3.8）右端的映射符号“f”表示 MDEM 算法。基于 λ^* 再使用 Viterbi 算法可以估计出对应于 o 的最优状态序列 $q=\{q_1,q_2,\cdots,q_K\}$，最后，基于 q_K 和概率转移矩阵 $\boldsymbol{P}^*$可以预测出第 $K+1$ 个采样周期内的网络状态 q_{K+1}：

$$q_{K+1} = \arg\max_{q_i \in Q} \Pr\{q_i \mid q_K\} \tag{3.9}$$

式（3.9）是预测第 $K+1$ 采样周期内前向网络时延的基础。

以上建立了 NCS 前向通道中网络状态与网络时延之间的 DTHMM 描述方法，建立了基于 DTHMM 的随机时延模型。

3.3.2　模型参数估计

本书采用 MDEM 算法来解决 DTHMM 模型参数（$\boldsymbol{\pi}, \boldsymbol{P}, \boldsymbol{B}$）的估计问题。MDEM 算法是针对存在隐藏数据时进行参数极大似然估计的一种高效算法，在这里是指找到一组最有可能产生观测序列 o 的模型参数 λ^*。MDEM 算法是一种迭代算法，其迭代过程分为两步：期望步（expectation step, E-Step）和最大化步（maximization step, M-Step）。在 E-Step，根据观测序列 o 和前一次估计出的模型参数 λ' 计算某一条件期望；在 M-Step，找到使得 E-Step 中条件期望最大的参数 λ^*，并且更新模型参数 $\lambda' = \lambda^*$。不断重复这两步，每次迭代都将导致似然函数增大，最后收敛于该似然函数的极大值。此外，MDEM 算法中通常是以模型参数的变化低于某一设定的阀值或者达到最大迭代次数为迭代中止条件。

由于 $\lambda^* = \arg\max_{\lambda} \Pr\{o \mid \lambda\}$，其中 $\Pr\{o \mid \lambda\}$ 为不完全数据似然函数（由对数函数的单调性，也可取成对数形式：$\log\Pr\{o \mid \lambda\}$），根据 MDEM 算法原理，需要添加隐藏数据 q 从而得到完全数据似然函数 $\log\Pr\{o, q \mid \lambda\}$，并且选取代价函数为如下条件期望：

$$G(\lambda, \lambda') = E\left\{\log\Pr\{o, q \mid \lambda\} \mid o, \lambda'\right\} \tag{3.10}$$

其中，λ' 为更新前的模型参数（已知量），λ 为更新后的模型参数（待估计量），o 为观测序列（已知量），q 为可能的状态序列（变量），E 表示求数学期望。鉴于 q 是一个离散时间变量，且取值空间为 Q，所以有：

$$G(\lambda, \lambda') = \sum_{q \in Q} \log\Pr\{o, q \mid \lambda\} \Pr\{q \mid o, \lambda'\} = \sum_{q \in Q} \log\Pr\{o, q \mid \lambda\} \frac{\Pr\{o, q \mid \lambda'\}}{\Pr\{o \mid \lambda'\}}$$

$$= \frac{1}{\Pr\{o \mid \lambda'\}} \sum_{q \in Q} \log\Pr\{o, q \mid \lambda\} \Pr\{o, q \mid \lambda'\} \tag{3.11}$$

因为最终求解的是 $G(\lambda, \lambda')$ 关于 λ 的极大值，而 $\Pr\{o \mid \lambda'\}$ 在计算 $G(\lambda, \lambda')$ 时

与 λ 无关，不影响 MDEM 算法的迭代过程，所以通常将代价函数取成：

$$G(\lambda,\lambda')=\sum_{q\in Q}\log\Pr\{o,q\mid\lambda\}\Pr\{o,q\mid\lambda'\} \tag{3.12}$$

基于这一代价函数，MDEM 算法设计如下：

① E-Step：计算 $G(\lambda,\lambda')=\sum_{q\in Q}\log\Pr\{o,q\mid\lambda\}\Pr\{o,q\mid\lambda'\}$；

② M-Step：寻找 λ^*，满足 $\lambda^*=\arg\max_{\lambda}G(\lambda,\lambda')$。

由对数函数的凹特性可知，在 M-Step 中很容易找到 λ^*，然后令 $\lambda'=\lambda^*$，再回到 E-Step，就这样不断迭代，不断更新 λ，直到 λ^* 与 λ' 的差距小于某一足够小的正值 ε（依此判断达到极值）终止迭代。不难发现，这里是通过最大化 $G(\lambda,\lambda')$ 寻找最佳模型参数 λ^* 的，而 λ^* 的含义指出 $\lambda^*=\arg\max_{\lambda}\log\Pr\{o\mid\lambda\}$，所以我们需要证明 MDEM 算法可以最大化似然函数 $\log\Pr\{o\mid\lambda\}$，从而保证 MDEM 算法用于估计 DTHMM 参数的有效性。为此，先给出如下定义和引理：

定义 3.1：函数 $f(x)$ 在区间 (a,b) 上是凹函数是指对任意 $x_1,x_2\in(a,b)$ 和 $0\leqslant\lambda\leqslant1$，$f(x)$ 满足：

$$\lambda f(x_1)+(1-\lambda)f(x_2)\leqslant f\left[\lambda x_1+(1-\lambda)x_2\right] \tag{3.13}$$

如果仅当 $\lambda=0$ 或 $\lambda=1$ 时，式（3.13）中的等号才成立，则 $f(x)$ 就是严格凹函数。

不难发现，对数函数是严格凹函数。

引理 3.1：（**Jensen 不等式**）如果 f 是凹函数，对于任意随机变量 X，存在如下不等式成立：

$$E\{f(x)\}\leqslant f(E\{X\}) \tag{3.14}$$

尽管我们在第 2 章给出了关于 Jensen 不等式引理的证明，但是这里仍然希望给出针对数学期望函数 $E\{\bullet\}$ 的简要证明过程。

证明：针对离散分布情况，采用归纳法证明。

（1）初始情况为只有两个离散值 x_1，x_2，其分布概率分别为 p_1，p_2，根据函数 f 的凹特性，显然有：

$$p_1f(x_1)+p_2f(x_2)\leqslant f(p_1x_1+p_2x_2)$$

（2）假设引理对于 $k-1$ 个离散值 $x_1, x_2, \cdots, x_{k-1}$ 成立，且各变量的分布概率为 p_1， p_2， $\cdots$， p_{k-1}，令 $p_i' = p_i/1-p_k$， $i=1,2,\cdots,k-1$，则有：

$$E\left\{f\left(X\right)\right\} = \sum_{i=1}^{k} p_i f\left(x_i\right) = p_k f\left(x_k\right) + \left(1-p_k\right)\sum_{i=1}^{k-1} p_i' f\left(x_i\right)$$

$$\leqslant p_k f(x_k) + (1-p_k) f\left(\sum_{i=1}^{k-1} p_i' x_i\right) \leqslant f\left[p_k x_k + (1-p_k)\sum_{i=1}^{k-1} p_i' x_i\right]$$

$$= f\left(\sum_{i=1}^{k} p_i x_i\right) = f\left(E\{X\}\right)$$

基于定义 3.1 和引理 3.1，下面给出关于 $G(\lambda,\lambda')$ 和 $\log\Pr\{o|\lambda\}$ 的关系定理。

定理 3.1：如果 $G(\lambda,\lambda') \geqslant G(\lambda',\lambda')$，那么 $\Pr\{o \mid \lambda\} \geqslant \Pr\{o \mid \lambda'\}$。

证明：

$$\log\Pr\{o|\lambda\} - \log\Pr\{o|\lambda'\}$$

$$= \log\sum_{q\in Q}\Pr\{o,q|\lambda\} - \log\Pr\{o|\lambda'\} = \log\left\{\sum_{q\in Q}\Pr\{o,q|\lambda\}\frac{\Pr\{o,q|\lambda'\}}{\Pr\{o,q|\lambda'\}}\right\} - \log\Pr\{o|\lambda'\}$$

$$= \log\left\{\sum_{q\in Q}\Pr\{o,q|\lambda'\}\frac{\Pr\{o,q|\lambda\}}{\Pr\{o,q|\lambda'\}}\right\} - \log\Pr\{o|\lambda'\}$$

$$= \log\left\{\sum_{q\in Q}\frac{\Pr\{o,q|\lambda'\}}{\Pr\{o|\lambda'\}}\frac{\Pr\{o,q|\lambda\}}{\Pr\{o,q|\lambda'\}}\right\} \geqslant \sum_{q\in Q}\frac{\Pr\{o,q|\lambda'\}}{\Pr\{o|\lambda'\}}\log\left\{\frac{\Pr\{o,q|\lambda\}}{\Pr\{o,q|\lambda'\}}\right\}$$

$$= \sum_{q\in Q}\frac{\Pr\{o,q|\lambda'\}}{\Pr\{o|\lambda'\}}\left\{\log\Pr\{o,q|\lambda\} - \log\Pr\{o,q|\lambda'\}\right\}$$

$$= \frac{1}{\Pr\{o|\lambda'\}}\sum_{q\in Q}\Pr\{o,q|\lambda'\}\left\{\log\Pr\{o,q|\lambda\} - \log\Pr\{o,q|\lambda'\}\right\}$$

$$= \frac{1}{\Pr\{o|\lambda'\}}\left\{G(\lambda,\lambda') - G(\lambda',\lambda')\right\}$$

其中，不等式“⩾”缘于 Jensen 不等式，当 $G(\lambda, \lambda') \geqslant G(\lambda',\lambda')$ 时，由于 $\Pr\{o|\lambda'\} > 0$，所以 $\log\Pr\{o \mid \lambda\} - \log\Pr\{o \mid \lambda'\} \geqslant 0$，所以 $\Pr\{o \mid \lambda\} \geqslant \Pr\{o \mid \lambda'\}$，定理 3.1 得证。

定理 3.1 充分说明了 MDEM 算法用于 DTHMM 参数(λ)估计的有效性，那么具体如何由 MDEM 的 E-Step 和 M-Step 得到 λ 的最优估计 λ^*？下面给出具体推导过程。

对于某一状态序列 q ，o 和 q 关于 λ 的条件概率可写成：

$$\Pr\{o,q\mid\lambda\}=\Pr\{o\mid q,\lambda\}\Pr\{q\mid\lambda\} \tag{3.15}$$

根据 DTHMM 的特性知：

$$\Pr\{q\mid\lambda\}=\pi_{q_1}p_{q_1q_2}p_{q_2q_3}\cdots p_{q_{K-1}q_K}\text{，}\quad \Pr\{o\mid q,\lambda\}=b_{q_1}(o_1)b_{q_2}(o_2)\cdots b_{q_K}(o_K)$$

所以，式（3.15）可写成：

$$\Pr\{o,q\mid\lambda\}=\pi_{q_1}b_{q_1}(o_1)\prod_{k=2}^{K}p_{q_{k-1}q_k}b_{q_k}(o_k) \tag{3.16}$$

由此可以将代价函数式（3.12）写成：

$$G(\lambda,\lambda')=\sum_{q\in Q}\log\pi_{q_1}\Pr\{o,q\mid\lambda'\}+\sum_{q\in Q}\left(\sum_{k=2}^{K}\log p_{q_{k-1}q_k}\right)\Pr\{o,q\mid\lambda'\}+\sum_{q\in Q}\left(\sum_{k=1}^{K}\log b_{q_k}(o_k)\right)\Pr\{o,q\mid\lambda'\} \tag{3.17}$$

这样就将求 $G(\lambda,\lambda')$ 关于 λ 的极值(λ^*)分成彼此独立的三项，分别求每一项的极值，然后综合即得 λ^* 。

对于式（3.17）中的第一项，选择所有的 $q\in Q$ ，仅仅是不断重复的选择 q_1 的值，所以第一项可以写成：

$$\sum_{q\in Q}\log\pi_{q_1}\Pr\{o,q\mid\lambda'\}=\sum_{i=1}^{N}\log\pi_i\Pr\{o,q_1=i\mid\lambda'\} \tag{3.18}$$

同理可得式（3.17）中第二、三项的等价描述分别如下：

$$\sum_{q\in Q}\left(\sum_{k=2}^{K}\log p_{q_{k-1}q_k}\right)\Pr\{o,q\mid\lambda'\}=\sum_{i=1}^{N}\sum_{j=1}^{N}\sum_{k=2}^{K}\log p_{ij}\Pr\{o,q_{k-1}=i,q_k=j\mid\lambda'\} \tag{3.19}$$

$$\sum_{q\in Q}\left(\sum_{k=1}^{K}\log b_{q_k}(o_k)\right)\Pr\{o,q\mid\lambda'\}=\sum_{i=1}^{N}\sum_{k=1}^{K}\log b_i(o_k)\Pr\{o,q_k=i\mid\lambda'\} \tag{3.20}$$

根据第 2 章的预备知识，可以采用 Lagrange 乘数法，以 $\sum_{i=1}^{N}\pi_i=1$ 、$\sum_{j=1}^{N}p_{ij}=1$ 和 $\sum_{j=1}^{M}b_i(j)=1$ 为约束条件，分别求解使式（3.18）～式（3.20）达到极值的 π_i^* 、p_{ij}^* 、 $b_i^*(j)$ 。具体过程如下：

（1）对于式（3.18），由于 $\sum_{i=1}^{N}\pi_i=1$ ，引入 Lagrange 乘数 η ，求解如下微分方程：

$$\frac{\partial}{\partial\pi_i}\left[\sum_{i=1}^{N}\log\pi_i\Pr\{o,q_1=i\mid\lambda'\}+\eta\left(\sum_{i=1}^{N}\pi_i-1\right)\right]=0$$

即：

$$\frac{1}{\pi_i^*}\Pr\{o,q_1=i\,|\,\lambda'\}+\eta=0$$

$$\therefore\ \pi_i^*=-\frac{1}{\eta}\Pr\{o,q_1=i\,|\,\lambda'\}\tag{3.21}$$

对式（3.21）按照 $i=1,2,\cdots,N$ 求和，得：

$$\sum_{i=1}^{N}\pi_i^*=-\frac{1}{\eta}\sum_{i=1}^{N}\Pr\{o,q_1=i\,|\,\lambda'\}=1$$

$$\therefore \eta=-\sum_{i=1}^{N}\Pr\{o,q_1=i\,|\,\lambda'\}=-\Pr\{o\,|\,\lambda'\}$$

代入式（3.21）得：

$$\pi_i^*=\frac{\Pr\{o,q_1=i\,|\,\lambda'\}}{\Pr\{o\,|\,\lambda'\}}=\Pr\{q_1=i\,|\,o,\lambda'\}\tag{3.22}$$

（2）对于式（3.19），由于 $\sum_{j=1}^{N}p_{ij}=1$，引入 Lagrange 乘数 η，求解如下微分方程：

$$\frac{\partial}{\partial p_{ij}}\left[\sum_{i=1}^{N}\sum_{j=1}^{N}\sum_{k=2}^{K}\log p_{ij}\Pr\{o,q_{k-1}=i,q_k=j\,|\,\lambda'\}+\eta\left(\sum_{j=1}^{N}p_{ij}-1\right)\right]=0$$

即：

$$\sum_{k=2}^{K}\frac{1}{p_{ij}^*}\Pr\{o,q_{k-1}=i,q_k=j\,|\,\lambda'\}+\eta=0$$

$$\therefore\ p_{ij}^*=-\frac{1}{\eta}\sum_{k=2}^{K}\Pr\{o,q_{k-1}=i,q_k=j\,|\,\lambda'\}\tag{3.23}$$

对式（3.23）按照 $j=1,2,\cdots,N$ 求和，得：

$$\sum_{j=1}^{N}p_{ij}^*=-\frac{1}{\eta}\sum_{j=1}^{N}\sum_{k=2}^{K}\Pr\{o,q_{k-1}=i,q_k=j\,|\,\lambda'\}=1$$

$$\therefore\ \eta=-\sum_{j=1}^{N}\sum_{k=2}^{K}\Pr\{o,q_{k-1}=i,q_k=j\,|\,\lambda'\}=-\sum_{k=2}^{K}\Pr\{o,q_{k-1}=i\,|\,\lambda'\}$$

代入式（3.23）得：

$$p_{ij}^*=\frac{\sum_{k=2}^{K}\Pr\{o,q_{k-1}=i,q_k=j\,|\,\lambda'\}}{\sum_{k=2}^{K}\Pr\{o,q_{k-1}=i\,|\,\lambda'\}}=\frac{\dfrac{\sum_{k=2}^{K}\Pr\{q_{k-1}=i,q_k=j\,|\,o,\lambda'\}}{\Pr\{o\,|\,\lambda'\}}}{\dfrac{\sum_{k=2}^{K}\Pr\{q_{k-1}=i\,|\,o,\lambda'\}}{\Pr\{o\,|\,\lambda'\}}}$$

$$=\frac{\sum_{k=2}^{K}\Pr\{q_{k-1}=i,q_k=j\mid o,\lambda'\}}{\sum_{k=2}^{K}\Pr\{q_{k-1}=i\mid o,\lambda'\}} \tag{3.24}$$

其中 $i,j=1,2,\cdots,N$ 。

（3）对于式（3.20），由于 $\sum_{j=1}^{M}b_i(j)=1$ ，引入 Lagrange 乘数 η ，求解如下微分方程：

$$\frac{\partial}{\partial b_i(j)}\left\{\sum_{i=1}^{N}\sum_{k=1}^{K}\log b_i(o_k)\Pr\{o,q_k=i|\lambda'\}+\eta\left(\sum_{j=1}^{M}b_i(j)-1\right)\right\}=0$$

即：

$$\frac{\partial}{\partial b_i(j)}\left\{\sum_{i=1}^{N}\sum_{k=1}^{K}\delta_{o_k,j}\log b_i(j)\Pr\{o,q_k=i|\lambda'\}+\eta\left(\sum_{j=1}^{M}b_i(j)-1\right)\right\}=0$$

其中 $\delta_{o_k,j}$ 是狄拉克函数，满足： $\delta_{ok,j}=\begin{cases}1; o_k=j\\0; o_k\neq j\end{cases}$

$$\therefore\ \sum_{k=1}^{K}\delta_{o_k,j}\frac{1}{b_i^*(j)}\Pr\{o,q_k=i\mid\lambda'\}+\eta=0$$

$$\therefore b_i^*(j)=-\frac{1}{\eta}\sum_{k=1}^{K}\delta_{o_k,j}\Pr\{o,q_k=i\mid\lambda'\} \tag{3.25}$$

对式（3.25）按照 $j=1,2,\cdots,M$ 求和，得：

$$\sum_{j=1}^{M}b_i^*(j)=-\frac{1}{\eta}\sum_{j=1}^{M}\sum_{k=1}^{K}\delta_{o_k,j}\Pr\{o,q_k=i\mid\lambda'\}=-\frac{1}{\eta}\sum_{k=1}^{K}\Pr\{o,q_k=i\mid\lambda'\}\sum_{j=1}^{M}\delta_{o_k,j}=1$$

当 o_k 一定时，显然有 $\sum_{j=1}^{M}\delta_{o_k,j}=1$

$$\therefore\ \eta=-\sum_{k=1}^{K}\Pr\{o,q_k=i\mid\lambda'\}$$

代入（3.25）式得：

$$b_i^*(j)=\frac{\sum_{k=1}^{K}\delta_{ok,j}\Pr\{o,q_k=i\mid\lambda'\}}{\sum_{k=1}^{K}\Pr\{o,q_k=i\mid\lambda'\}}=\frac{\dfrac{\sum_{k=1}^{K}\delta_{ok,j}\Pr\{q_k=i\mid o,\lambda'\}}{\Pr\{o\mid\lambda'\}}}{\dfrac{\sum_{k=1}^{K}\Pr\{q_k=i\mid o,\lambda'\}}{\Pr\{o\mid\lambda'\}}}$$

$$= \frac{\sum_{k=1}^{K} \delta_{o_k, j} \Pr\{q_k = i \mid o, \lambda'\}}{\sum_{k=1}^{K} \Pr\{q_k = i \mid o, \lambda'\}} \tag{3.26}$$

其中 $i = 1, 2, \cdots, N$；$j = 1, 2, \cdots, M$。

由式（3.22）、式（3.24）和式（3.26）可以得到更新后的 $\lambda^* = (\pi^*, P^*, B^*)$，完成一次 MDEM 计算，然后把 λ^* 赋给 λ'，进入下一轮迭代，直到更新前后的 λ 相差小于 ε。

这里每一次迭代都是由 $\lambda^* = \arg\max_{\lambda} G(\lambda, \lambda')$ 计算 λ^* 的，由定理 3.1 可知，$\lambda^* = \arg\max_{\lambda} \Pr\{o \mid \lambda\}$。考虑到 $\Pr\{o \mid \lambda\} = \sum_q \Pr\{q, o \mid \lambda\}$ 且 $\max_q \Pr\{q, o \mid \lambda\}$ 是 $\sum_q \Pr\{q, o \mid \lambda\}$ 的主要成分，所以通常是通过比较 $\max_q \Pr\{q, o \mid \lambda^*\}$ 和 $\max_q \Pr\{q, o \mid \lambda'\}$ 的差值是否小于 ε 来判断 λ 是否达到极值。至于求解 $\max_q \Pr\{q, o \mid \lambda^*\}$，可以采用 Viterbi 算法。

定义 3.2： $\delta_k(i)$ 为 k 时刻沿路径 $q_1, q_2, \cdots, q_k$，且 $q_k = i$，产生出 $o_1, o_2, \cdots, o_k$ 的最大概率，即有：

$$\delta_k(i) = \max_{q_1, \cdots, q_{k-1}} \Pr\{q_1, \cdots, q_k, q_k = i, o_1, \cdots, o_k \mid \lambda\}$$

求取最优状态序列 q^* 的 Viterbi 算法过程如下。

（1）初始化：

$$\delta_1(i) = \pi_i b_i(o_1)，\quad \varphi_1(i) = 0，\quad 1 \leqslant i \leqslant N$$

（2）递归：

$$\delta_k(j) = \max_{1 \leqslant i \leqslant N} [\delta_{k-1}(i) p_{ij}] b_j(o_k)，\quad \varphi_k(j) = \max_{1 \leqslant i \leqslant N} [\delta_{k-1}(i) p_{ij}]，\quad 2 \leqslant k \leqslant K，\ 1 \leqslant j \leqslant N$$

（3）终结：

$$P^* = \max_{1 \leqslant i \leqslant N} [\delta_K(i)]，\quad q_K^* = \arg\max_{1 \leqslant i \leqslant N} [\delta_K(i)]$$

（4）最优状态序列求取：

$$q_k^* = \varphi_{k+1}(q_{k+1}^*)，\quad 1 \leqslant k \leqslant K-1$$

通常就是判断每一次 MDEM 迭代后 P^* 的变化是否小于 ε 来决定是否终止 MDEM 迭代过程。

为了便于计算式（3.22）～式（3.26）中的极值，引入以下几个定义：

定义 3.3： $\alpha_k(i)$ 表示给定 DTHMM 模型参数 λ，部分观测序列 $\{o_1, o_2, \cdots, o_k\}$ 在 k 时刻处于状态 i 的概率，即：

$$\alpha_k(i) = \Pr\{o_1, \cdots, o_k, q_k = i \mid \lambda\}$$

$\alpha_k(i)$ 就是所谓的前向变量，可以通过下面的递推公式计算：

（1）初始化：

$$\alpha_1(i) = \pi_i b_i(o_1)$$

（2）迭代计算：

$$\alpha_{k+1}(j) = \left[\sum_{i=1}^{N} \alpha_k(i) p_{ij}\right] b_j(o_{k+1})，\ 1 \leqslant k \leqslant K-1，\ 1 \leqslant j \leqslant N$$

（3）终结计算：

$$\Pr\{o \mid \lambda\} = \sum_{i=1}^{N} \alpha_K(i)$$

定义 3.4： $\beta_k(i)$ 表示给定 DTHMM 模型参数 λ，部分观测序列 $\{o_k, o_{k+1}, \cdots, o_K\}$ 在 k 时刻处于状态 i 的概率，即：

$$\beta_k(i) = \Pr(o_{k+1}, \cdots, o_K, q_k = i \mid \lambda)$$

$\beta_k(i)$ 就是所谓的后向变量，可以通过下面的递推公式计算。

（1）初始化：

$$\beta_K(i) = 1$$

（2）迭代计算：

$$\beta_k(i) = \sum_{j=1}^{N} p_{ij} b_j(o_{k+1}) \beta_{k+1}(j)，\ 1 \leqslant k \leqslant K-1，\ 1 \leqslant i \leqslant N$$

（3）终结计算：

$$\Pr\{o \mid \lambda\} = \sum_{i=1}^{N} \beta_1(i)$$

定义 3.5： $\zeta_k(i)$ 表示给定 DTHMM 模型参数 λ，观测序列 $\{o_1, o_2, \cdots, o_K\}$ 在 k 时刻处于状态 i 的概率，即：

$$\zeta_k(i) = \Pr(q_k = i \mid o, \lambda)$$

$$\because \Pr\{q_k = i \mid o, \lambda\} = \frac{\Pr\{q_k = i, o \mid \lambda\}}{\Pr\{o \mid \lambda\}}$$

$$=\frac{\Pr\{o_1,\cdots,o_k,q_k=i,o_{k+1},\cdots,o_K\mid\lambda\}}{\sum_{j=1}^{N}\Pr\{q_k=j,o\mid\lambda\}}$$

$$=\frac{\alpha_k(i)\beta_k(i)}{\sum_{j=1}^{N}\alpha_k(j)\beta_k(j)}$$

$$\therefore\quad \zeta_k(i)=\frac{\alpha_k(i)\beta_k(i)}{\sum_{j=1}^{N}\alpha_k(j)\beta_k(j)} \tag{3.27}$$

定义 3.6： $\xi_k(i,j)$ 表示给定 DTHMM 模型参数 λ，观测序列 $\{o_1,o_2,\cdots,o_K\}$ 在 $k-1$ 时刻处于状态 i 而在 k 时刻处于状态 j 的概率，即：

$$\xi_k(i,j)=\Pr\{q_{k-1}=i,q_k=j\mid o,\lambda\}$$

$$\because\quad \Pr\{q_{k-1}=i,q_k=j\mid o,\lambda\}=\frac{\Pr\{q_{k-1}=i,q_k=j,o\mid\lambda\}}{\Pr\{o\mid\lambda\}}$$

$$=\frac{\Pr\{o_1,\cdots,o_{k-1},q_{k-1}=i,o_k,q_k=j,o_{k+1},\cdots,o_K\mid\lambda\}}{\sum_{s=1}^{N}\sum_{t=1}^{N}\Pr\{q_{k-1}=s,q_k=t,o\mid\lambda\}}$$

$$=\frac{\alpha_k(i)p_{ij}b_j(o_{k+1})\beta_{k+1}(j)}{\sum_{s=1}^{N}\sum_{t=1}^{N}\alpha_k(i)p_{ij}b_j(o_{k+1})\beta_{k+1}(j)}$$

$$\therefore\quad \xi_k(i,j)=\frac{\alpha_k(i)p_{ij}b_j(o_{k+1})\beta_{k+1}(j)}{\sum_{s=1}^{N}\sum_{t=1}^{N}\alpha_k(i)p_{ij}b_j(o_{k+1})\beta_{k+1}(j)} \tag{3.28}$$

基于以上定义的变量，当 $k=1$ 时，$\zeta_1(i)=\Pr\{q_1=i\mid o,\lambda\}$，代入式（3.22）有：

$$\pi_i^*=\zeta_1(i)\text{，}1\leqslant i\leqslant N \tag{3.29}$$

同样由式（3.24）和式（3.26）～式（3.28）可以得到：

$$p_{ij}^*=\frac{\sum_{k=2}^{K}\xi_k(i,j)}{\sum_{k=2}^{K}\zeta_k(i)}\text{，}1\leqslant i,j\leqslant N \tag{3.30}$$

$$b_i^*(j)=\frac{\sum_{k=1}^{K}\delta_{o_k,j}\zeta_k(i)}{\sum_{k=1}^{K}\zeta_k(i)}\text{，}1\leqslant i\leqslant N\text{，}1\leqslant j\leqslant M \tag{3.31}$$

综上所述，针对 DTHMM 随机时延模型，通过采用不完全数据期望最大化算法（MDEM）对 DTHMM 的模型参数进行迭代训练，得到 DTHMM 参数的最优估计 $\lambda^* \triangleq (\pi^*, P^*, B^*)$，其中 $\pi^* = (\pi_i^*)_{1 \leqslant i \leqslant N}$，$P^* = \left[p_{ij}^*\right]_{1 \leqslant i,\ j \leqslant N}$，$B^* = \left[b_i^*(j)\right]_{1 \leqslant i \leqslant N, 1 \leqslant j \leqslant M}$；$\pi_i^*$、$p_{ij}^*$、$b_i^*(j)$ 可分别由式（3.29）～式（3.31）计算得到。

3.4 网络时延预测

有了 DTHMM 随机时延模型，就可以对当前采样周期（记为第 K 个采样周期）内前向通道的网络时延（记为 τ_K ）进行预测了。

当 NCS 前向通道经过 $K-1$ 次网络传输后，在第 K 个采样周期内控制器节点已经获得一个长度为 $K-1$ 的前向网络时延序列 $\tau = \{\tau_1, \tau_2, \cdots, \tau_{K-1}\}$，经过标量量化后可以得到观测序列 $o = \{o_1, o_2, \cdots, o_{K-1}\}$，其中 $o_k \in O = \{1, 2, \cdots, M\}$。在使用 MDEM 算法进行 DTHMM 训练之前，通常需要选取一个初始模型 $\lambda' = \{\pi', \boldsymbol{P}', \boldsymbol{B}'\}$，再根据定义 3.3 和定义 3.4，通过迭代可以计算出前向变量 $\alpha_k(i)$ 和后向变量 $\beta_k(i)$（$1 \leqslant k \leqslant K-1$，$1 \leqslant i \leqslant N$）；然后根据定义 3.5 和定义 3.6，可以计算出 $\zeta_k(i)$、$\xi_k(i, j)$（$1 \leqslant i$，$j \leqslant N$）；最后通过式（3.29）～式（3.31）就能得到更新后的模型参数 π_i^*，p_{ij}^*，$b_i^*(l)$（$1 \leqslant i, j \leqslant N$, $1 \leqslant l \leqslant M$），由此构成 $\pi^* = (\pi_i^*)$，$\boldsymbol{P}^* = \left[p_{ij}^*\right]$，$\boldsymbol{B}^* = \left[b_i^*(l)\right]$，即 $\lambda^* = \{\pi^*, \boldsymbol{P}^*, \boldsymbol{B}^*\}$。这样就完成了一次 MDEM 迭代。然后再以 λ^* 作为初始模型 λ'，重复之前的计算得到新的 λ^*，完成第二次迭代，依次类推下去。判断迭代是否终止，则需要在每一次 MDEM 迭代之后使用 Viterbi 算法得到能反映 $\Pr\{o \mid \lambda\}$ 大小的 $P^* = \max[\delta_{K-1}(i)] \mid_{1 \leqslant i \leqslant N}$，然后判断其与相邻前一值（不妨记作 P_{pre}^* ）的差距是否小于 ε。若 $\mid P^* - P_{\text{pre}}^* \mid \leqslant \varepsilon$ 成立，则终止 MDEM 迭代过程，得到针对 $\{o_1, o_2, \cdots, o_{K-1}\}$ 的最优模型参数 $\lambda^* = \{\pi^*, \boldsymbol{P}^*, \boldsymbol{B}^*\}$，同时也得到与 $\{o_1, o_2, \cdots, o_{K-1}\}$ 相对应的最优状态序列 $\{q_1, q_2, \cdots, q_{K-1}\}$；否则继续迭代，直至达到最大的迭代次数。如果在达到最大迭代次数时仍然不满足 $\mid P^* - P_{\text{pre}}^* \mid \leqslant \varepsilon$ 条件，则给出 MDEM 算法不收敛警告，同时退出本次迭代。只要初始模型选择合适，时延序列量化合理，一般经过几十步迭代后都能按

照期望的误差收敛。

这些 MDEM 迭代过程和 Viterbi 算法是在控制器接收到传感器的第 K 次采样数据之后，计算第 K 次采样周期内的控制律 u_K 之前实现的，但此时第 K 次前向网络传输还未发生，所以 τ_K 和 q_K 是未知的。为了在 u_K 中实现对 τ_K 的补偿，我们需要对 τ_K 进行预测（定义预测值为 $\hat{\tau}_K$，类似定义 q_K 、 o_K 的预测值为 $\hat{q}_K$ 、 $\hat{o}_K$ ）。

由于时延预测与时延量化方法是紧密关联的，所以根据不同的时延量化方法，本书的时延预测方法主要分为两种：基于平均量化的时延预测、基于K-均值聚类量化的时延预测。

3.4.1　基于平均量化的时延预测

平均量化法将时延所在范围平均分成 M 个完备子区间[式（3.1）]，那么在时延预测时，预测值的选取同样与这 M 个子区间有关。第 K 个采样周期内的时延预测方法如下：

（1）由 λ^* 和 q_{K-1} 预测第 K 次前向网络传输过程中最有可能的网络状态 $\hat{q}_K$ ：

$$\hat{q}_K = \arg\max_{1\leqslant j\leqslant N}(p^*_{q_{K-1},j}),\quad \hat{q}_K \in Q \tag{3.32}$$

（2）由 λ^* 和 $\hat{q}_K$ 预测第 K 次前向网络传输过程中最有可能的时延量化值 $\hat{o}_K$ ：

$$\hat{o}_K = \arg\max_{1\leqslant l\leqslant M}\left[b^*_{\hat{q}K}(l)\right],\quad \hat{o}_K \in O \tag{3.33}$$

（3）根据时延标量量化方法和 $\hat{o}_K$ 预测网络时延值 $\hat{\tau}_K$ ：

$$\hat{\tau}_K = \frac{1}{2}(h_{\hat{o}_K} - h_{\hat{o}_K-1})\text{，其中 } h_0 = 0\text{，}\ h_M = h \tag{3.34}$$

此处，第 K 个采样周期内的时延预测值 $\hat{\tau}_K$ 取自时延所在量化子区间的中点。

不难发现，这些预测过程是以时延量化序列 o（$o=\{o_1,o_2,\cdots,o_{K-1}\}$）、DTHMM 模型参数估计 $\lambda^*[\lambda^*=(\pi^*,\ P^*,\ B^*)]$、最优网络状态估计 q（$q=\{q_1,q_2,\cdots,q_{K-1}\}$）为基础的。式（3.32）预测了第 K 个采样周期内出现概率最大的网络状态 $\hat{q}_K$ ，式（3.33）预测了第 K 个采样周期内的网络时延 τ_K 最

有可能的量化值（用 $\hat{o}_K$ 表示），由此可知 τ_K 落在子区间 $\left(h_{\hat{o}_K-1},h_{\hat{o}_K}\right]$ 内。在前两个预测的基础上，式(3.34)得到了第 K 个采样周期内网络时延的预测值 $\hat{\tau}_K$，且这个预测值取自 τ_K 所在子区间的中点。这样选取预测值是出于一种折中考虑，因为从时延量化和预测方法来看，很难得到时延的具体预测值。选择子区间中点作为预测值旨在保证时延预测在统计意义上的误差较小。可以肯定的是，该预测方法保证了实际网络时延所在子区间与其预测值所在子区间相同。当时延量化子区间足够多时，这种预测方法得到的时延预测值就能足够接近其实际值，通过补偿这些时延预测值足以保证系统的稳定性。

当时延落在某一量化子区间{比如 $\left(h_{l-1},\ h_l\right]$，$1\leqslant l\leqslant M$}上时，时延预测值为 $\frac{1}{2}\left(h_l-h_{l-1}\right)$，但时延实际值可能是该子区间内的任一值。根据式（3.34），可以计算出在量化子区间 $\left(h_{l-1},\ h_l\right]$ 上时，延预测值与时延实际值之间的最大允许相对误差（maximum allowed relative error, MARE）范围是：

$$\frac{\dfrac{\left(h_l-h_{l-1}\right)}{2-h_{l-1}}}{h_{l-1}}\times 100\%\sim\frac{\dfrac{\left(h_l-h_{l-1}\right)}{2-h_l}}{h_l}\times 100\%,\ 1\leqslant l\leqslant M \tag{3.35}$$

不难发现，在式(3.1)所示的完备子区间集合中靠右的子区间上的 MARE 小于靠左的子区间上的 MARE。所以，当实际时延落在这些子区间集合中靠右的子区间上时，为了保证时延预测值与实际值落在相同的子区间内，对时延预测精度的要求也相应提高了。反之，当实际时延落在这些子区间集合中靠左的子区间上时，尽管时延预测精度相对较低，比如式（3.34），但仍然可以保证时延预测值与实际值落在相同的子区间内。不同量化子区间对时延预测精度的不同要求正好符合了不同时延对系统性能的影响程度不同这一事实。一般而言，较小的网络时延对系统性能的影响也较小，此时只需要对时延进行粗略预测就可以补偿该时延对系统性能的影响；而当时延较大时，由于大时延对系统影响较大，因此需要精度较高的时延预测才能很好地补偿时延对系统性能的影响。

基于平均量化的时延预测方法，将当前采样周期内的网络时延预测值设置为该时延所在量化子区间的中点，这种方法在时延量化子区间足够多时可以保证系统稳定所需要的时延预测精度和时延补偿效果，这一点将会在本章

第 5 节的仿真实验中得到验证。

3.4.2　基于 K–均值聚类量化的时延预测

当时延量化方法是基于 K–均值聚类算法时，可以设计出更高精度的时延预测方法。针对第 K 个采样周期内的时延预测方法具体如下：

（1）由 λ^* 和 q_{K-1} 预测第 K 次前向网络传输过程中最有可能的网络状态 $\hat{q}_K$：

$$\hat{q}_K = \arg\max_{1\leqslant j\leqslant N}(p^*_{q_{K-1},j})\text{，}\quad \hat{q}_K \in Q \tag{3.36}$$

（2）由 λ^* 和 $\hat{q}_K$ 预测第 K 次前向网络传输过程中最有可能的时延量化值 $\hat{o}_K$：

$$\hat{o}_K = \arg\max_{1\leqslant l\leqslant M}\left[b^*_{\hat{q}K}(l)\right]\text{，}\quad \hat{o}_K \in O \tag{3.37}$$

（3）根据 K–均值聚类量化算法和 $\hat{o}_K$ 预测网络时延值 $\hat{\tau}_K$：

$$\hat{\tau}_K = c_{\hat{o}_K}\text{，}\quad \hat{\tau}_K \in (0,h] \tag{3.38}$$

此处，第 K 个采样周期内的时延预测值 $\hat{\tau}_K$ 取自时延所在类的聚类中心。

式（3.36）和式（3.32）在形式和意义上相同，而式（3.37）与式（3.33）仅在形式上相同，但意义不同。式（3.33）旨在预测时延所在的子区间，而式（3.37）旨在预测时延所在的类。所以，式（3.37）中预测到的时延量化值 $\hat{o}_K$ 表明 τ_K 时延分布在类 $C_{\hat{o}_K}$ 中，即 $\tau_K \in C_{\hat{o}_K}$。然后，聚类中心因为作为一个类的代表而被选为落在这类中的时延的预测值，即 $\hat{\tau}_K = c_{\hat{o}_K}$。这种时延预测方法保证了时延预测值所属的类与其实际值所属的类相同。只要 K–均值聚类中包含了足够多的类，那么可以通过补偿时延预测值来保证 NCS 的性能和稳定性。

由于在 K–均值聚类量化中也根据相邻两类之间的边界设计了构成时延范围的完备子区间，如式(3.5)所述，其中每个子区间的长度并不相同。当 $\hat{\tau}_K = c_{\hat{o}_K}$（即 $\tau_K \in C_{\hat{o}_K}$）时，则有

$$\hat{\tau}_k \in \left(h_{\hat{o}_K-1}, h_{\hat{o}_K}\right] \tag{3.39}$$

式（3.39）表明当前采样周期的时延预测值落在子区间 $\left(h_{\hat{o}_K-1}, h_{\hat{o}_K}\right]$ 内，不仅如此，该预测值其实就等于该子区间内的聚类中心，即 $\hat{\tau}_K = c_{\hat{o}_K} \in \left(h_{\hat{o}_K-1}, h_{\hat{o}_K}\right]$。但时延的实际值可能是该子区间内的任一值。类似于平均量化法，也可以计算出在子区间 $\left(h_{\hat{o}_K-1}, h_{\hat{o}_K}\right]$ 上时延预测值与时延实际值之间的最大允许相对误

差（MARE）范围是：

$$\frac{c_{\hat{o}_K}-h_{\hat{o}_K-1}}{h_{\hat{o}_K-1}}\times 100\% \sim \frac{c_{\hat{o}_K}-h_{\hat{o}_K}}{h_{\hat{o}_K}}\times 100\% \tag{3.40}$$

推而广之，对于式（3.5）所述的全部子区间$\left(h_{i-1},h_i\right]$（$1\leqslant i\leqslant M$），每个子区间上时延预测值与其实际值之间的最大允许相对误差（MARE）范围是：

$$\frac{c_l-h_{l-1}}{h_{l-1}}\times 100\% \sim \frac{c_l-h_l}{h_l}\times 100\%,\ 1\leqslant l\leqslant M \tag{3.41}$$

通过本章第 2 节的分析可知，基于 K-均值聚类的时延量化方法优于平均量化方法，这也使得基于 K-均值聚类量化的时延预测方法比基于平均量化的时延预测方法更优越。二者之间的对比实验将在下一节给出。

3.5 仿真实验

为了验证基于 DTHMM 的 NCS 前向网络时延建模与预测方法的有效性，本章做了一系列对比仿真实验。

仿真实验是利用 TrueTime1.5 实现的，实验平台的具体构建方法详见本书第 8 章。这里简单介绍仿真实验时的参数设置。仿真实验采用图 1.11 所示的 NCS 结构，其中受控对象为第 2 章介绍的阻尼复摆，传感器为时间驱动，采样周期为 0.4s（$h=0.4$），控制器和执行器均为事件驱动。传感器和控制器直接相连，控制器和执行器之间用以太网（Ethernet）连接，Ethernet 的传输速率设置成 8×10^4Bits/s，数据包大小为 64Bits，而且网络中不存在数据包丢失和多包传输现象。由于仿真实验是在一台计算机上实现的，所以在 NCS 网络上设置了一个干扰节点，这个干扰节点以比传感器更低的采样周期通过网络向自身发送大小随机变化的数据包，其目的在于随机占用网络带宽，从而产生随机变化的前向网络时延，也称作控制器到执行器（Controller-to-Actuator，C−A）时延，并且假设 C−A 时延不大于一个采样周期（即 $\tau\leqslant h$）。

为了建立前向网络的 DTHMM 随机时延模型，首先假设构成隐 Markov 链的网络状态的个数为 3，所以有：

$$N=3,\quad Q=\{1,2,3\} \tag{3.42}$$

其中，N 表示 DTHMM 中的网络状态数，Q 表示网络状态空间。

需要对 C−A 时延进行标量量化处理，我们不妨先采用平均量化方法。假设 C−A 时延范围被平均地划分为 5 个完备子区间，所以有：

$$M = 5\text{，}\quad O = \{1,2,3,4,5\} \tag{3.43}$$

$$(0,0.4] = (0,0.08] \cup (0.08,0.16] \cup (0.16,0.24] \cup (0.24,0.32] \cup (0.32,0.4] \tag{3.44}$$

其中，M 表示 DTHMM 中的时延量化数，O 表示时延量化空间。式（3.44）给出了时延平均量化中完备子区间的构成。依据式（3.1）可得，$h_0 = 0$，$h_1 = 0.08$，$h_2 = 0.16$，$h_3 = 0.24$，$h_4 = 0.32$，$h_5 = 0.4$。

在第 k 个采样周期内，控制器已经收集到之前全部 $k-1$ 个采样周期内的 C−A 时延数据 $\tau = \{\tau_1, \tau_2, \cdots, \tau_{k-1}\}$，并按照平均量化方法得到相应的时延量化序列 $o = \{o_1, o_2, \cdots, o_{k-1}\}$。将序列 o 作为 DTHMM 的输入，采用 MDEM 算法可以得到 DTHMM 模型参数的最优估计 $\lambda^*=(\pi^*, \boldsymbol{P}^*, \boldsymbol{B}^*)$，再采用 Viterbi 算法可以得到与时延序列 τ 相对应的最有可能的网络状态序列 $q = \{q_1^*, q_2^*, \cdots, q_{k-1}^*\}$。那么，利用式（3.32）和式（3.33）可以预测出当前采样周期内 C−A 时延 τ_k 的量化值 $\hat{o}_k$，由此可知 τ_k 处在量化子区间 $\left(h_{\hat{o}_k-1}, h_{\hat{o}_k}\right]$ 内，然后再利用式（3.34）就能得到当前采样周期内 C−A 时延 τ_k 的预测值 $\hat{\tau}_k$。

经过 500 个采样周期，控制器收集到的 C−A 时延实际值如图 3.8 所示，其中从第 1 个采样周期到第 120 个采样周期内的时延以及从第 281 个采样周期到第 400 个采样周期内的时延都分布在第 2 个量化子区间(0.08,0.16]内；从第 121 个采样周期到第 280 个采样周期内的时延以及从第 401 个采样周期到第 500 个采样周期内的时延都分布在第 3 个量化子区间(0.16,0.24]内。

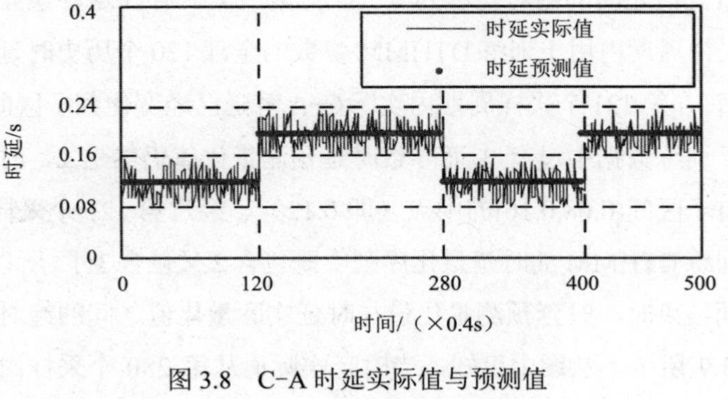

图 3.8　C−A 时延实际值与预测值

在每个采样周期（比如k）内，都会将之前的所有采样周期内的时延数据平均量化，得到相应的时延量化序列$o=\{o_1,o_2,\cdots,o_{k-1}\}$。根据平均量化方法可知，分布在子区间(0.08,0.16]内的时延经量化后得到的值均为 2，而分布在子区间(0.16,0.24]内的时延经量化后得到的值均为 3，所以量化序列o的元素取值为 2 或 3。以量化序列o作为 DTHMM 模型训练的输入，利用 MDEM 算法可以得到 DTHMM 参数的最优估计$\lambda^*=(\boldsymbol{\pi}^*,\boldsymbol{P}^*,\boldsymbol{B}^*)$。比如，在第 500 个采样周期内，基于对过去 499 个 C–A 时延数据$\{\tau_1,\tau_2,\cdots,\tau_{499}\}$平均量化产生的序列$\{o_1,o_2,\cdots,o_{499}\}$，使用 MDEM 算法可以得到 DTHMM 参数的最优估计为：

$$\boldsymbol{\pi}^*=\begin{pmatrix}1 & 0 & 0\end{pmatrix},\ \boldsymbol{P}^*=\begin{pmatrix}0.9917 & 0.0054 & 0.0029\\ 0.0028 & 0.8555 & 0.1416\\ 0.0101 & 0.8432 & 0.1467\end{pmatrix},\ \boldsymbol{B}^*=\begin{pmatrix}0&1&0&0&0\\0&0&1&0&0\\0&0&1&0&0\end{pmatrix}$$

在每一个采样周期内获得 DTHMM 的参数以后，就可以预测当前采样周期内的 C–A 时延了。实验中 500 个采样周期内的 C–A 时延预测值如图 3.8 所示。从图中可以看出，从第 1 个采样周期到第 120 个采样周期内的时延实际值都分布在子区间(0.08,0.16]内，时延预测值均为 0.12，是子区间(0.08,0.16]的中点；这就意味着第 1 个采样周期到第 120 个采样周期内的时延预测值和实际值都落在同一个子区间(0.08,0.16]内，所以，时延实际值对应的量化值与时延预测值对应的量化值之间的绝对误差为零。然而，在第 121 个采样周期内，尽管此时时延实际值已经变化到子区间(0.16, 0.24]内，相应的时延量化值由 2 变成了 3，但是该周期预测到的时延量化值却仍然是 2，时延预测值也仍然是 0.12，仍然没有跳出子区间(0.08,0.16]，从而导致在第 121 个采样周期内的时延预测量化值与时延实际量化值之间的绝对差不为零（实际为–1）。存在这种误差的原因是在第 121 个采样周期内用于训练 DTHMM 参数的全部 120 个历史时延量化值都是 2。因此，尽管在第 121 个采样周期内实际 C–A 时延已经变化到子区间(0.16, 0.24]内，但由于训练数据中没有 3 而导致时延预测量化值仍然是 2，时延预测值也就仍然取自子区间(0.08,0.16]的中点（即 0.12）。经过第 121 个采样周期以后，那些用来训练 DTHMM 的时延量化序列中既包含 2 又包含 3 了，所以直到第 500 个采样周期结束时，时延预测量化值与时延实际量化值之间的绝对误差一直为零，如图 3.9 所示。从图中可知，当时延实际值从第 280 个采样周期内处于子区间(0.16, 0.24]（量化值为 3）变化到第 281 个采样周期内处于子区间(0.08, 0.16]（量化值为 2）时，以及从第 400 个采样周期内处于子区间(0.08, 0.16]（量化值为 2）变化到第 401 个采样周期内处于子区间(0.16, 0.24]（量化值为 3）时，时延预测量化值也都能够跟随变化，没有造成与时延实际量化值之间的绝对误差。

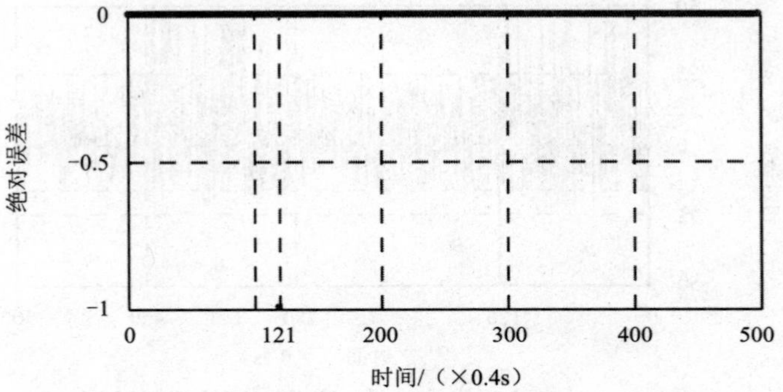

图 3.9　时延预测量化值与时延实际量化值之间的绝对误差

在这 500 个采样周期的仿真实验中，除了第 121 个采样周期，其他采样周期内的时延预测量化值与时延实际量化值之间的绝对误差均为零，但这并不意味着时延预测值与时延实际值之间没有误差。毕竟量化值只能表明时延所处的子区间，并不能给出时延的具体数值。事实上，时延预测值仅取自其所在子区间的中点，而时延实际值则可以取到其所在子区间中的任一值，因此，时延实际值与预测值之间总是存在相对误差的。

根据平均量化时延预测方法中的式（3.35）可以计算出每一个量化子区间内最大允许相对误差（MARE）分别为：

$$\begin{cases}(0.00,0.08]:+\infty\sim-50\%\\(0.08,0.16]:+50\%\sim-25\%\\(0.16,0.24]:+25\%\sim-17\%\\(0.24,0.32]:+17\%\sim-12.5\%\\(0.32,0.40]:+12.5\%\sim-10\%\end{cases}$$

时延预测值与实际值之间的相对误差如图 3.10 所示。类似地，除了第 121 个采样周期内二者的相对误差（−44.47%）超出了该周期时延所在子区间的 MARE{[−17%, 25%)}，其他所有采样周期内的相对误差没有超出各个周期时延所在子区间的 MARE。即：从第 1（或 281）个采样周期到第 120（或 400）个采样周期内的时延预测值与实际值之间的相对误差均落在[-25%, 50%)内；从第122（或401）个采样周期到第280（或500）个采样周期内的时延预测值与实际值之间的相对误差均落在[-17%, 25%)内。这个仿真结果表明本章提出的基于DTHMM的网络时延建模方法以及基于平均量化的时延预测方法是有效的。

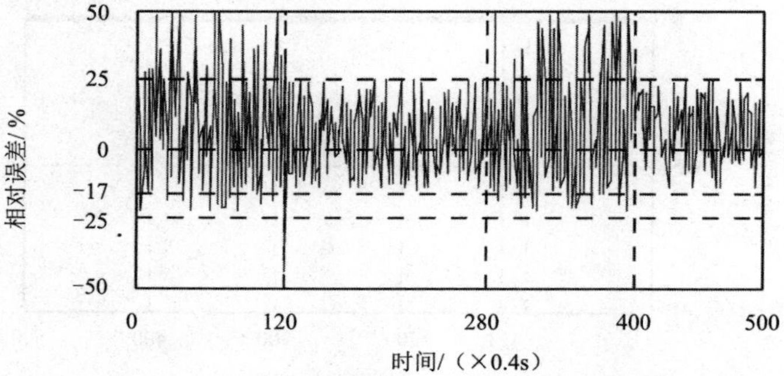

图3.10　时延预测值与时延实际值之间的相对误差

前面我们针对时延的DTHMM建模以及平均量化做了仿真验证，下面通过对比实验验证基于K-均值聚类的量化方法比平均量化优越。在前面的仿真实验中，时延分布的规律性很明显，不具备完全随机的特点，这与实际网络环境不完全相符。因此，在对比平均量化和K-均值聚类量化的实验中，我们将选取完全随机的网络时延。在平均量化方法中仍然根据式（3.44）将时延范围(0,0.4]平均成5个完备子区间，为了便于对比，在K-均值聚类量化方法中也将聚类类数设为5。在每一个采样周期内分别采用平均量化和K-均值聚类量化两种方法进行时延的量化与预测，二者所处的NCS系统结构、网络环境和参数设计完全一样，仅有的区别就在于时延量化方法和时延预测值选取两个方面的不同。时延平均量化与预测方法与之前的仿真实验相同。基于K-均值聚类的时延量化与预测方法如下：

Step1：设置聚类类数为5，基于K-均值聚类算法对历史时延实际值进行量化处理得到时延量化序列；

Step2：以时延量化序列作为DTHMM的输入，采用MDEM算法估计出DTHMM参数的最优解；

Step3：基于K-均值聚类算法实现当前采样周期的时延预测，选取聚类中心作为时延预测值。

经过 200 个采样周期后，时延实际值，基于平均量化的时延预测值以及基于 *K*–均值聚类量化的时延预测值如图 3.11 所示，其中“•”表示时延实际值，“×”表示基于平均量化的时延预测值，“∗”表示基于 *K*–均值聚类量化的时延预测值。为了便于对比这两种时延预测方法，图 3.12 给出了两种预测方法的相对误差，其中“×”表示平均量化方法下的时延预测值与实际值之间的相对误差，“∗”表示 *K*–均值聚类量化方法下的时延预测值与实际值之间的相对误差。

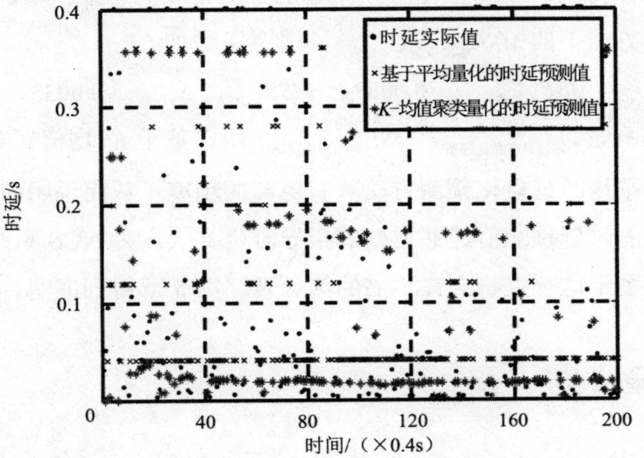

图 3.11　时延实际值及不同量化方法下的时延预测值

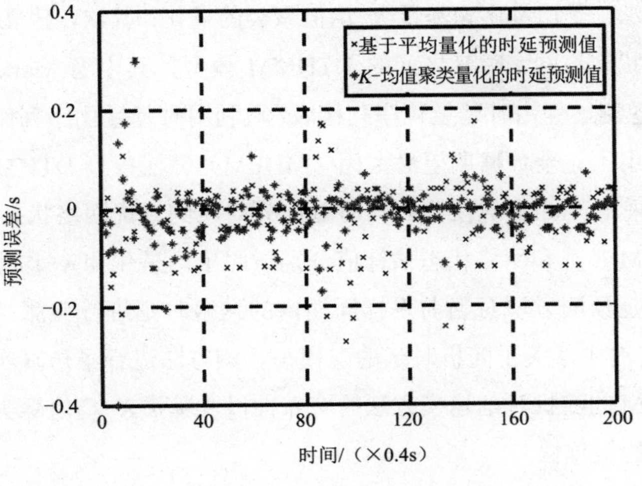

图 3.12　不同时延预测方法的绝对误差

由图 3.12 可以看出，符号“∗”比符号“×”在统计意义上更加靠近零点。为了使这种对比效果更加清晰，下面给出二者在均方误差（mean square error, MSE）意义下的数值分析，MSE 越小说明预测精度越高。

定义均方误差（MSE）如下：

$$MSE = \frac{1}{K}\sum_{k=1}^{K}\left(\hat{\tau}_k - \tau_k\right)^2 \tag{3.45}$$

通过计算得到，平均量化与预测方法下的 $MSE_{平均量化预测}$ 以及 K-均值聚类量化与预测方法下的 $MSE_{K\text{-}均值聚类量化预测}$ 分别为：

$$MSE_{平均量化预测}=0.0068，\quad MSE_{K\text{-}均值聚类量化预测}=0.0033 \tag{3.46}$$

显然有 $MSE_{K\text{-}均值聚类量化预测} < MSE_{平均量化预测}$，所以基于 K-均值聚类的时延量化预测方法比平均时延量化预测方法具有更高的精度，从而说明前者优于后者。

精度高的时延预测值能够更好的指导时延补偿，为 NCS 系统提供更好的性能表现，关于这一点将会在本书的第 4 章、第 5 章得到证明。

3.6 本章小结

本章旨在建立 NCS 前向通道中网络状态与网络时延之间的 DTHMM 模型，并实现对前向时延的在线预测。为此，本章首先介绍了网络时延的两种标量量化方法：平均量化和基于 K-均值聚类的量化；其次，建立了 NCS 前向通道中网络状态与网络时延之间的 DTHMM 模型，其中隐 Markov 链由网络状态构成，观测过程由时延量化序列构成；再利用时延量化序列作为 DTHMM 的输入，采用不完全数据期望最大化（MDEM）算法得到 DTHMM 参数的最优估计，并采用 Viterbi 算法得到与时延序列对应的最优网络状态序列；再次，基于 DTHMM 参数和网络状态估计值分别按照平均量化和 K-均值聚类量化衍生的不同时延预测方法对当前采样周期内的网络时延进行预测；最后，借助 TrueTime1.5 对本章关于随机时延的建模与预测方法进行了仿真实验，证明了基于 DTHMM 的随机时延建模方法的有效性以及基于 K-均值聚类的时延量化与预测方法的优越性。

第 4 章　基于 DTHMM 的 NCS 状态反馈控制

4.1　引言

使用第 2 章 2.5 节式（2.39）所设计的状态反馈控制律可以使得阻尼复摆系统获得图 2.10 所示的良好的阶跃响应。然而，当使用共享网络来实现该状态反馈控制律的反向传输时，阻尼复摆系统就转化为一个存在前向网络时延的 NCS，原来的状态反馈控制律将无法继续保证该系统具有如图 2.10 所示的性能表现。事实上，此时系统会变得不稳定。因此，需要设计适应于网络反馈方式下的状态反馈控制器。尤其当引入 DTHMM 建立了 NCS 的随机时延模型后，如何设计一个合适的状态反馈控制器来重新获得系统的稳定性就变得尤为重要和迫切。

本章以第 3 章的研究结果为基础，把第 3 章获得的当前采样周期内前向网络时延的预测值 $\hat{\tau}_k$ 考虑到状态反馈控制器的设计中，从而直接补偿网络时延 τ_k （τ_k 是与 $\hat{\tau}_k$ 对应的实际值）对 NCS 性能的负面影响。为此，本章首先根据网络状态的 Markov 链特性将 NCS 建模成一个典型的离散时间马尔可夫跳变线性系统（MJLS），这样就可以借助 MJLS 中的稳定性理论研究 NCS 随机稳定的充分条件；然后根据这些条件设计状态反馈控制器，并将时延预测值考虑到控制器设计中，以补偿时延对系统性能的影响；最后通过仿真实验验证该状态反馈控制器的有效性，并且通过对比实验说明使用基于 K-均值聚类量化的时延预测值设计的状态反馈控制器具有比使用基于平均量化的时延预测值设计的状态反馈控制器更好的时延补偿效果。

4.2 马尔可夫跳变线性系统模型

仍然考虑图 1.11 所示的仅有前向网络的 NCS，通过引入 DTHMM 建立前向通道网络状态与网络时延之间的如式（3.7）所描述的概率模型，并采用不完全数据期望最大化（MDEM）算法获得 DTHMM 模型参数的最优估计，详见式（3.29）～式（3.31）；进一步采用 Viterbi 算法得到最优状态序列估计，详见定义 3.2。最后，分别基于平均量化法和 K-均值聚类量化法预测当前（第 k 个）采样周期内前向通道的网络状态 $\hat{q}_k$ 和网络时延 $\hat{\tau}_k$，详见式（3.32）、式（3.34）、式（3.36）、式（3.38）。在完成前向网络时延的建模与预测后，本章将根据时延预测值设计出可以保证 NCS 系统稳定的状态反馈控制器。为此，首先需要为引入 DTHMM 随机时延模型的 NCS 建立合适的数学模型，考虑到网络状态跳变的 Markov 特性，本章将把具有前向网络时延的 NCS 建模成离散时间马尔可夫跳变线性系统（Discrete-Time Markovian Jump Linear System, DTMJLS）。

设被控对象的一般连续时间模型为：

$$\begin{cases}\dot{x}(t)=\boldsymbol{A}_1x(t)+\boldsymbol{A}_2\mu(t)\\ y(t)=\boldsymbol{C}x(t)\end{cases} \tag{4.1}$$

其中，$x(t)\in R^n$ 是 n 维状态矢量，$u(t)\in R^m$ 是 m 维输入矢量，$y(t)\in R^w$ 是 w 维输出矢量，$\boldsymbol{A}_1$、$\boldsymbol{A}_2$、$\boldsymbol{C}$ 是维数适当的系数矩阵，本书仅考虑全状态反馈情况。

当 NCS 仅有前向网络时延 τ_k（τ_k 表示第 k 个采样周期内的前向网络时延，图 1.11）且网络时延不大于一个采样周期（即 $\tau_k \leqslant h$）时，系统（4.1）经离散化处理后可以得到：

$$\begin{cases}x_{k+1}=\boldsymbol{\Phi}x_k+\Gamma_0\left(\hat{\tau}_k\right)u_k+\Gamma_1\left(\hat{\tau}_k\right)u_{k-1}\\ y_k=Cx_k\end{cases} \tag{4.2}$$

其中，$\boldsymbol{\Phi}=\mathrm{e}^{A_1h}$，$\Gamma_0(\hat{\tau}_k)=\int_0^{h-\hat{\tau}k}\mathrm{e}^{A_1S}\mathrm{d}sA_2,\Gamma_1(\hat{\tau}_k)=\int_{h-\hat{\tau}k}^{h}\mathrm{e}^{A_1S}\mathrm{d}sA_2$。

从式（4.2）可以看出，当前采样周期（不妨记为第 k 个采样周期）的网络时延预测值 $\hat{\tau}_k$ 已经被考虑进去了。这里的预测值 $\hat{\tau}_k$ 是根据第 3 章的时延建模和预测方法得到的，可以是基于平均量化得到的预测值，见式（3.34），也可以是基于 K-均值聚类量化得到的预测值，见式（3.38）。所以，本章的状态反馈控制器设计是在第 3 章的基础上进行的。由于当前采样周期的时延被预测出来并被考虑到控制器设计中，因此为系统（4.2）设计的状态反馈控制器 u_k 可以“直接”补偿当前采样周期内前向网络时延 τ_k 对 NCS 的负面影响。所谓“直接”，就是因为该补偿策略（即状态反馈控制器设计方法）是建立在时延预测基础之上的。

如果系统(4.1)是可随机镇定的，则可以设计一个线性状态反馈控制器[式（4.3）]来保证系统（4.1）的随机稳定性，其中 $S(\hat{\tau}_k,\hat{q}_k)$ 是一个与当前采样周期内的网络状态预测值 $\hat{q}_k$ 和网络时延预测值 $\hat{\tau}_k$ 有关的待定系数，是状态反馈控制器的主要设计任务。

$$u_k = S(\hat{\tau}_k,\hat{q}_k)x_k \tag{4.3}$$

将式（4.3）代入式（4.2）可以得到闭环状态方程如下：

$$x_{k+1} = [\Phi + \Gamma_0(\hat{\tau}_k)S(\hat{\tau}_k,\hat{q}_k)]x_k + \Gamma_1(\hat{\tau}_k)S(\hat{\tau}_k,\hat{q}_k)x_{k-1} \tag{4.4}$$

当时延量化方法为平均量化时，式（4.4）中的预测值 $\hat{q}_k$ 和 $\hat{\tau}_k$ 分别出自第 3 章的式(3.32)和式(3.34)；当时延量化方法为 K-均值聚类量化时，式(4.4)中的预测值 $\hat{q}_k$ 和 $\hat{\tau}_k$ 分别出自第 3 章的式（3.36）和式（3.38）。然而，不管是用哪一种量化方法，都可以发现这两个预测值（$\hat{q}_k$ 和 $\hat{\tau}_k$）均受控于前一个网络状态 q_{k-1}。所以，反馈系数 $S(\hat{\tau}_k,\hat{q}_k)$ 受控于网络状态 q_{k-1}。类似地，$\Gamma_0(\hat{\tau}_k)$ 和 $\Gamma_1(\hat{\tau}_k)$ 也都受控于网络状态 q_{k-1}。

方便起见，对于 $q_{k-1}=i\,[\,i\in Q=\{1,2,\cdots,N\}\,]$，将 $\Gamma_0(\hat{\tau}_k)$、$\Gamma_1(\hat{\tau}_k)$ 和 $S(\hat{\tau}_k,\hat{q}_k)$ 分别简记为 Γ_{0i}、Γ_{1i} 和 S_i。那么，闭环状态方程（4.4）可以重写为：

$$x_{k+1} = (\Phi + \Gamma_{0i}S_i)x_k + \Gamma_{1i}S_i x_{k-1} \tag{4.5}$$

若定义增广状态向量 $\tilde{x}_k$ 为：

$$\widetilde{x}_k = (x_k^{\mathrm{T}} \quad x_{k-1}^{\mathrm{T}})^{\mathrm{T}} \tag{4.6}$$

那么，式（4.5）可写成：

$$\widetilde{x}_{k+1} = \widetilde{\Phi}_i\widetilde{x}_k \tag{4.7}$$

其中，$\widetilde{\Phi}_i = \begin{pmatrix} \Phi + \Gamma_{0i}S_i & \Gamma_{1i}S_i \\ 1 & 0 \end{pmatrix}$，$i\in Q$，且 $x_{-1}=0$。

式（4.7）中的 S_i 等价于式（4.3）中的 $S(\hat{\tau}_k,\hat{q}_k)$，所以设计式（4.7）中的 S_i 就是设计式（4.3）中的 $S(\hat{\tau}_k,\hat{q}_k)$，反之亦然。

随着前向通道中的每一次网络传输，网络状态都会在其状态空间 Q [$Q=\{1,2,\cdots,N\}$]内发生一次跳变。而且，由网络状态和网络时延之间的 DTHMM 可知，网络状态 q_{k-1}（$q_{k-1}\in Q$）的跳变服从 Markov 链分布，即：

$$\Pr\{q_{k-1}\mid q_{k-2},q_{k-3},\cdots,q_1;\lambda\}=\Pr\{q_{k-1}\mid q_{k-2};\lambda\} \tag{4.8}$$

由 q_{k-1} 的 Markov 特性可知，式（4.7）中的系数矩阵 $\widetilde{\Phi}_i$（$i=q_{k-1}\in Q$）也将按照 Markov 特性在某一离散有限状态空间（$\tilde{Q}$）内跳变，从而使得式（4.7）所描述的系统变成一个典型的离散时间马尔可夫跳变线性系统（MJLS）。既然式（4.7）所描述的系统与式（4.2）所描述的系统等价，那么第 k 个采样周期内的时延预测值 $\hat{\tau}_k$ 也就被考虑到了系统（4.7）中。因此，针对系统（4.7）设计的状态反馈控制器同样适应于系统（4.2）。而系统（4.7）又是一个典型的离散 MJLS，其 Markov 特性源自网络状态 q_{k-1} 的 Markov 特性，因此可以借助离散 MJLS 中的稳定性理论设计出系统（4.2）的状态反馈控制器，且该控制器由于考虑了时延 τ_k 的预测值 $\hat{\tau}_k$ 而可以直接补偿时延 τ_k 对系统（4.2）的负面影响。

4.3 系统随机稳定条件研究

本章设计状态反馈控制器的目的在于保证基于 DTHMM 随机时延模型的 NCS 是稳定的，所以我们要先研究 NCS 随机稳定的条件。

在 4.2 中已经将基于 DTHMM 随机时延模型的 NCS 建模成了一个典型的离散 MJLS，因此首先根据第 2 章关于 MJLS 的稳定性概念给出式（4.7）描述的离散 MJLS 随机稳定的一般定义。

定义 4.1： 对于式（4.7）描述的 MJLS，如果对任意初始状态 $\widetilde{x}_0$、$q_0\in Q$，存在一个仅与 $\widetilde{x}_0$、q_0 有关的确定常数 $\Lambda(\widetilde{x}_0,q_0)>0$，满足：

$$\lim_{K\to\infty}E\left\{\sum_{k=0}^{K}\widetilde{x}_k^{\mathrm{T}}(\widetilde{x}_0,q_0)\widetilde{x}_k(\widetilde{x}_0,q_0)\mid\ \widetilde{x}_0,q_0\right\}\leqslant\Lambda(\widetilde{x}_0,q_0)$$

那么，式（4.7）描述的 MJLS 是随机稳定的。

下面的定理 4.1 将给出保证系统（4.7）随机稳定的一个充分条件，为了证明这个定理，需要使用矩阵论中关于 Rayleigh 熵的一个结论，此处以引理的形式给出这个结论。

引理 4.1（Rayleigh 熵引理）：设 Hermite 矩阵 $D = D^{\mathrm{H}} \in R^{n\times n}$（^{H}表示矩阵的共轭转置）有特征值和特征向量：

$$Dx_j = \lambda_j x_j\,,\quad j = 1,2,\cdots,n$$

其中，特征值按降序排列 $\lambda_1 \geqslant \lambda_2 \geqslant \cdots \geqslant \lambda_n$，则 Rayleigh 熵 $R(x) = \dfrac{x^{\mathrm{H}} Dx}{x^{\mathrm{H}} x}$（$x \neq 0$）具有如下性质：

$$\lambda_n \leqslant R(x) \leqslant \lambda_1,\quad \forall 0 \neq x \in R^n$$

关于 Rayleigh 熵引理的详细证明过程可以参考第 2.6 节的内容，考虑到本章的变量都出自实空间，所以在引理 4.1 中将 Hermite 矩阵限定在 $n\times n$ 维实数空间上。

下面给出保证闭环系统（4.7）随机稳定的一个充分条件。

定理 4.1：对于式(4.7)描述的 MJLS，若存在正定实对称矩阵 G 和 F_i（$i \in Q$），应满足下列线性矩阵不等式（LMI）：

$$\varXi_i = \begin{pmatrix} \varOmega_{11} & \varOmega_{12} \\ \varOmega_{21} & \varOmega_{22} \end{pmatrix} < 0,\quad i \in Q \tag{4.9}$$

其中：

$$\varOmega_{11} = (\varPhi + \varGamma_{0i} S_i)^{\mathrm{T}} \widetilde{F}_i (\varPhi + \varGamma_{0i} S_i) - F_1 + G$$

$$\varOmega_{12} = (\varPhi + \varGamma_{0i} S_i)^{\mathrm{T}} \widetilde{F}_i (\varGamma_{1i} S_i)$$

$$\varOmega_{21} = \varOmega_{12}^{\mathrm{T}}$$

$$\varOmega_{22} = (\varGamma_{1i} S_i)^{\mathrm{T}} \widetilde{F}_i (\varGamma_{1i} S_i) - G$$

$$\widetilde{F}_i = \sum_{j=1}^{N} p_{ij} F_j$$

则式（4.7）描述的 MJLS 是随机稳定的。

注：$\widetilde{F}$ 中的 p_{ij} 是 DTHMM 随机时延模型中隐 Markov 链的网络状态转移概率，具体定义见第 3.3 节。

证明：

针对式（4.7）描述的 MJLS，定义 Lyapunov 函数 $V(\cdot)$ 为：

$$V(x_k, x_{k-1}, q_k) = x_k^{\mathrm{T}} F_{q_k} x_k + x_{k-1}^{\mathrm{T}} G x_{k-1}$$

考虑到$\tilde{x}_k=(x_k^{\mathrm{T}} \quad x_{k-1}^{\mathrm{T}})^{\mathrm{T}}$，则 Lyapunov 函数$V(\cdot)$可写成：

$$V(x_k,x_{k-1},q_k)=(x_k^{\mathrm{T}} \quad x_{k-1}^{\mathrm{T}})\begin{pmatrix}F_{qk} & 0\\ 0 & G\end{pmatrix}\begin{pmatrix}x_k\\ x_{k-1}\end{pmatrix}=\tilde{x}_k^{\mathrm{T}}\psi(q_k)\tilde{x}_k=V(\tilde{x}_k,q_k)$$

其中，$\psi(q_k)\begin{pmatrix}F_{qk} & 0\\ 0 & G\end{pmatrix}$。既然矩阵$G$和$F_i$（$i\in Q$）都是正定实对称矩阵，那么$\psi(q_k)$也必是正定实对称矩阵。

当$q_k=i$时，将$V(\tilde{x}_k,q_k)$简记为：

$$V(\tilde{x}_k,i)\triangleq V(\tilde{x}_k,q_k)\big|_{q_k=i}$$

且有：

$$V(\tilde{x}_k,i)=\tilde{x}_k^{\mathrm{T}}\psi(i)\tilde{x}_k \tag{4.10}$$

其中，$\psi(i)=\psi(q_k)\Big|_{q_k=i}=\begin{pmatrix}F_{qk} & 0\\ 0 & G\end{pmatrix}\Bigg|_{qk=i}=\begin{pmatrix}F_i & 0\\ 0 & G\end{pmatrix}$。

若定义辅助变量$\tilde{E}V(\tilde{x},i)$为：

$$\tilde{E}V(\tilde{x},i)=E\{V(\tilde{x}_{k+1},q_{k+1})\big|\tilde{x}_k,q_k=i\}-V(\tilde{x}_k,q_k=i)$$

那么，根据网络状态q_k的 Markov 特性可以将辅助变量$\tilde{E}V(\tilde{x},i)$重写为：

$$=\tilde{x}_k^{\mathrm{T}}\tilde{\Phi}_i^{\mathrm{T}}\left(\sum_{j=1}^{N}p_{ij}\psi(j)\right)\tilde{\Phi}_i\tilde{x}_k-\tilde{x}_k^{\mathrm{T}}\psi(i)\tilde{x}_k$$

$$\begin{aligned}\tilde{E}V(\tilde{x},i)&=\tilde{x}_{k+1}^{\mathrm{T}}\left[\sum_{j=1}^{N}p_{ij}\psi(j)\right]\tilde{x}_{k+1}-\tilde{x}_k^{\mathrm{T}}\psi(i)\tilde{x}_k\\&=\tilde{x}_k^{\mathrm{T}}\tilde{\Phi}_i^{\mathrm{T}}\left[\sum_{j=1}^{N}p_{ij}\psi(j)\right]\tilde{\Phi}_i\tilde{x}_k-\tilde{x}_k^{\mathrm{T}}\psi(i)\tilde{x}_k\\&=\tilde{x}_k^{\mathrm{T}}\left\{\tilde{\Phi}_i^{\mathrm{T}}\left[\sum_{j=1}^{N}p_{ij}\psi(j)\right]\tilde{\Phi}_i-\psi(i)\right\}\tilde{x}_k\end{aligned}$$

将$\tilde{\Phi}_i=\begin{pmatrix}\Phi+\Gamma_{0i}Si & \Gamma_{1i}S_i\\ 1 & 0\end{pmatrix}$，$\psi(i)=\begin{pmatrix}F_i & 0\\ 0 & G\end{pmatrix}$代入上式，并且考虑到概率约束关系$\sum_{j=1}^{N}p_{ij}=1$，可以得到：

$$\tilde{E}V(\tilde{x},i)=\tilde{x}_k^{\mathrm{T}}\Xi\tilde{x}_k \tag{4.11}$$

其中，$\boldsymbol{\Xi}_i$的定义如同式（4.9）。考虑到矩阵$\boldsymbol{G}$和$\boldsymbol{F}_i$（$i\in Q$）都是正定实对称矩阵，所以$\boldsymbol{\Xi}_i$也是正定对称矩阵，即$\boldsymbol{\Xi}_i$是 Hermite 矩阵。[注：因为$\boldsymbol{F}_j$是正定

对称的，所以式（4.9）中的 $\widetilde{\boldsymbol{F}}_i$ 也是正定对称的，这样才有 $\Omega_{21}=\Omega_{12}^{\mathrm{T}}$。]

由定理 4.1 中的充分性条件可知：$\varXi_i<0$，即 $-\varXi_i>0$。不妨令：$\Theta_i=-\varXi_i$，则 Θ_i 亦为正定对称矩阵。那么式（4.11）可写成：

$$\widetilde{E}V(\widetilde{x},i)=-\widetilde{x}_k^{\mathrm{T}}\Theta\widetilde{x}_k$$

再结合式（4.10），则有：

$$\frac{\widetilde{E}V(\widetilde{x},i)}{V(\widetilde{x}_k,i)}=\frac{\widetilde{x}_k^{\mathrm{T}}\Theta_i\widetilde{x}_k}{\widetilde{x}_k^{\mathrm{T}}\psi(i)\widetilde{x}_k} \tag{4.12}$$

其中，Θ_i 和 $\psi(i)$ 正定对称，均为 Hermite 阵。所以 $\widetilde{x}_k^{\mathrm{T}}\Theta\widetilde{x}_k$ 和 $\widetilde{x}_k^{\mathrm{T}}\psi(i)\widetilde{x}_k$ 均正定，即有：

$$\widetilde{x}_k^{\mathrm{T}}\Theta\widetilde{x}_k>0,\ \widetilde{x}_k^{\mathrm{T}}\psi(i)\widetilde{x}_k>0$$

对于 Hermite 矩阵 Θ_i，由引理 4.1 可得：

$$0<\lambda_{\min}(\Theta_i)\widetilde{x}_k^{\mathrm{T}}\widetilde{x}_k\leqslant\widetilde{x}_k^{\mathrm{T}}\Theta\widetilde{x}_k\leqslant\lambda_{\max}(\Theta_i)\widetilde{x}_k^{\mathrm{T}}\widetilde{x}_k \tag{4.13}$$

同理，对于 $\psi(i)$ 有：

$$0<\lambda_{\min}[\psi(i)]\widetilde{x}_k^{\mathrm{T}}\widetilde{x}_k\leqslant\widetilde{x}_k^{\mathrm{T}}\psi(i)\widetilde{x}_k\leqslant\lambda_{\max}[\psi(i)]\widetilde{x}_k^{\mathrm{T}}\widetilde{x}_k \tag{4.14}$$

由式（4.13）和（4.14）可得：

$$0<\frac{\lambda_{\min}(\Theta_i)\widetilde{x}_k^{\mathrm{T}}\widetilde{x}_k}{\lambda_{\max}[\psi(i)]\widetilde{x}_k^{\mathrm{T}}\widetilde{x}_k}\leqslant\frac{\widetilde{x}_k^{\mathrm{T}}\Theta_i\widetilde{x}_k}{\widetilde{x}_k^{\mathrm{T}}\psi(i)\widetilde{x}_k}\leqslant\frac{\lambda_{\max}(\Theta_i)\widetilde{x}_k^{\mathrm{T}}\widetilde{x}_k}{\lambda_{\min}[\psi(i)]\widetilde{x}_k^{\mathrm{T}}\widetilde{x}_k}$$

即：

$$\frac{\lambda_{\min}(\Theta_i)}{\lambda_{\max}[\psi(i)]}\leqslant\frac{\widetilde{x}_k^{\mathrm{T}}\Theta\widetilde{x}_k}{\widetilde{x}_k^{\mathrm{T}}\psi(i)\widetilde{x}_k}\leqslant\frac{\lambda_{\max}(\Theta_i)}{\lambda_{\min}[\psi(i)]}$$

再由式（4.12）可得：

$$\frac{\widetilde{E}V(\widetilde{x},i)}{V(\widetilde{x}_k,i)}\leqslant-\gamma$$

其中，$\gamma=\min\limits_{i\in Q}\dfrac{\lambda_{\min}(\Theta_i)}{\lambda_{\max}[\psi(i)]}>0$，与 $\widetilde{x}_k$ 无关。

再由 $\widetilde{E}V(\widetilde{x},i)$ 的定义得：

$$EV(\widetilde{x},i)=E\{V(\widetilde{x}_{k+1},q_{k+1})|\widetilde{x}_k,q_k=i\}-V(\widetilde{x}_k,i)\leqslant-\gamma V(\widetilde{x}_k,i)$$

因此有：

$$E\{V(\widetilde{x}_{k+1},q_{k+1})|\widetilde{x}_k,q_k=i\}\leqslant(1-\gamma)V(\widetilde{x}_k,i) \tag{4.15}$$

对式（4.15）两边同时取数学期望，可得：

$$E\{V(\tilde{x}_{k+1},q_{k+1})\}\leqslant(1-\gamma)E\{V(\tilde{x}_k,i)\} \tag{4.16}$$

式（4.16）中的γ满足：$0<\gamma\leqslant1$。否则，若$\gamma>1$，则$E\{V(\tilde{x}_{k+1},q_{k+1})\}<0$，这与$\boldsymbol{G}$、$\boldsymbol{F}_i$均为正定矩阵相矛盾。

既然式（4.16）对任意$i\in Q$都成立，可将其改写成：

$$E\{V(\tilde{x}_{k+1},q_{k+1})\}\leqslant(1-\gamma)E\{V(\tilde{x}_k,q_k)\} \tag{4.17}$$

通过对式（4.17）从$k=0$开始迭代，可以得到：

$$E\{V(\tilde{x}_{k+1},q_{k+1})\}\leqslant(1-\gamma)^{k+1}E\{V(\tilde{x}_0,q_0)\} \tag{4.18}$$

对式（4.18）两边按照$k=0\to\infty$求和，并由 Lyapunov 函数的定义可以得到：

$$E\left\{\sum_{k=0}^{\infty}V(\tilde{x}_k,q_k)\right\}\leqslant\sum_{k=0}^{\infty}(1-\gamma)^kE\{V(\tilde{x}_0,q_0)\}$$

再由式（4.10）可得：

$$E\left\{\sum_{k=0}^{\infty}\tilde{x}_k^{\mathrm{T}}\psi(q_k)\tilde{x}_k\right\}\leqslant\sum_{k=0}^{\infty}(1-\gamma)^kE\{\tilde{x}_0^{\mathrm{T}}\psi(q_0)\tilde{x}_0\} \tag{4.19}$$

由于初始状态$\tilde{x}_0$、$q_0\in Q$均为常数，所以式（4.19）可写为：

$$E\left\{\sum_{k=0}^{\infty}\tilde{x}_k^{\mathrm{T}}\psi(q_k)\tilde{x}_k\right\}\leqslant\sum_{k=0}^{\infty}(1-\gamma)^k[\tilde{x}_0^{\mathrm{T}}\psi(q_0)\tilde{x}_0]=\frac{1}{\gamma}[\tilde{x}_0^{\mathrm{T}}\psi(q_0)\tilde{x}_0] \tag{4.20}$$

再由式（4.14）和式（4.20）可得：

$$E\left\{\sum_{k=0}^{\infty}\lambda_{\min}[\psi(q_k)]\tilde{x}_k^{\mathrm{T}}\tilde{x}_k\right\}\leqslant\frac{1}{\gamma}[\tilde{x}_0^{\mathrm{T}}\psi(q_0)\tilde{x}_0] \tag{4.21}$$

而对于$\lambda_{\min}[\psi(j)]$，$j\in Q$有：

$$\min_{j\in Q}\lambda_{\min}[\psi(j)]\leqslant\lambda_{\min}[\psi(q_k)]\leqslant\max_{j\in Q}\lambda_{\min}[\psi(j)] \tag{4.22}$$

将式（4.22）代入式（4.21），可以得到：

$$E\left\{\sum_{k=0}^{\infty}\{\min_{j\in Q}\lambda_{\min}[\psi(j)]\}\tilde{x}_k^{\mathrm{T}}\tilde{x}_k\right\}\leqslant\frac{1}{\gamma}[\tilde{x}_0^{\mathrm{T}}\psi(q_0)\tilde{x}_0]$$

即：

$$\{\min_{j\in Q}\lambda_{\min}[\psi(j)]\}E\left\{\sum_{k=0}^{\infty}\tilde{x}_k^{\mathrm{T}}\tilde{x}_k\right\}\leqslant\frac{1}{\gamma}[\tilde{x}_0^{\mathrm{T}}\psi(q_0)\tilde{x}_0] \tag{4.23}$$

再通过变换可将式（4.23）写成：

$$E\left\{\sum_{k=0}^{\infty}\widetilde{x}_k^{\mathrm{T}}\widetilde{x}_k\right\} \leqslant \widetilde{x}_0^{\mathrm{T}}\widetilde{\psi}\ \widetilde{x}_0 = \Lambda(\widetilde{x}_0, q_0) \tag{4.24}$$

其中：$\widetilde{\psi} = \dfrac{\psi(q_0)}{\gamma\{\min\limits_{j\in Q}\lambda_{\min}[\psi(j)]\}} = \max\limits_{j\in Q}\dfrac{\psi(q_0)}{\gamma\{\lambda_{\min}[\psi(j)]\}}$

最后，根据式（4.24）和定义 4.1 可知，当 G 、F_i 满足 $\boldsymbol{\Xi}_i<0$ 时，式（4.7）描述的 MJLS 是随机稳定的。定理 4.1 得证。

利用定理 4.1，可以为引入了 DTHMM 随机时延模型的 NCS 设计状态反馈控制器来补偿前向网络时延对 NCS 的影响。

4.4　状态反馈控制器设计

尽管定理 4.1 给出了一个保证系统（4.7）随机稳定的充分条件，但是基于这个定理还是很难直接设计出合适的状态反馈控制器。为此，本节将在定理 4.1 的基础上推导出更加直接的状态反馈控制器设计方法。

考虑到状态反馈控制器推导过程中要用到矩阵运算的 Schur 补性质，所以先给出矩阵的 Schur 补引理。

引理 4.2（Schur 补引理）：对给定的对称矩阵 $\boldsymbol{J}=\begin{pmatrix}\boldsymbol{J}_{11} & \boldsymbol{J}_{12}\\ \boldsymbol{J}_{21} & \boldsymbol{J}_{22}\end{pmatrix}$，其中 $\boldsymbol{J}_{11}\in R^{r\times r}$，以下三个条件是等价的：

（1）$\boldsymbol{J}<0$；

（2）$\boldsymbol{J}_{11}<0$，$\boldsymbol{J}_{22}-\boldsymbol{J}_{12}^{\mathrm{T}}\boldsymbol{J}_{11}^{-1}\boldsymbol{J}_{12}<0$；

（3）$\boldsymbol{J}_{22}<0$，$\boldsymbol{J}_{11}-\boldsymbol{J}_{12}\boldsymbol{J}_{22}^{-1}\boldsymbol{J}_{12}^{\mathrm{T}}<0$。

关于 Schur 补引理的详细证明过程可以参考第 2.6 节的内容。

下面给出保证系统（4.7）随机稳定的状态反馈控制器的设计定理。

定理 4.2：对于式（4.7）描述的 MJLS，若存在一组正定对称矩阵 $\boldsymbol{W}_i$、$\boldsymbol{X}_i$ 以及相应维数的矩阵 $\boldsymbol{Y}_i$，其中 $i\in Q$，满足下列线性矩阵不等式（LMI）：

$$\begin{pmatrix}-\boldsymbol{X}_i+\boldsymbol{W}_i & 0 & \boldsymbol{U}_{1i}^{\mathrm{T}}\\ 0 & -\boldsymbol{W}_i & \boldsymbol{U}_{2i}^{\mathrm{T}}\\ \boldsymbol{U}_{1i} & \boldsymbol{U}_{2i} & -\boldsymbol{Z}\end{pmatrix}<0 \tag{4.25}$$

其中：

$$\boldsymbol{Z}=\operatorname{diag}\{\boldsymbol{X}_1,\boldsymbol{X}_2,\cdots,\boldsymbol{X}_N\}$$
$$\boldsymbol{U}_{1i}^{\mathrm{T}}=\left[\sqrt{p_{i1}}(\boldsymbol{X}_i\boldsymbol{\Phi}^{\mathrm{T}}+\boldsymbol{Y}_i^{\mathrm{T}}\boldsymbol{\Gamma}_{0i}^{\mathrm{T}})\cdots\sqrt{p_{iN}}(\boldsymbol{X}_i\boldsymbol{\Phi}^{\mathrm{T}}+\boldsymbol{Y}_i^{\mathrm{T}}\boldsymbol{\Gamma}_{0i}^{\mathrm{T}})\right]$$
$$\boldsymbol{U}_{2i}^{\mathrm{T}}=\left[\sqrt{p_{i1}}(\boldsymbol{Y}_i^{\mathrm{T}}\boldsymbol{\Gamma}_{1i}^{\mathrm{T}})\cdots\sqrt{p_{iN}}(\boldsymbol{Y}_i^{\mathrm{T}}\boldsymbol{\Gamma}_{1i}^{\mathrm{T}})\right]$$

那么，系统（4.7）中的状态反馈控制律可以设计成$\boldsymbol{S}_i=\boldsymbol{Y}_i\boldsymbol{X}_i^{-1}$，$u_k=S_ix_k$，且此时系统（4.7）是随机稳定的。

注：$\boldsymbol{U}_{1i}^{\mathrm{T}}$和$\boldsymbol{U}_{2i}^{\mathrm{T}}$中的$p_{ij}$是 DTHMM 随机时延模型中隐 Markov 链的网络状态转移概率，具体定义见第 3.3 节。

证明：

由定理 4.1 知，$\boldsymbol{\Xi}_i<0$ 可以保证系统（4.7）随机稳定。

若记：$\boldsymbol{J}_{11}=\begin{pmatrix}-\boldsymbol{F}_i+\boldsymbol{G} & 0\\ 0 & -\boldsymbol{G}\end{pmatrix}$，$\boldsymbol{J}_{22}=-\widetilde{\boldsymbol{F}}_i^{-1}$，$\boldsymbol{J}_{12}=\begin{pmatrix}(\boldsymbol{\Phi}+\boldsymbol{\Gamma}_{0i}\boldsymbol{S}_i)^{\mathrm{T}}\\ (\boldsymbol{\Gamma}_{1i}\boldsymbol{S}_i)^{\mathrm{T}}\end{pmatrix}$，

则有：$\boldsymbol{\Xi}_i=\boldsymbol{J}_{11}-\boldsymbol{J}_{12}\boldsymbol{J}_{22}^{-1}\boldsymbol{J}_{12}^{\mathrm{T}}$。

因为$\widetilde{\boldsymbol{F}}_i$是正定对称的，所以$\boldsymbol{J}_{22}<0$；又因为$\boldsymbol{\Xi}_i<0$，所以$\boldsymbol{J}_{11}-\boldsymbol{J}_{12}\boldsymbol{J}_{22}^{-1}\boldsymbol{J}_{12}^{\mathrm{T}}<0$。

连续使用引理 4.2 可得到如下等价变换（以下符号“$\Leftrightarrow$”表示等价关系）：

$$\boldsymbol{\Xi}_i<0$$

$$\Leftrightarrow\quad \boldsymbol{J}_{11}-\boldsymbol{J}_{12}\boldsymbol{J}_{22}^{-1}\boldsymbol{J}_{12}^{\mathrm{T}}<0$$

$$\Leftrightarrow\quad \begin{pmatrix}(\boldsymbol{\Phi}+\boldsymbol{\Gamma}_{0i}\boldsymbol{S}_i)^{\mathrm{T}}\widetilde{\boldsymbol{F}}_i(\boldsymbol{\Phi}+\boldsymbol{\Gamma}_{0i}\boldsymbol{S}_i)-\boldsymbol{F}_i+\boldsymbol{G} & (\boldsymbol{\Phi}+\boldsymbol{\Gamma}_{0i}\boldsymbol{S}_i)^{\mathrm{T}}\widetilde{\boldsymbol{F}}_i(\boldsymbol{\Gamma}_{1i}\boldsymbol{S}_i)\\ (\boldsymbol{\Gamma}_{1i}\boldsymbol{S}_i)^{\mathrm{T}}\widetilde{\boldsymbol{F}}_i(\boldsymbol{\Phi}+\boldsymbol{\Gamma}_{0i}\boldsymbol{S}_i) & (\boldsymbol{\Gamma}_{1i}\boldsymbol{S}_i)^{\mathrm{T}}\widetilde{\boldsymbol{F}}_i(\boldsymbol{\Gamma}_{1i}\boldsymbol{S}_i)-\boldsymbol{G}\end{pmatrix}<0$$

$$\begin{pmatrix}(\boldsymbol{\Phi}+\boldsymbol{\Gamma}_{0i}\boldsymbol{S}_i)^{\mathrm{T}}\left(\sum_{j=1}^{N}p_{ij}\boldsymbol{F}_j\right)(\boldsymbol{\Phi}+\boldsymbol{\Gamma}_{0i}\boldsymbol{S}_i)-\boldsymbol{F}_i+\boldsymbol{G} & (\boldsymbol{\Phi}+\boldsymbol{\Gamma}_{0i}\boldsymbol{S}_i)^{\mathrm{T}}\left(\sum_{j=1}^{N}p_{ij}\boldsymbol{F}_j\right)(\boldsymbol{\Gamma}_{1i}\boldsymbol{S}_i)\\ (\boldsymbol{\Gamma}_{1i}\boldsymbol{S}_i)^{\mathrm{T}}\left(\sum_{j=1}^{N}p_{ij}\boldsymbol{F}_j\right)(\boldsymbol{\Phi}+\boldsymbol{\Gamma}_{0i}\boldsymbol{S}_i) & (\boldsymbol{\Gamma}_{1i}\boldsymbol{S}_i)^{\mathrm{T}}\left(\sum_{j=1}^{N}p_{ij}\boldsymbol{F}_j\right)(\boldsymbol{\Gamma}_{1i}\boldsymbol{S}_i)-\boldsymbol{G}\end{pmatrix}<0$$

$\Leftrightarrow$

$$\begin{pmatrix}(\boldsymbol{\Phi}+\boldsymbol{\Gamma}_{0i}\boldsymbol{S}_i)^{\mathrm{T}}\left(p_{i1}\boldsymbol{F}_1+\sum_{j=2}^{N}p_{ij}\boldsymbol{F}_j\right)(\boldsymbol{\Phi}+\boldsymbol{\Gamma}_{0i}\boldsymbol{S}_i)-\boldsymbol{F}_i+\boldsymbol{G} & (\boldsymbol{\Phi}+\boldsymbol{\Gamma}_{0i}\boldsymbol{S}_i)^{\mathrm{T}}\left(p_{i1}\boldsymbol{F}_1+\sum_{j=2}^{N}p_{ij}\boldsymbol{F}_j\right)(\boldsymbol{\Gamma}_{1i}\boldsymbol{S}_i)\\ (\boldsymbol{\Gamma}_{1i}\boldsymbol{S}_i)^{\mathrm{T}}\left(p_{i1}\boldsymbol{F}_1+\sum_{j=2}^{N}p_{ij}\boldsymbol{F}_j\right)(\boldsymbol{\Phi}+\boldsymbol{\Gamma}_{0i}\boldsymbol{S}_i) & (\boldsymbol{\Gamma}_{1i}\boldsymbol{S}_i)^{\mathrm{T}}\left(p_{i1}\boldsymbol{F}_1+\sum_{j=2}^{N}p_{ij}\boldsymbol{F}_j\right)(\boldsymbol{\Gamma}_{1i}\boldsymbol{S}_i)-\boldsymbol{G}\end{pmatrix}<0$$

$\Leftrightarrow$

$$\begin{pmatrix} (\boldsymbol{\Phi}+\boldsymbol{\Gamma}_{0i}\boldsymbol{S}_i)^{\mathrm{T}}\left(\sum_{j=2}^{N} p_{ij}\boldsymbol{F}_j\right)(\boldsymbol{\Phi}+\boldsymbol{\Gamma}_{0i}\boldsymbol{S}_i)-\boldsymbol{F}_i+\boldsymbol{G} & (\boldsymbol{\Phi}+\boldsymbol{\Gamma}_{0i}\boldsymbol{S}_i)^{\mathrm{T}}\left(\sum_{j=2}^{N} p_{ij}\boldsymbol{F}_j\right)(\boldsymbol{\Gamma}_{1i}\boldsymbol{S}_i) \\ (\boldsymbol{\Gamma}_{1i}\boldsymbol{S}_i)^{\mathrm{T}}\left(\sum_{j=2}^{N} p_{ij}\boldsymbol{F}_j\right)(\boldsymbol{\Phi}+\boldsymbol{\Gamma}_{0i}\boldsymbol{S}_i) & (\boldsymbol{\Gamma}_{1i}\boldsymbol{S}_i)^{\mathrm{T}}\left(\sum_{j=2}^{N} p_{ij}\boldsymbol{F}_j\right)(\boldsymbol{\Gamma}_{1i}\boldsymbol{S}_i)-\boldsymbol{G} \end{pmatrix}+$$

$$\begin{pmatrix} \sqrt{p_{i1}}(\boldsymbol{\Phi}+\boldsymbol{\Gamma}_{0i}\boldsymbol{S}_i)^{\mathrm{T}} \\ \sqrt{p_{i1}}(\boldsymbol{\Gamma}_{1i}\boldsymbol{S}_i)^{\mathrm{T}} \end{pmatrix}\boldsymbol{F}_1\left[\sqrt{p_{i1}}(\boldsymbol{\Phi}+\boldsymbol{\Gamma}_{0i}\boldsymbol{S}_i)\sqrt{p_{i1}}(\boldsymbol{\Gamma}_{1i}\boldsymbol{S}_i)\right]<0$$

$$\Leftrightarrow\begin{pmatrix} (\boldsymbol{\Phi}+\boldsymbol{\Gamma}_{0i}\boldsymbol{S}_i)^{\mathrm{T}}\left(\sum_{j=2}^{N} p_{ij}\boldsymbol{F}_j\right)(\boldsymbol{\Phi}+\boldsymbol{\Gamma}_{0i}\boldsymbol{S}_i)-\boldsymbol{F}_i+\boldsymbol{G} & (\boldsymbol{\Phi}+\boldsymbol{\Gamma}_{0i}\boldsymbol{S}_i)^{\mathrm{T}}\left(\sum_{j=2}^{N} p_{ij}\boldsymbol{F}_j\right)(\boldsymbol{\Gamma}_{1i}\boldsymbol{S}_i) \\ (\boldsymbol{\Gamma}_{1i}\boldsymbol{S}_i)^{\mathrm{T}}\left(\sum_{j=2}^{N} p_{ij}\boldsymbol{F}_j\right)(\boldsymbol{\Phi}+\boldsymbol{\Gamma}_{0i}\boldsymbol{S}_i) & (\boldsymbol{\Gamma}_{1i}\boldsymbol{S}_i)^{\mathrm{T}}\left(\sum_{j=2}^{N} p_{ij}\boldsymbol{F}_j\right)(\boldsymbol{\Gamma}_{1i}\boldsymbol{S}_i)-\boldsymbol{G} \end{pmatrix}-$$

$$\begin{pmatrix} \sqrt{p_{i1}}(\boldsymbol{\Phi}+\boldsymbol{\Gamma}_{0i}\boldsymbol{S}_i)^{\mathrm{T}} \\ \sqrt{p_{i1}}(\boldsymbol{\Gamma}_{1i}\boldsymbol{S}_i)^{\mathrm{T}} \end{pmatrix}(-\boldsymbol{F}_1)\left[\sqrt{p_{i1}}(\boldsymbol{\Phi}+\boldsymbol{\Gamma}_{0i}\boldsymbol{S}_i)\sqrt{p_{i1}}(\boldsymbol{\Gamma}_{1i}\boldsymbol{S}_i)\right]<0$$

若定义：

$$\boldsymbol{J}_{11}=\begin{pmatrix} (\boldsymbol{\Phi}+\boldsymbol{\Gamma}_{0i}\boldsymbol{S}_i)^{\mathrm{T}}\left(\sum_{j=2}^{N} p_{ij}\boldsymbol{F}_j\right)(\boldsymbol{\Phi}+\boldsymbol{\Gamma}_{0i}\boldsymbol{S}_i)-\boldsymbol{F}_i+\boldsymbol{G} & (\boldsymbol{\Phi}+\boldsymbol{\Gamma}_{0i}\boldsymbol{S}_i)^{\mathrm{T}}\left(\sum_{j=2}^{N} p_{ij}\boldsymbol{F}_j\right)(\boldsymbol{\Gamma}_{1i}\boldsymbol{S}_i) \\ (\boldsymbol{\Gamma}_{1i}\boldsymbol{S}_i)^{\mathrm{T}}\left(\sum_{j=2}^{N} p_{ij}\boldsymbol{F}_j\right)(\boldsymbol{\Phi}+\boldsymbol{\Gamma}_{0i}\boldsymbol{S}_i) & (\boldsymbol{\Gamma}_{1i}\boldsymbol{S}_i)^{\mathrm{T}}\left(\sum_{j=2}^{N} p_{ij}\boldsymbol{F}_j\right)(\boldsymbol{\Gamma}_{1i}\boldsymbol{S}_i)-\boldsymbol{G} \end{pmatrix}$$

$$\boldsymbol{J}_{22}=-\boldsymbol{F}_1^{-1}(<0)\text{，}\quad \boldsymbol{J}_{12}=\begin{pmatrix} \sqrt{p_{i1}}(\boldsymbol{\Phi}+\boldsymbol{\Gamma}_{0i}\boldsymbol{S}_i)^{\mathrm{T}} \\ \sqrt{p_{i1}}(\boldsymbol{\Gamma}_{1i}\boldsymbol{S}_i)^{\mathrm{T}} \end{pmatrix}$$

则由引理 4.2 可知：

$$\boldsymbol{J}_{11}-\boldsymbol{J}_{12}\boldsymbol{J}_{22}^{-1}\boldsymbol{J}_{12}^{\mathrm{T}}<0$$

$$\Leftrightarrow$$

$$\begin{pmatrix} (\boldsymbol{\Phi}+\boldsymbol{\Gamma}_{0i}\boldsymbol{S}_i)^{\mathrm{T}}\left(\sum_{j=2}^{N} p_{ij}\boldsymbol{F}_j\right)(\boldsymbol{\Phi}+\boldsymbol{\Gamma}_{0i}\boldsymbol{S}_i)-\boldsymbol{F}_i+\boldsymbol{G} & (\boldsymbol{\Phi}+\boldsymbol{\Gamma}_{0i}\boldsymbol{S}_i)^{\mathrm{T}}\left(\sum_{j=2}^{N} p_{ij}\boldsymbol{F}_j\right)(\boldsymbol{\Gamma}_{1i}\boldsymbol{S}_i) & \sqrt{p_{i1}}(\boldsymbol{\Phi}+\boldsymbol{\Gamma}_{0i}\boldsymbol{S}_i)^{\mathrm{T}} \\ (\boldsymbol{\Gamma}_{1i}\boldsymbol{S}_i)^{\mathrm{T}}\left(\sum_{j=2}^{N} p_{ij}\boldsymbol{F}_j\right)(\boldsymbol{\Phi}+\boldsymbol{\Gamma}_{0i}\boldsymbol{S}_i) & (\boldsymbol{\Gamma}_{1i}\boldsymbol{S}_i)^{\mathrm{T}}\left(\sum_{j=2}^{N} p_{ij}\boldsymbol{F}_j\right)(\boldsymbol{\Gamma}_{1i}\boldsymbol{S}_i)-\boldsymbol{G} & \sqrt{p_{i1}}(\boldsymbol{\Gamma}_{1i}\boldsymbol{S}_i)^{\mathrm{T}} \\ \sqrt{p_{i1}}(\boldsymbol{\Phi}+\boldsymbol{\Gamma}_{0i}\boldsymbol{S}_i) & \sqrt{p_{i1}}(\boldsymbol{\Gamma}_{1i}\boldsymbol{S}_i) & -\boldsymbol{F}_1^{-1} \end{pmatrix}<0$$

$$\Leftrightarrow$$

$$\begin{pmatrix} (\boldsymbol{\Phi}+\boldsymbol{\Gamma}_{0i}\boldsymbol{S}_i)^{\mathrm{T}}\left(\sum_{j=3}^{N} p_{ij}\boldsymbol{F}_j\right)(\boldsymbol{\Phi}+\boldsymbol{\Gamma}_{0i}\boldsymbol{S}_i)-\boldsymbol{F}_i+\boldsymbol{G} & (\boldsymbol{\Phi}+\boldsymbol{\Gamma}_{0i}\boldsymbol{S}_i)^{\mathrm{T}}\left(\sum_{j=3}^{N} p_{ij}\boldsymbol{F}_j\right)(\boldsymbol{\Gamma}_{1i}\boldsymbol{S}_i) & \sqrt{p_{i1}}(\boldsymbol{\Phi}+\boldsymbol{\Gamma}_{0i}\boldsymbol{S}_i)^{\mathrm{T}} \\ (\boldsymbol{\Gamma}_{1i}\boldsymbol{S}_i)^{\mathrm{T}}\left(\sum_{j=3}^{N} p_{ij}\boldsymbol{F}_j\right)(\boldsymbol{\Phi}+\boldsymbol{\Gamma}_{0i}\boldsymbol{S}_i) & (\boldsymbol{\Gamma}_{1i}\boldsymbol{S}_i)^{\mathrm{T}}\left(\sum_{j=3}^{N} p_{ij}\boldsymbol{F}_j\right)(\boldsymbol{\Gamma}_{1i}\boldsymbol{S}_i)-\boldsymbol{G} & \sqrt{p_{i1}}(\boldsymbol{\Gamma}_{1i}\boldsymbol{S}_i)^{\mathrm{T}} \\ \sqrt{p_{i1}}(\boldsymbol{\Phi}+\boldsymbol{\Gamma}_{0i}\boldsymbol{S}_i) & \sqrt{p_{i1}}(\boldsymbol{\Gamma}_{1i}\boldsymbol{S}_i) & -\boldsymbol{F}_1^{-1} \end{pmatrix}-$$

$$\begin{pmatrix}\sqrt{p_{i2}}(\boldsymbol{\Phi}+\boldsymbol{\Gamma}_{0i}\boldsymbol{S}_i)^{\mathrm{T}}\\ \sqrt{p_{i2}}(\boldsymbol{\Gamma}_{1i}\boldsymbol{S}_i)^{\mathrm{T}}\\ 0\end{pmatrix}(-\boldsymbol{F}_2)\left[\sqrt{p_{i2}}(\boldsymbol{\Phi}+\boldsymbol{\Gamma}_{0i}\boldsymbol{S}_i)\quad \sqrt{p_{i2}}(\boldsymbol{\Gamma}_{1i}\boldsymbol{S}_i)\quad 0\right]<0$$

再定义：

$$\boldsymbol{J}_{11}=\begin{pmatrix}(\boldsymbol{\Phi}+\boldsymbol{\Gamma}_{0i}\boldsymbol{S}_i)^{\mathrm{T}}\left(\sum_{j=3}^{N}p_{ij}\boldsymbol{F}_j\right)(\boldsymbol{\Phi}+\boldsymbol{\Gamma}_{0i}\boldsymbol{S}_i)-\boldsymbol{F}_i+\boldsymbol{G} & (\boldsymbol{\Phi}+\boldsymbol{\Gamma}_{0i}\boldsymbol{S}_i)^{\mathrm{T}}\left(\sum_{j=3}^{N}p_{ij}\boldsymbol{F}_j\right)(\boldsymbol{\Gamma}_{1i}\boldsymbol{S}_i) & \sqrt{p_{i1}}(\boldsymbol{\Phi}+\boldsymbol{\Gamma}_{0i}\boldsymbol{S}_i)^{\mathrm{T}}\\ (\boldsymbol{\Gamma}_{1i}\boldsymbol{S}_i)^{\mathrm{T}}\left(\sum_{j=3}^{N}p_{ij}\boldsymbol{F}_j\right)(\boldsymbol{\Phi}+\boldsymbol{\Gamma}_{0i}\boldsymbol{S}_i) & (\boldsymbol{\Gamma}_{1i}\boldsymbol{S}_i)^{\mathrm{T}}\left(\sum_{j=3}^{N}p_{ij}\boldsymbol{F}_j\right)(\boldsymbol{\Gamma}_{1i}\boldsymbol{S}_i)-\boldsymbol{G} & \sqrt{p_{i1}}(\boldsymbol{\Gamma}_{1i}\boldsymbol{S}_i)^{\mathrm{T}}\\ \sqrt{p_{i1}}(\boldsymbol{\Phi}+\boldsymbol{\Gamma}_{0i}\boldsymbol{S}_i) & \sqrt{p_{i1}}(\boldsymbol{\Gamma}_{1i}\boldsymbol{S}_i) & -\boldsymbol{F}_1^{-1}\end{pmatrix}$$

$$\boldsymbol{J}_{22}=-\boldsymbol{F}_2^{-1}(<0),\ \boldsymbol{J}_{12}=\begin{pmatrix}\sqrt{p_{i2}}(\boldsymbol{\Phi}+\boldsymbol{\Gamma}_{0i}\boldsymbol{S}_i)^{\mathrm{T}}\\ \sqrt{p_{i2}}(\boldsymbol{\Gamma}_{1i}\boldsymbol{S}_i)^{\mathrm{T}}\\ 0\end{pmatrix}$$

则由引理 4.2 可知：

$$\boldsymbol{J}_{11}-\boldsymbol{J}_{12}\boldsymbol{J}_{22}^{-1}\boldsymbol{J}_{12}^{\mathrm{T}}<0$$

$$\Leftrightarrow\begin{pmatrix}(\boldsymbol{\Phi}+\boldsymbol{\Gamma}_{0i}\boldsymbol{S}_i)^{\mathrm{T}}\left(\sum_{j=3}^{N}p_{ij}\boldsymbol{F}_j\right)(\boldsymbol{\Phi}+\boldsymbol{\Gamma}_{0i}\boldsymbol{S}_i)-\boldsymbol{F}_i+\boldsymbol{G} & (\boldsymbol{\Phi}+\boldsymbol{\Gamma}_{0i}\boldsymbol{S}_i)^{\mathrm{T}}\left(\sum_{j=3}^{N}p_{ij}\boldsymbol{F}_j\right)(\boldsymbol{\Gamma}_{1i}\boldsymbol{S}_i) & \sqrt{p_{i1}}(\boldsymbol{\Phi}+\boldsymbol{\Gamma}_{0i}\boldsymbol{S}_i)^{\mathrm{T}} & \sqrt{p_{i2}}(\boldsymbol{\Phi}+\boldsymbol{\Gamma}_{0i}\boldsymbol{S}_i)^{\mathrm{T}}\\ (\boldsymbol{\Gamma}_{1i}\boldsymbol{S}_i)^{\mathrm{T}}\left(\sum_{j=3}^{N}p_{ij}\boldsymbol{F}_j\right)(\boldsymbol{\Phi}+\boldsymbol{\Gamma}_{0i}\boldsymbol{S}_i) & (\boldsymbol{\Gamma}_{1i}\boldsymbol{S}_i)^{\mathrm{T}}\left(\sum_{j=3}^{N}p_{ij}\boldsymbol{F}_j\right)(\boldsymbol{\Gamma}_{1i}\boldsymbol{S}_i)-\boldsymbol{G} & \sqrt{p_{i1}}(\boldsymbol{\Gamma}_{1i}\boldsymbol{S}_i)^{\mathrm{T}} & \sqrt{p_{i2}}(\boldsymbol{\Gamma}_{1i}\boldsymbol{S}_i)^{\mathrm{T}}\\ \sqrt{p_{i1}}(\boldsymbol{\Phi}+\boldsymbol{\Gamma}_{0i}\boldsymbol{S}_i) & \sqrt{p_{i1}}(\boldsymbol{\Gamma}_{1i}\boldsymbol{S}_i) & -\boldsymbol{F}_1^{-1} & 0\\ \sqrt{p_{i2}}(\boldsymbol{\Phi}+\boldsymbol{\Gamma}_{0i}\boldsymbol{S}_i) & \sqrt{p_{i2}}(\boldsymbol{\Gamma}_{1i}\boldsymbol{S}_i) & 0 & -\boldsymbol{F}_2^{-1}\end{pmatrix}<0$$

⋮　（反复使用 Schur 补定理）

$$\Leftrightarrow\begin{pmatrix}-\boldsymbol{F}_i+\boldsymbol{G} & 0 & \sqrt{p_{i1}}(\boldsymbol{\Phi}+\boldsymbol{\Gamma}_{0i}\boldsymbol{S}_i)^{\mathrm{T}} & \cdots & \sqrt{p_{iN}}(\boldsymbol{\Phi}+\boldsymbol{\Gamma}_{0i}\boldsymbol{S}_i)^{\mathrm{T}}\\ 0 & -\boldsymbol{G} & \sqrt{p_{i1}}(\boldsymbol{\Gamma}_{1i}\boldsymbol{S}_i)^{\mathrm{T}} & \cdots & \sqrt{p_{iN}}(\boldsymbol{\Gamma}_{1i}\boldsymbol{S}_i)^{\mathrm{T}}\\ \sqrt{p_{i1}}(\boldsymbol{\Phi}+\boldsymbol{\Gamma}_{0i}\boldsymbol{S}_i) & \sqrt{p_{i1}}(\boldsymbol{\Gamma}_{1i}\boldsymbol{S}_i) & -\boldsymbol{F}_1^{-1} & \cdots & 0\\ \vdots & \vdots & \vdots & \ddots & \vdots\\ \sqrt{p_{iN}}(\boldsymbol{\Phi}+\boldsymbol{\Gamma}_{0i}\boldsymbol{S}_i) & \sqrt{p_{iN}}(\boldsymbol{\Gamma}_{1i}\boldsymbol{S}_i) & 0 & \cdots & -\boldsymbol{F}_N^{-1}\end{pmatrix}<0\quad(4.26)$$

若定义：

$\boldsymbol{Z}=\mathrm{diag}\{\boldsymbol{X}_1\ \boldsymbol{X}_2\ \cdots\boldsymbol{X}_N\}$，其中 $\boldsymbol{X}_i=\boldsymbol{F}_i^{-1}$，所以 $\boldsymbol{X}_i=\boldsymbol{X}_i^{\mathrm{T}}>0$；

$\boldsymbol{V}_{1i}^{\mathrm{T}}=\left[\sqrt{p_{i1}}(\boldsymbol{\Phi}+\boldsymbol{\Gamma}_{0i}\boldsymbol{S}_i)^{\mathrm{T}}\ \ \cdots\ \ \sqrt{p_{iN}}(\boldsymbol{\Phi}+\boldsymbol{\Gamma}_{0i}\boldsymbol{S}_i)^{\mathrm{T}}\right]$；

$\boldsymbol{V}_{2i}^{\mathrm{T}}=\left[\sqrt{p_{i1}}(\boldsymbol{\Gamma}_{1i}\boldsymbol{S}_i)^{\mathrm{T}}\ \ \cdots\ \ \sqrt{p_{iN}}(\boldsymbol{\Gamma}_{1i}\boldsymbol{S}_i)^{\mathrm{T}}\right]$；

则式（4.26）可写成：

$$\begin{pmatrix}-\boldsymbol{F}_i+\boldsymbol{G} & 0 & \boldsymbol{V}_{1i}^{\mathrm{T}}\\ 0 & -\boldsymbol{G} & \boldsymbol{V}_{2i}^{\mathrm{T}}\\ \boldsymbol{V}_{1i} & \boldsymbol{V}_{2i} & -\boldsymbol{Z}\end{pmatrix}<0 \tag{4.27}$$

再用 $\mathrm{diag}\{\boldsymbol{X}_i\quad \boldsymbol{X}_i\quad \theta\}$（其中 $\theta=\mathrm{diag}\{\boldsymbol{I}_1\quad\cdots\quad\boldsymbol{I}_N\}$，$\boldsymbol{I}_i$ 均为相应维数的单位矩阵）左乘式（4.27），用 $\mathrm{diag}\{\boldsymbol{X}_i^{\mathrm{T}}\quad\boldsymbol{X}_i^{\mathrm{T}}\quad\theta^{\mathrm{T}}\}$ 右乘式（4.27）可得：

$$\begin{pmatrix}-\boldsymbol{X}_i+\boldsymbol{X}_i\boldsymbol{G}\boldsymbol{X}_i & 0 & \boldsymbol{X}_i\boldsymbol{V}_{1i}^{\mathrm{T}}\\ 0 & -\boldsymbol{X}_i\boldsymbol{G}\boldsymbol{X}_i & \boldsymbol{X}_i\boldsymbol{V}_{2i}^{\mathrm{T}}\\ \boldsymbol{V}_{1i}\boldsymbol{X}_i & \boldsymbol{V}_{2i}\boldsymbol{X}_i & -\boldsymbol{Z}\end{pmatrix}<0$$

再令：$\boldsymbol{W}_i=\boldsymbol{X}_i\boldsymbol{G}\boldsymbol{X}_i$，$\boldsymbol{Y}_i=\boldsymbol{S}_i\boldsymbol{X}_i$，则有：

$$\begin{pmatrix}-\boldsymbol{X}_i+\boldsymbol{W}_i & 0 & \boldsymbol{U}_{1i}^{\mathrm{T}}\\ 0 & -\boldsymbol{W}_i & \boldsymbol{U}_{2i}^{\mathrm{T}}\\ \boldsymbol{U}_{1i} & \boldsymbol{U}_{2i} & -\boldsymbol{Z}\end{pmatrix}<0$$

其中：$\boldsymbol{U}_{1i}^{\mathrm{T}}=\left[\sqrt{p_{i1}}\left(\boldsymbol{X}_i\boldsymbol{\Phi}^{\mathrm{T}}+\boldsymbol{Y}_i^{\mathrm{T}}\boldsymbol{\Gamma}_{0i}^{\mathrm{T}}\right)\ \ \cdots\ \ \sqrt{p_{iN}}\left(\boldsymbol{X}_i\boldsymbol{\Phi}^{\mathrm{T}}+\boldsymbol{Y}_i^{\mathrm{T}}\boldsymbol{\Gamma}_{0i}^{\mathrm{T}}\right)\right]$，

$\boldsymbol{U}_{2i}^{\mathrm{T}}=\left[\sqrt{p_{i1}}\left(\boldsymbol{Y}_i^{\mathrm{T}}\boldsymbol{\Gamma}_{1i}^{\mathrm{T}}\right)\ \ \cdots\ \ \sqrt{p_{iN}}\left(\boldsymbol{Y}_i^{\mathrm{T}}\boldsymbol{\Gamma}_{1i}^{\mathrm{T}}\right)\right]$，$\boldsymbol{Z}=\mathrm{diag}\{\boldsymbol{X}_1\ \boldsymbol{X}_2\ \cdots\boldsymbol{X}_N\}$。

最后得到：$\boldsymbol{\Xi}_i<0 \ \Leftrightarrow\ \begin{pmatrix}-\boldsymbol{X}_i+\boldsymbol{W}_i & 0 & \boldsymbol{U}_{1i}^{\mathrm{T}}\\ 0 & -\boldsymbol{W}_i & \boldsymbol{U}_{2i}^{\mathrm{T}}\\ \boldsymbol{U}_{1i} & \boldsymbol{U}_{2i} & -\boldsymbol{Z}\end{pmatrix}<0$。

由定理 4.1 可知，此时系统（4.7）是随机稳定的。此外，由 $\boldsymbol{Y}_i=\boldsymbol{S}_i\boldsymbol{X}_i$ 可知：$\boldsymbol{S}_i=\boldsymbol{Y}_i\boldsymbol{X}_i^{-1}$，因此，可设计状态反馈控制器为：$u_k=\boldsymbol{S}_i x_k$，其中 $\boldsymbol{S}_i=\boldsymbol{Y}_i\boldsymbol{X}_i^{-1}$。定理 4.2 得证。

定理 4.2 给出了系统（4.7）的状态反馈控制器 u_k 的设计方法，由于定理 4.2 是建立在定理 4.1 基础之上的，所以该状态反馈控制器 u_k 可以保证 NCS 的随机稳定性。由于在控制器的设计中考虑了前向网络时延的预测值 $\hat{\tau}_k$，因此状态反馈控制器 u_k 可以直接补偿网络时延 τ_k 对 NCS 性能的影响，使 NCS 重新获得稳定。此外，定理 4.2 将状态反馈控制律 S_i 的设计问题转化成了线性矩阵不等式（LMI）的求解问题，这可以通过 Matlab 的 LMI 工具箱解决。

4.5 仿真实验

为了验证本章设计的状态反馈控制器的有效性，我们在第 3 章仿真实验的基础上为 NCS 系统加上了本章设计的状态反馈控制器 u_k，如图 4.1 所示。

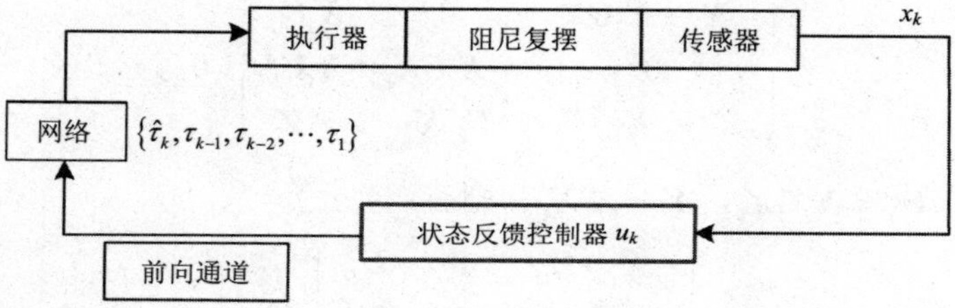

图 4.1　具有前向网络时延的 NCS 结构

在图 4.1 中，受控对象仍然是第 2.5 节描述的阻尼复摆，其状态空间方程为：

$$\begin{cases} \dot{x} = A_1 x + A_2 u \\ y = A_3 x + A_4 u \end{cases} \tag{4.28}$$

其中，$\boldsymbol{A}_1 = \begin{pmatrix} 0 & 1 \\ -10.77 & -0.039 \end{pmatrix}$，$\boldsymbol{A}_2 = \begin{pmatrix} 0 \\ 1.89 \end{pmatrix}$，$\boldsymbol{A}_3 = (1 \quad 0)$，$\boldsymbol{A}_4 = 0$。

当控制器与执行器之间不使用网络而采取点对点直接连接时，使用式（2.39）所示的状态反馈控制律 $u = Sx$ [$S = (s^1 \quad s^2) = (0.4 \quad 2.58)$]可以保证系统获得如图 2.10 所示的稳定性。现在将控制器与执行器之间用通信网络进行连接，使得原闭环系统（图 2.9）变成了一个存在前向网络的网络化控制系统（NCS，如图 4.1 所示）。本节实验中的仿真环境（包括仿真平台 TrueTime1.5、网络节点驱动方式、传感器采样周期、网络参数设置）都与第 3.5 节的仿真实验环境相同。此时，由于控制律数据包在网络传输中不可避免的存在网络诱导时延 τ，在不改变状态反馈控制律 S 的情况下，系统将无法继续保持原有的稳定性，其阶跃响应曲线如图 4.2 所示，很明显，系统变得不稳定了。

为了克服前向网络时延 τ 对 NCS 稳定性的影响，我们将根据本章定理 4.2 重新设计状态反馈控制律。由第 4.2 节的推导可知，该状态反馈控制律的设计是基于对前向网络时延 τ 的在线预测的，且该预测是建立在 DTHMM 随机时延模型基础上的。因此，首先按照第 3 章的方法建立前向网络时延的 DTHMM，然后分别使用平均量化法和 K–均值聚类量化法对当前（第 k 个）采样周期内的网络时延 τ_k 进行预测（记预测值为 $\hat{\tau}_k$），最后，根据定理 4.2 的方法设计状态反馈控制律 u_k。因为在控制律 u_k 中考虑了时延预测值为 $\hat{\tau}_k$，因此能够补偿时延 τ_k 对 NCS 性能的影响，使 NCS 重获稳定。

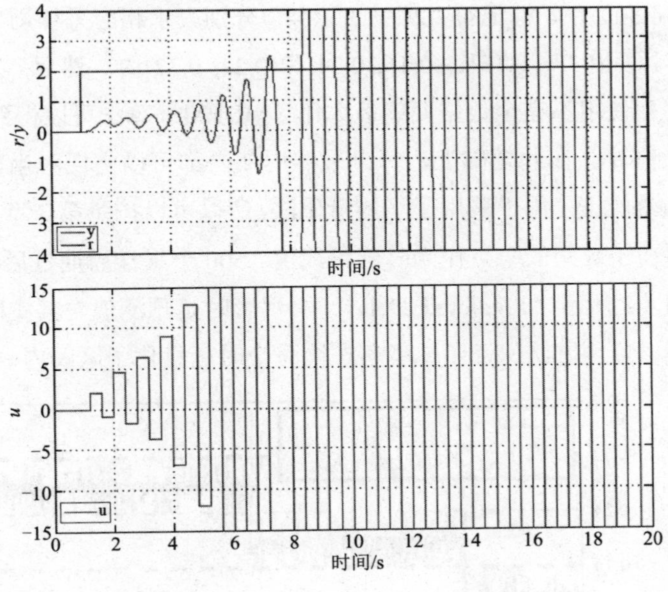

图 4.2　网络环境下不改变状态反馈控制律的 NCS 阶跃响应

首先建立 DTHMM 随机时延模型。假设网络状态个数为 3（即 $N=3$，$Q=\{1,2,3\}$），不同的网络状态可以简单理解为代表不同的网络负荷，比如："1"代表轻度网络负荷，"2"代表中度网络负荷，"3"代表重度网络负荷。网络时延小于一个采样周期（$\tau_k < h$），且时延范围 $(0,h)$ 被平均划分成如下 5

个完备子区间：

$$(0,0.4)=(0,0.08]\cup(0.08,0.16]\cup(0.16,0.24]\cup(0.24,0.32]\cup(0.32,0.4) \quad (4.29)$$

将式(4.29)右端的5个子区间分别用1，2，3，4，5标记，则时延DTHMM模型中的观测空间为$O=\{1,2,3,4,5\}$，且相异观测值个数为5（$M=5$）。观测空间O中的不同元素代表不同的时延子区间。经过500个采样周期后，控制器节点将全部前向网络（Controller-to-Actuator，C–A）时延的实际值收集在一个时延序列τ中，如图4.3所示（Real Delay）。在每一个采样周期内，此前的所有C–A时延数据都被按照式(4.29)进行平均量化得到相应的量化序列o。比如第500个采样周期内的o为：

$$o=\{\underbrace{2,\cdots,2}_{101},\underbrace{3,\cdots,3}_{180},\underbrace{4,\cdots,4}_{218}\} \quad (4.30)$$

在式（4.30）中，标记符“2”“3”“4”分别表示相应采样周期内的C–A时延落在子区间(0.08, 0.16]、(0.16, 0.24]和(0.24, 0.32]内。然后，基于这样的时延量化序列使用不完全数据期望最大化（MDEM）算法可以得到DTHMM参数的最优估计。在此基础上，每个采样周期内都可以实现对当前采样周期内C–A时延的预测。由于采用了平均量化法，所以可以按照第3章的式(3.34)选取时延所在子区间的中点作为时延预测值。500个采样周期过后，所有时延预测值如图4.3所示（Predicted Delay）。尽管时延预测值与其实际值之间存在偏差，但该预测方法保证了二者落在同一个时延量化子区间内。

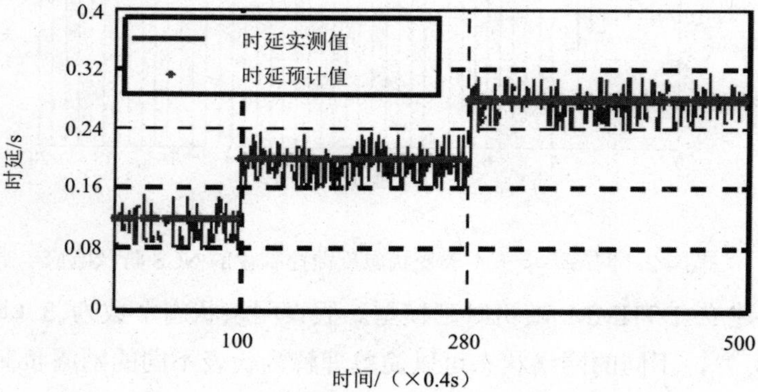

图4.3　时延实际值与平均量化下的时延预测值

在获得当前采样周期内的C–A时延预测值$\hat{\tau}_k$后，就可以用预测值

$\hat{\tau}_k$代替实际值τ_k来设计当前采样周期内的状态反馈控制器u_k了。根据定理 4.2，状态反馈控制器u_k的设计问题可以转化为线性矩阵不等式（LMI）的求解问题。在仿真实验中，系统状态$x=\begin{pmatrix}x_1 & x_2\end{pmatrix}^{\mathrm{T}}=\begin{pmatrix}\theta & \dot{\theta}\end{pmatrix}^{\mathrm{T}}$（其中$\theta$表示阻尼复摆的转角），所以状态反馈控制器$u_k=S_i x_k$中的系数$S_i$有两个分量，记为$S_i=\begin{pmatrix}S1_i & S2_i\end{pmatrix}$。通过利用 Matlab 中的 LIM 工具箱求解如式（4.25）所示的线性矩阵不等式后，可以得到每个采样周期内的S_i，比如：第 500 个采样周期内的S_i为(4.755601　−0.655405)，其他系数如图 4.4 所示。

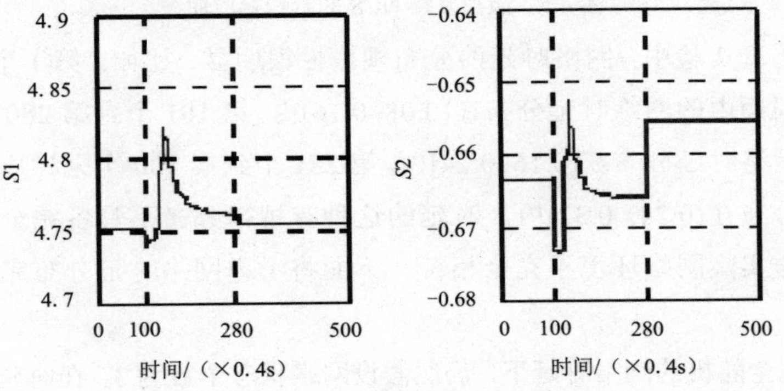

图 4.4　状态反馈控制律系数

由于状态反馈控制器u_k考虑了当前采样周期内的 C−A 时延预测值，所以u_k可以直接补偿 C−A 时延对 NCS 的负面影响，从而使系统重获稳定，系统阶跃响应曲线如图 4.5 所示（*y*：under predicted delay）。状态反馈控制器u_k可以使阻尼复摆网络化控制系统重获稳定，仅证明了u_k的有效性。为了突出本章设计的状态反馈控制器u_k的优越性，我们还做了对比实验。众所周知，在 NCS 中有一种传统的时延补偿方法：定常时延补偿，就是用一个固定时延代替时变时延，而且这个固定时延通常选取为时变时延的最大值。从图 4.3 可以看出，500 个采样周期内的时延最大值为 0.31508s，以此为固定时延对阻尼复摆网络化控制系统进行时延补偿，得到的系统阶跃响应曲线如图 4.5 所示（*y**：under const delay）。通过对比可以看出，曲线 *y* 比曲线 *y**具有更好的动态特性、稳态特性和稳定性，说明了本章设计的状态反馈控制器的优越性。

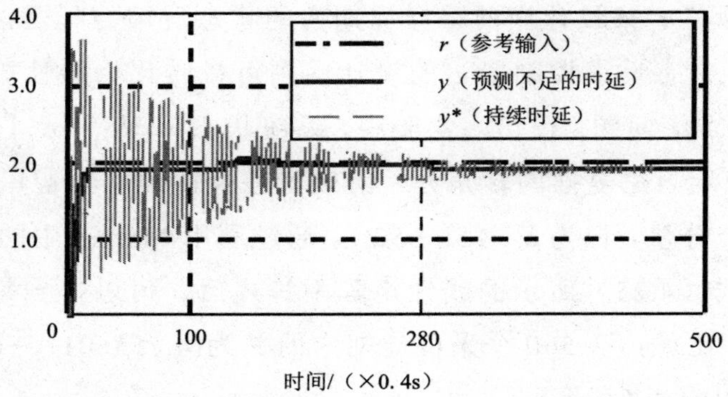

图 4.5　阻尼复摆 NCS 的阶跃响应曲线

在仿真实验中，网络时延的分布规律性很明显，比如：第 1 个到第 100 个采样周期内的网络时延分布在(0.08, 0.16]内，第 101 个到第 280 个采样周期内的网络时延分布在(0.16, 0.24]内，第 281 个到第 500 个采样周期内的网络时延分布在(0.24, 0.32]内。时延的这种有规律分布不具备完全随机的特点，这与实际网络环境不完全相符。下面将考虑网络时延分布完全随机的情况。

在完全随机的网络时延下，仍然假设网络状态个数为 3，在时延量化方面分别采用平均量化法和 K-均值聚类量化法，相应的时延预测方法也分别采用基于平均量化的时延预测法和基于 K-均值聚类量化的时延预测法。这方面的详细实验过程可以参考第 3.5 节的完全随机时延实验部分。然后，将时延预测值用于设计状态反馈控制器。下面给出了每个采样周期内分别基于平均量化和 K-均值聚类量化的状态反馈控制器设计过程。

过程 4-1（平均量化）：

（1）对时延历史数据进行平均量化处理，得到时延量化序列；

（2）基于时延量化序列和 MDEM 算法建立和训练 DTHMM 模型参数；

（3）基于 DTHMM 和 Viterbi 算法预测当前采样周期内的网络时延（取自子区间中点）；

（4）根据定理 4.2 设计状态反馈控制器补偿网络时延对 NCS 的影响。

过程 4-2（*K*-均值聚类量化）：

（1）对时延历史数据进行 *K*-均值聚类量化处理，得到时延量化序列；

（2）基于时延量化序列和 MDEM 算法建立和训练 DTHMM 模型参数；

（3）基于 DTHMM 和 Viterbi 算法预测当前采样周期内的网络时延（取自聚类中心）；

（4）根据定理 4.2 设计状态反馈控制器补偿网络时延对 NCS 的影响。

过程 4-1 和过程 4-2 在设计状态反馈控制器时都考虑了当前采样周期内的网络时延预测值，旨在保证 NCS 重获稳定性。但这两个过程在时延量化和预测方法方面是不同的，前者采用的是平均量化，后者采用的是 *K*-均值聚类量化。根据第 3 章的分析可知，基于 *K*-均值聚类量化的时延预测方法比基于平均量化的时延预测方法具有更高的预测精度。经过 200 个采样周期后，

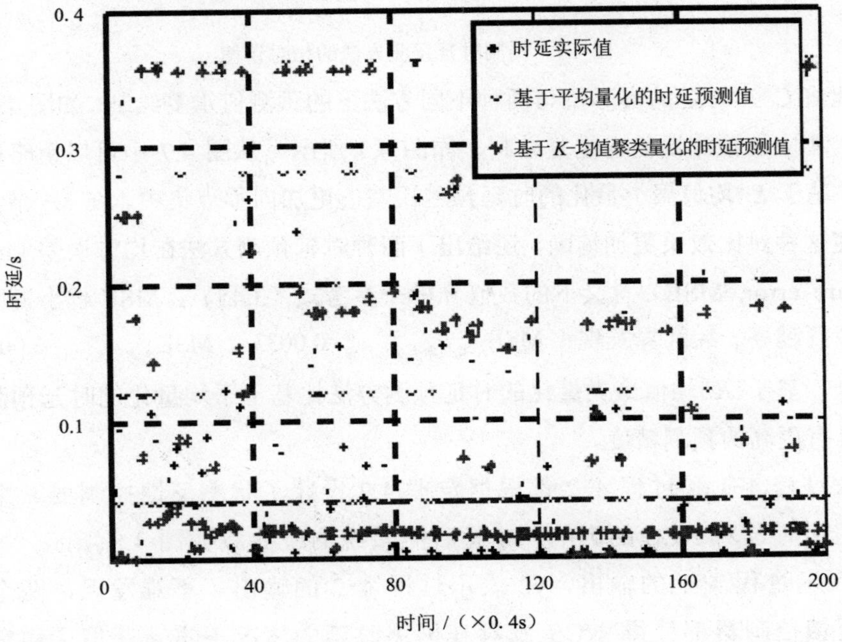

图 4.6　时延实际值及不同量化方法下的时延预测值

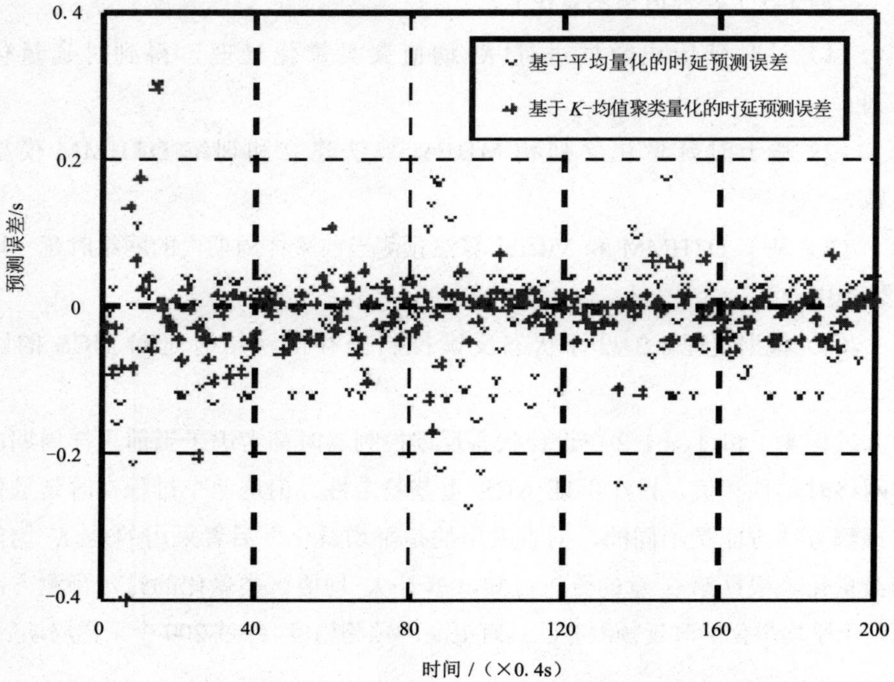

图 4.7　不同时延预测方法的相对误差

在此将 C−A 时延的实际值与两种不同方法下的预测值重复绘制，如图 4.6 所示，相应的预测误差也重复绘制，如图 4.7 所示。从图 4.7 中可以粗略地看出，基于 *K*−均值聚类量化的时延预测误差值更加向零点集中。在 3.5 节，为了使这种对比效果更加清晰，还给出了两种时延预测方法在均方误差（mean square error, MSE）意义下的数值分析—参考式（3.45），MSE 越小说明预测精度越高。经计算发现：$\mathrm{MSE}_{K\text{-均值聚类量化预测}}=0.0033<\mathrm{MSE}_{\text{平均量化预测}}=0.0068$。所以，基于 *K*−均值聚类量化的时延预测方法比基于平均量化的时延预测方法具有更高的预测精度。

过程 4−1 和过程 4−2 都根据定理 4.2 设计了状态反馈控制器，来补偿网络时延对 NCS 的影响，补偿后的系统响应曲线如图 4.8 所示，其中 *y*1 表示过程 4−1 的输出，*y*2 表示过程 4−2 的输出。不难发现，两个状态反馈控制器都使得 NCS 在存在网络时延的情况下重新获得了稳定，说明本章的状态反馈控制器设计方法同样适用于网络时延完全随机的

NCS。此外，在第 81 到第 120 个采样周期之间的曲线存在较大的波动，这是因为这段时间内的时延预测误差相对较大（图 4.7），同样的原因也导致了在第 140 个采样周期附近的曲线出现了较大的波动。但是，这两处 *y*2 的波动比 *y*1 的波动小得多，这正是由于基于 *K*–均值聚类量化的时延预测方法比基于平均量化的时延预测方法具有更高的预测精度。当使用更高精度的时延预测值来设计状态反馈控制器时，NCS 表现出了更好的阶跃响应特性。

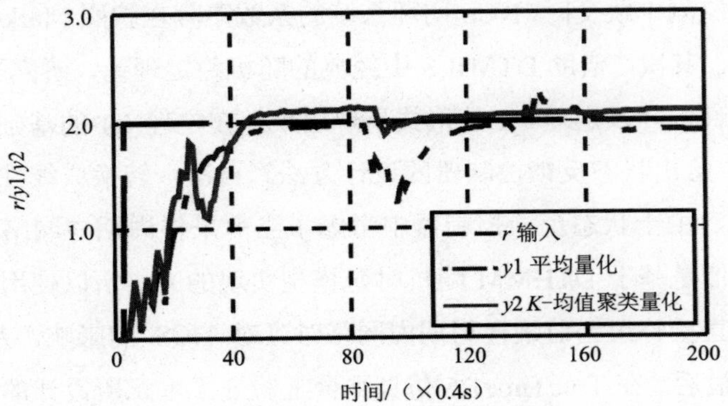

图 4.8　不同时延预测方法下的 NCS 状态反馈控制响应曲线

值得注意的是，在前 40 个采样周期，曲线 *y*2 的波动比曲线 *y*1 的波动更剧烈。这是因为此前的时延历史数据量较小，不足以保证 *K*–均值聚类算法的学习精度，从而导致训练出来的 DTHMM 与实际网络环境的逼近程度不高。而平均量化的精度与时延历史数据量无关。但是，随着时延历史数据量的不断变大，*K*–均值聚类的学习精度也不断提高，DTHMM 的模型逼近程度也跟着提高，时延预测精度和状态反馈控制效果也就越来越好。而基于平均量化的 DTHMM 模型训练精度、时延预测精度、状态反馈控制效果却不会随着时延历史数据量的变大而有所改善。这就是为什么 *y*2 在开始时没有 *y*1 的表现好，但随着时间的推移，*y*2 表现的比 *y*1 的越来越好。

此外，由于实验中的被控对象（阻尼复摆）是一个慢速系统（采样周期为 0.4s），所以当使用高性能处理器（如 Intel Core2 Duo CPU T5850 @ 2.16GHz 2.17GHz）进行仿真实验时，足以保证 *K*–均值聚类算法和 MDEM 算法迭代计算的耗时需求。

4.6 本章小结

本章旨在基于DTHMM随机时延模型设计NCS的状态反馈控制器。首先，将引入DTHMM随机时延模型的NCS建模成一个典型的离散时间马尔可夫跳变线性系统（DTMJLS），当隐含的网络状态随着每一次网络传输而在某一离散有限状态空间中跳变时，NCS闭环系统的系数矩阵也按照Markov特性发生相应的跳变。其次，借助DTMJLS中经典的随机稳定理论，研究了NCS的随机稳定性条件，并以定理4.1的形式呈现出来。在定理4.1的基础上进一步得到定理4.2，给出状态反馈控制器的设计方法。再次，转换成线性矩阵不等式的求解问题。由于状态反馈控制器中考虑了当前采样周期内网络时延的预测值（该预测值是基于DTHMM随机时延模型实现的），所以使用该状态反馈控制器可以直接补偿当前采样周期内网络时延对NCS的影响，从而使NCS重获稳定。最后，在TrueTime1.5仿真平台上验证了本章所设计的状态反馈控制器的有效性，并通过与定长时延补偿效果进行对比，突出了本章状态反馈控制器的优越性。此外，由于所设计的状态反馈控制器是基于对当前采样周期时延的预测，所以时延预测精度对状态反馈控制效果有一定的影响。通过对比实验验证了使用基于K-均值聚类量化的时延预测值设计的状态反馈控制器比使用基于平均量化的时延预测值设计的状态反馈控制器具有更好的时延补偿效果。

第5章　基于DTHMM的NCS最优控制

5.1　引言

近年来，国内外很多学者开始研究NCS在某一给定性能指标下的最优控制问题。当网络时延具有Markov特性时，Markov随机过程被广泛用于建立网络时延的数学模型，从而将NCS建模成一个马尔可夫跳变线性系统，并研究了相应的最优控制器设计方法。Markov链随机时延模型考虑的是相邻网络时延彼此之间的概率关系，并为NCS提供了有效的最优控制器设计方法。与Markov链随机时延模型不同，DTHMM随机时延模型考虑的是网络时延与网络状态之间的概率关系，当前采样周期的网络时延仅受控于当前采样周期的网络状态。那么，在这种时延模型下如何设计最优控制器来保证NCS满足某一给定的性能指标就成为一个亟待解决的问题。

早在1997年，Nilsson就研究了NCS在DTHMM随机时延模型下的LQG控制问题，但是回避了DTHMM中隐Markov链状态转移矩阵的估计问题，而本书在第3章使用不完全数据期望最大化（MDEM）算法解决了这一问题，并且得到了当前采样周期前向网络时延的预测值。本章将在第3章的基础上，将该时延预测值考虑到最优控制器的设计过程中，从而直接补偿时延对系统的影响，并保证系统满足给定的性能指标最小。

为此，本章首先将NCS建模成一个增广状态模型，其中增广状态由当前采样周期的受控对象系统状态和前一采样周期的控制律构成；然后根据贝尔曼动态规划原理设计NCS最优控制器来补偿时延对系统的负面影响，并且得到系统在该控制器下的最小性能指标；进一步研究NCS在该最优控制器下的指数均方稳定性问题；最后通过仿真实验验证该最优控制器的有效性，并将其时延补偿效果与状态反馈控制器的时延补偿效果进行对比。

5.2 增广状态系统模型

仅有前向网络的NCS（图1.11），通过引入DTHMM建立前向通道网络状态与网络时延之间概率模型[式（3.7）]，采用MDEM算法获得DTHMM模型参数的最优估计，采用Viterbi算法获得与时延观测序列相对应的最优状态序列，再分别基于平均量化法和 K-均值聚类量化法预测当前（第 k 个）采样周期内前向通道的网络状态 $\hat{q}_k$ 和网络时延 $\hat{\tau}_k$。在完成前向网络时延的建模与预测后，可以根据该时延预测值设计一个最优控制器，补偿前向时延对NCS的影响，并满足给定的性能指标最小。

为此，首先需要为引入了DTHMM时延模型的NCS建立合适的数学模型，本章将建立NCS的增广状态系统模型。设伴有噪声的NCS连续时间模型为:

$$\begin{cases} \dot{x}(t) = \boldsymbol{A}_1 x(t) + \boldsymbol{A}_2 u(t) + v(t) \\ y(t) = \boldsymbol{A}_3 x(t) + w(t) \end{cases} \tag{5.1}$$

其中，$x(t) \in R^n$ 为 n 维的状态向量，$u(t) \in R^m$ 为 m 维输入向量，$y(t) \in R^{\varpi}$ 为 ϖ 维输出向量，系统噪声 $\boldsymbol{v}(t) \in R^n$ 和量测噪声 $w(t) \in R^{\varpi}$ 是相互独立的白噪声（数学期望为零），$\boldsymbol{A}_1$、$\boldsymbol{A}_2$、$\boldsymbol{A}_3$ 是维数适当的系数矩阵。

当NCS仅有前向网络时延 τ_k（τ_k 表示第 k 个采样周期内的前向网络时延，如图1.11所示）且网络时延不大于一个采样周期（即 $\tau_k \leqslant h$）时，系统（5.1）经离散化处理后可以得到:

$$\begin{cases} x_{k+1} = \Omega_1 x_k + \Omega_2(\hat{\tau}_k) u_k + \Omega_3(\hat{\tau}_k) u_{k-1} + v_k \\ y_k = \boldsymbol{A}_3 x_k + w_k \end{cases} \tag{5.2}$$

其中，$\Omega_1 = \mathrm{e}^{A_1 h}$，$\Omega_2(\hat{\tau}_k) = \int_0^{h-\hat{\tau}_k} \mathrm{e}^{A_1 s} \mathrm{d}s \boldsymbol{A}_2$，$\Omega_3(\hat{\tau}_k) = \int_{h-\hat{\tau}_k}^{h} \mathrm{e}^{A_1 s} \mathrm{d}s \boldsymbol{A}_2$。

既然 $v(t)$ 和 $w(t)$ 是相互独立的零均值白噪声，那么 v_k 和 w_k 也同样是相互独立的零均值白噪声，并且本书假设 v_k 和 w_k 分别服从高斯分布 $N(0, R_1)$ 和 $N(0, R_2)$。

从式（5.2）可以看出，当前采样周期（记为第 k 个采样周期）的网络时延预测值 $\hat{\tau}_k$ 已经被考虑进去了。这里的预测值 $\hat{\tau}_k$ 是根据第3章的时延建模和预测方法得到的，可以是基于平均量化得到的预测值[见式（3.34）]，也可以是基于 K-均值聚类量化得到的预测值[式（3.38）]。所以，本章的最优控制器设计是在第 3 章的基础上进行的。由于当前采样周期的时延被预测出来并被考虑到了控制器设计中，因此为系统（5.2）设计的最优控制器 u_k 可以“直接”补偿当前采样周期内前向网络时延 τ_k 对系统性能的影响。所谓“直接”是因为该补偿策略（即最优控制器设计方法）是建立在时延预测基础之上的。与此类似，在第 4 章我们设计了状态反馈控制器，但是本章的最优控制器将使 NCS 获得比状态反馈控制器更好的性能表现。这一点将会在本章的仿真实验中通过对比实验得到验证。

既然要设计一个最优控制器，那么就需要某种性能指标来衡量何时达到最优，本书选取的性能指标如下：

$$\boldsymbol{J}_0 = \boldsymbol{E}\left[\boldsymbol{x}_K^{\mathrm{T}}\boldsymbol{\psi}_1\boldsymbol{x}_K + \sum_{k=0}^{K-1}\left(\boldsymbol{x}_K^{\mathrm{T}}\boldsymbol{\psi}_2\boldsymbol{x}_K + \boldsymbol{u}_K^{\mathrm{T}}\boldsymbol{\psi}_3\boldsymbol{u}_k\right)\right] \tag{5.3}$$

其中，$\boldsymbol{\psi}_1$ 和 $\boldsymbol{\psi}_2$ 均为对称半正定矩阵，$\boldsymbol{\Psi}_3$ 为对称正定矩阵。

为了得到系统（5.2）的增广状态模型，我们定义一个增广状态为 z_k：

$$\boldsymbol{z}_k = \begin{bmatrix}\boldsymbol{x}_k \\ \boldsymbol{u}_{k-1}\end{bmatrix} \in R^{n+m} \tag{5.4}$$

不难发现，增广状态 $\boldsymbol{z}_k$ 是由当前采样周期的受控对象状态 $\boldsymbol{x}_k$ 和前一采样周期的控制律 $\boldsymbol{u}_{k-1}$ 构成的。将增广状态向量代入式（5.2）就可以得到 NCS 的增广状态系统模型如下：

$$\begin{cases}\boldsymbol{z}_{k+1} = \boldsymbol{\Phi}_k\boldsymbol{z}_k + \boldsymbol{\Gamma}_k\boldsymbol{u}_k + \boldsymbol{\Lambda}v_k \\ \boldsymbol{y}_k = \boldsymbol{F}\boldsymbol{z}_k + w_k\end{cases} \tag{5.5}$$

其中，$\boldsymbol{\Phi}_k = \begin{pmatrix}\boldsymbol{\Omega}_1 & \boldsymbol{\Omega}_3(\hat{\tau}_k) \\ 0 & 0\end{pmatrix}$，$\boldsymbol{\Gamma}_k = \begin{pmatrix}\boldsymbol{\Omega}_2(\hat{\tau}_k) \\ 1\end{pmatrix}$，　$\boldsymbol{\Lambda} = \begin{pmatrix}\boldsymbol{I} \\ 0\end{pmatrix}$（$\boldsymbol{I}$ 表示维数适当的单位矩阵），$\boldsymbol{F} = \begin{pmatrix}\boldsymbol{A}_3 & 0\end{pmatrix}$。

进一步，性能指标式（5.3）可以改写成：

$$\boldsymbol{J}_0 = \boldsymbol{E}\left[\boldsymbol{z}_K^{\mathrm{T}}\boldsymbol{\Theta}_1\boldsymbol{z}_K + \sum_{k=0}^{K-1}\left(\boldsymbol{z}_K^{\mathrm{T}}\boldsymbol{\Theta}_2\boldsymbol{z}_K + \boldsymbol{u}_K^{\mathrm{T}}\boldsymbol{\Theta}_3\boldsymbol{u}_k\right)\right] \tag{5.6}$$

其中，$\boldsymbol{\Theta}_1=\begin{pmatrix}\boldsymbol{\psi}_1 & 0\\ 0 & \frac{1}{2}\boldsymbol{\psi}_3\end{pmatrix}$，$\boldsymbol{\Theta}_2=\begin{pmatrix}\boldsymbol{\psi}_2 & 0\\ 0 & \frac{1}{2}\boldsymbol{\psi}_3\end{pmatrix}$，$\boldsymbol{\Theta}_3=\frac{1}{2}\boldsymbol{\psi}_3$，$u_{-1}=0$。

显然，系统（5.5）在性能指标（5.6）下的最优控制律等价于系统（5.2）在性能指标（5.3）下的最优控制律。本章将在性能指标（5.6）下研究系统（5.5）的最优控制器设计，得到系统（5.2）在性能指标（5.3）下的最优控制器。

5.3 最优控制器设计

本节将研究系统（5.5）在性能指标（5.6）下的最优控制器设计方法。为此，首先给出一个关于期望运算与求极限运算可交换的引理。

5.3.1 最优控制器设计引理

引理 5.1（Åström 1970）：假设函数 $g(x,y,u)$ 对于全部 x 和 y 存在唯一一个关于变量 $u\in U$ 的最小值，并将使函数 g 达到这一最小值的 u 记为 $u^0(x,y)$，那么就有：

$$\min_{u(x,y)}E\{g(x,y,u)\}=E\{g[x,y,u^0(x,y)]\}=E\left\{\min_{u}g(x,y,u)\right\}$$

定理 5.1 给出了系统（5.5）在性能指标（5.6）下的最优控制器设计方法。

定理 5.1：当系统（5.5）具有全状态反馈信息时，使性能指标（5.6）达到最小的最优控制器为：

$$u_k=-L_k\begin{bmatrix}x_k\\ u_{k-1}\end{bmatrix} \tag{5.7}$$

其中，

$$L_k=\left[E\{\Gamma_k^{\mathrm{T}}S_{k+1}\Gamma_k\}+\boldsymbol{\Theta}_3\right]^{-1}E\{\Gamma_k^{\mathrm{T}}S_{k+1}\Phi_k\}, \tag{5.8}$$

$$S_k=E\{\Phi_k^{\mathrm{T}}S_{k+1}\Phi_k\}+\boldsymbol{\Theta}_2-L_k^{\mathrm{T}}\left[E\{\Gamma_k^{\mathrm{T}}S_{k+1}\Gamma_k\}+\boldsymbol{\Theta}_3\right]L_k \tag{5.9}$$

$$=E\{(\Phi_k-\Gamma_kL_k)^{\mathrm{T}}S_{k+1}(\Phi_k-\Gamma_kL_k)\}+L_k^{\mathrm{T}}\boldsymbol{\Theta}_3L_k+\boldsymbol{\Theta}_2 \tag{5.10}$$

$$=E\{(\Phi_k-\Gamma_kL_k)^{\mathrm{T}}S_{k+1}\Phi_k\}+\boldsymbol{\Theta}_2 \tag{5.11}$$

$$S_K=\boldsymbol{\Theta}_1 \tag{5.12}$$

而且，此时的最小性能指标为：

$$\min J_0 = m_0^{\mathrm{T}} S_0 m_0 + tr(S_0 R_0) + \sum_{k=0}^{K-1} tr\left(\boldsymbol{\Lambda}^{\mathrm{T}} S_{k+1} \boldsymbol{\Lambda} R_1\right) \tag{5.13}$$

其中，m_0、R_0 为系统初始状态 z_0 的分布参数，z_0 服从高斯分布 $N(m_0, R_0)$，R_1 是系统噪声 v_k 的方差，tr 表示求解矩阵的迹。

5.3.2　引理证明

证明：利用贝尔曼（Bellman）动态规划分步证明。

（1）贝尔曼泛函方程。

性能指标函数（5.6）是从初始时间 $k=0$ 开始的整体性能指标函数，表示为 J_0，那么把从 $k \in [0, K]$ 开始的部分性能指标函数表示为 J_k，则有：

$$J_k = E\left\{ z_K^{\mathrm{T}} \boldsymbol{\Theta}_1 z_K + \sum_{l=k}^{K-1} \left(z_l^{\mathrm{T}} \boldsymbol{\Theta}_2 z_l + u_l^{\mathrm{T}} \boldsymbol{\Theta}_3 u_l \right) \right\} \tag{5.14}$$

先计算 k 时的情况，再把 k 换成 0 就得到整体性能指标 J_0。J_k 是对 $u_k, u_{k-1}, \cdots, u_{K-1}$ 而取的极小值，并且是在量测结果 X_k（$X_k = \{x_k, x_{k-1}, \cdots, x_1; u_{k-1}, \cdots, u_1\}$）已知的条件下取极小值，由引理 5.1 可知：

$$\begin{aligned}
\min J_k &= \min_{u_k, \cdots, u_{K-1}} E\left[z_K^{\mathrm{T}} \boldsymbol{\Theta}_1 z_K + \sum_{l=k}^{K-1} \left(z_l^{\mathrm{T}} \boldsymbol{\Theta}_2 z_l + u_l^{\mathrm{T}} \boldsymbol{\Theta}_3 u_l \right) \right] \\
&= E\left\{ \min_{u_k, \cdots, u_{K-1}} \left[z_K^{\mathrm{T}} \boldsymbol{\Theta}_1 z_K + \sum_{l=k}^{K-1} \left(z_l^{\mathrm{T}} \boldsymbol{\Theta}_2 z_l + u_l^{\mathrm{T}} \boldsymbol{\Theta}_3 u_l \right) \right] \right\} \\
&= E\left\{ \min_{u_k, \cdots, u_{K-1}} E\left[z_K^{\mathrm{T}} \boldsymbol{\Theta}_1 z_K + \sum_{l=k}^{K-1} \left(z_l^{\mathrm{T}} \boldsymbol{\Theta}_2 z_l + u_l^{\mathrm{T}} \boldsymbol{\Theta}_3 u_l \right) \middle| X_k \right] \right\} \\
&= E\left\{ \min_{u_k, \cdots, u_{K-1}} E\left[z_K^{\mathrm{T}} \boldsymbol{\Theta}_1 z_K + \sum_{l=k}^{K-1} \left(z_l^{\mathrm{T}} \boldsymbol{\Theta}_2 z_l + u_l^{\mathrm{T}} \boldsymbol{\Theta}_3 u_l \right) \middle| z_k \right] \right\} \qquad (5.15) \\
&= E[V(z_k, k)] \qquad (5.16)
\end{aligned}$$

其中，式（5.15）源自式（5.5），因为式（5.5）表明 $z_{k+1}, \cdots, z_K$ 仅受 z_k 影响。式（5.16）中的 $V(z_k, k)$ 为风险函数，根据式（5.16）可知 $V(z_k, k)$ 定义如下：

$$V(z_k, k) = \min_{u_k, \cdots, u_{K-1}} E\left[z_K^{\mathrm{T}} \boldsymbol{\Theta}_1 z_K + \sum_{l=k}^{K-1} \left(z_l^{\mathrm{T}} \boldsymbol{\Theta}_2 z_l + u_l^{\mathrm{T}} \boldsymbol{\Theta}_3 u_l \right) \middle| z_k \right] \tag{5.17}$$

所以有：$\min J_k = E\{V(z_k, k)\}$，当 $k=0$ 时，可以得到整体性能指标函数为：

$$\min J_0 = E\left\{V(z_0,0)\right\} \tag{5.18}$$

进一步可将$V(z_k,k)$写成贝尔曼泛函方程：

$$\begin{aligned}V(z_k,k) &= \min_{u_k} E\left\{z_k^{\mathrm{T}}\boldsymbol{\Theta}_2 z_k + u_k^{\mathrm{T}}\boldsymbol{\Theta}_3 u_k + \min_{u_{k+1},\cdots,u_{K-1}} E\left[z_K^{\mathrm{T}}\boldsymbol{\Theta}_1 z_K + \sum_{l=k+1}^{K-1}\left(z_l^{\mathrm{T}}\boldsymbol{\Theta}_2 z_l + u_l^{\mathrm{T}}\boldsymbol{\Theta}_3 u_l\right)\middle|z_{k+1}\right]\middle|z_k\right\} \\ &= \min_{u_k} E\left\{z_k^{\mathrm{T}}\boldsymbol{\Theta}_2 z_k + u_k^{\mathrm{T}}\boldsymbol{\Theta}_3 u_k + V(z_{k+1},k+1)\middle|z_k\right\}\end{aligned} \tag{5.19}$$

考虑到z_k^{T}，u_k相对于z_k是确定量，则式（5.19）可写成：

$$V(z_k,k) = \min_{u_k}\left\{z_k^{\mathrm{T}}\boldsymbol{\Theta}_2 z_k + u_k^{\mathrm{T}}\boldsymbol{\Theta}_3 u_k + E[V(z_{k+1},k+1)\ |z_k]\right\} \tag{5.20}$$

（2）求解贝尔曼泛函方程式（5.20）。

使用数学归纳法，可得式（5.20）的解是二次型：

$$V(z_k,k) = z_k^{\mathrm{T}} S_k z_k + s_k \tag{5.21}$$

其中，S_k，s_k均为待定函数。

用数学归纳法证明如下：

① 初值$l=K$时，因z_K为确定量，所以有：

$$V(z_K,K) = \min E\left\{z_K^{\mathrm{T}}\boldsymbol{\Theta}_1 z_K \middle| z_K\right\} = z_K^{\mathrm{T}}\boldsymbol{\Theta}_1 z_K$$

令$S_K=\boldsymbol{\Theta}_1$，$s_K=0$，则式（5.19）显然成立。

② $l=k+1$时，有：

$$V(z_{k+1},k+1) = z_{k+1}^{\mathrm{T}} S_{k+1} z_{k+1} + s_{k+1} \tag{5.22}$$

对式（5.20）两边取条件期望，可以得到：

$$E\left\{V(z_{k+1},k+1)\middle|z_k\right\} = E\left\{z_{k+1}^{\mathrm{T}} S_{k+1} z_{k+1}\middle|z_k\right\} + s_{k+1} \tag{5.23}$$

将式（5.5）代入式（5.23），可得：

$$E\left\{V(z_{k+1},k+1)\ \middle|z_k\right\} = E\left\{\left(\boldsymbol{\Phi}_k z_k + \boldsymbol{\Gamma}_k u_k + \boldsymbol{\Lambda} v_k\right)^{\mathrm{T}} S_{k+1}\left(\boldsymbol{\Phi}_k z_k + \boldsymbol{\Gamma}_k u_k + \boldsymbol{\Lambda} v_k\right)\ \middle|z_k\right\} + s_{k+1} \tag{5.24}$$

考虑到z_k、u_k相对于z_k是确定量，则式（5.24）可写成：

$$\begin{aligned}E\left\{V(z_{k+1},k+1)\middle|z_k\right\} &= E\left\{\left(\boldsymbol{\Phi}_k z_k + \boldsymbol{\Gamma}_k u_k\right)^{\mathrm{T}} S_{k+1}\left(\boldsymbol{\Phi}_k z_k + \boldsymbol{\Gamma}_k u_k\right)\right\} + \\ &E\left\{\left(\boldsymbol{\Phi}_k z_k + \boldsymbol{\Gamma}_k u_k\right)^{\mathrm{T}} S_{k+1}\boldsymbol{\Lambda} v_k\right\} + E\left\{\left(\boldsymbol{\Lambda} v_k\right)^{\mathrm{T}} S_{k+1}\left(\boldsymbol{\Phi}_k z_k + \boldsymbol{\Gamma}_k u_k\right)\right\} + \\ &E\left\{\left(\boldsymbol{\Lambda} v_k\right)^{\mathrm{T}} S_{k+1}\boldsymbol{\Lambda} v_k\right\} + s_{k+1}\end{aligned} \tag{5.25}$$

考虑到v_k服从高斯分布$N(0,R_1)$，所以式（5.25）中的二、三两项均为零，第四项等效于$tr\left(\boldsymbol{\Lambda}^{\mathrm{T}} S_{k+1} \boldsymbol{\Lambda} R_1\right)$，则式（5.25）可写成：

$$E\left\{V(z_{k+1},k+1)\left|z_k\right.\right\}=E\left\{\left(\boldsymbol{\Phi}_k z_k+\boldsymbol{\Gamma}_k u_k\right)^{\mathrm{T}} S_{k+1}\left(\boldsymbol{\Phi}_k z_k+\boldsymbol{\Gamma}_k u_k\right)\right\}+tr\left(\boldsymbol{\Lambda}^{\mathrm{T}} S_{k+1} \boldsymbol{\Lambda} R_1\right)+s_{k+1}$$

③ $l=k$ 时，有：

$$\begin{aligned}
V(z_k,k)&=\min_{u_k}\left\{z_k^{\mathrm{T}}\boldsymbol{\Theta}_2 z_k+u_k^{\mathrm{T}}\boldsymbol{\Theta}_3 u_k+E\left\{\left(\boldsymbol{\Phi}_k z_k+\boldsymbol{\Gamma}_k u_k\right)^{\mathrm{T}} S_{k+1}\left(\boldsymbol{\Phi}_k z_k+\boldsymbol{\Gamma}_k u_k\right)\mid z_k\right\}+tr\left(\boldsymbol{\Lambda}^{\mathrm{T}} S_{k+1}\boldsymbol{\Lambda} R_1\right)+s_{k+1}\right.\\
&=\min_{u_k}\left\{z_k^{\mathrm{T}}\boldsymbol{\Theta}_2 z_k+u_k^{\mathrm{T}}\boldsymbol{\Theta}_3 u_k+E\left\{\left(z_k^{\mathrm{T}}\boldsymbol{\Phi}_k^{\mathrm{T}}+u_k^{\mathrm{T}}\boldsymbol{\Gamma}_k^{\mathrm{T}}\right) S_{k+1}\left(\boldsymbol{\Phi}_k z_k+\boldsymbol{\Gamma}_k u_k\right)\mid z_k\right\}+tr\left(\boldsymbol{\Lambda}^{\mathrm{T}} S_{k+1}\boldsymbol{\Lambda} R_1\right)+s_{k+1}\right.\\
&=\min_{u_k}\left\{z_k^{\mathrm{T}}\boldsymbol{\Theta}_2 z_k+u_k^{\mathrm{T}}\boldsymbol{\Theta}_3 u_k+E\left\{\left(z_k^{\mathrm{T}}\boldsymbol{\Phi}_k^{\mathrm{T}} S_{k+1}\boldsymbol{\Phi}_k z_k+z_k^{\mathrm{T}}\boldsymbol{\Phi}_k^{\mathrm{T}} S_{k+1}\boldsymbol{\Gamma}_k u_k+\right.\right.\right.\\
&\qquad \left.\left.u_k^{\mathrm{T}}\boldsymbol{\Gamma}_k^{\mathrm{T}} S_{k+1}\boldsymbol{\Phi}_k z_k+u_k^{\mathrm{T}}\boldsymbol{\Gamma}_k^{\mathrm{T}} S_{k+1}\boldsymbol{\Gamma}_k u_k\right)\mid z_k\right]+tr\left(\boldsymbol{\Lambda}^{\mathrm{T}} S_{k+1}\boldsymbol{\Lambda} R_1\right)+s_{k+1}\Big\}\\
&=\min_{u_k}\left\{z_k^{\mathrm{T}}\boldsymbol{\Theta}_2 z_k+u_k^{\mathrm{T}}\boldsymbol{\Theta}_3 u_k+z_k^{\mathrm{T}} E\left\{\boldsymbol{\Phi}_k^{\mathrm{T}} S_{k+1}\boldsymbol{\Phi}_k\right\} z_k+u_k^{\mathrm{T}}\mathrm{E}\left\{\boldsymbol{\Gamma}_k^{\mathrm{T}} S_{k+1}\boldsymbol{\Gamma}_k\right\} u_k+\right.\\
&\qquad \left.z_k^{\mathrm{T}} E\left\{\boldsymbol{\Phi}_k^{\mathrm{T}} S_{k+1}\boldsymbol{\Gamma}_k\right\} u_k+u_k^{\mathrm{T}} E\left\{\boldsymbol{\Gamma}_k^{\mathrm{T}} S_{k+1}\boldsymbol{\Phi}_k\right\} z_k+tr\left(\boldsymbol{\Lambda}^{\mathrm{T}} S_{k+1}\boldsymbol{\Lambda} R_1\right)+s_{k+1}\right\}\\
&=\min_{u_k}\left\{z_k^{\mathrm{T}}\left[E\left\{\boldsymbol{\Phi}_k^{\mathrm{T}} S_{k+1}\boldsymbol{\Phi}_k\right\}+\boldsymbol{\Theta}_2\right] z_k+u_k^{\mathrm{T}}\left[E\left\{\boldsymbol{\Gamma}_k^{\mathrm{T}} S_{k+1}\boldsymbol{\Gamma}_k\right\}+\boldsymbol{\Theta}_3\right] u_k+\right.\\
&\qquad \left.z_k^{\mathrm{T}} E\left\{\boldsymbol{\Phi}_k^{\mathrm{T}} S_{k+1}\boldsymbol{\Gamma}_k\right\} u_k+u_k^{\mathrm{T}} E\left\{\boldsymbol{\Gamma}_k^{\mathrm{T}} S_{k+1}\boldsymbol{\Phi}_k\right\} z_k+tr\left(\boldsymbol{\Lambda}^{\mathrm{T}} S_{k+1}\boldsymbol{\Lambda} R_1\right)+s_{k+1}\right\}\\
&=\min_{u_k}\left\{z_k^{\mathrm{T}} S_k z_k+\left(u_k+L_k z_k\right)^{\mathrm{T}}\left[E\left\{\boldsymbol{\Gamma}_k^{\mathrm{T}} S_{k+1}\boldsymbol{\Gamma}_k\right\}+\boldsymbol{\Theta}_3\right]\left(u_k+L_k z_k\right)+\right.\\
&\qquad \left.tr\left(\boldsymbol{\Lambda}^{\mathrm{T}} S_{k+1}\boldsymbol{\Lambda} R_1\right)+s_{k+1}\right\}
\end{aligned}\tag{5.26}$$

其中，$L_k=\left[E\left\{\boldsymbol{\Gamma}_k^{\mathrm{T}} S_{k+1}\boldsymbol{\Gamma}_k\right\}+\boldsymbol{\Theta}_3\right]^{-1} E\left\{\boldsymbol{\Gamma}_k^{\mathrm{T}} S_{k+1}\boldsymbol{\Phi}_k\right\}$，

$S_k=E\left\{\boldsymbol{\Phi}_k^{\mathrm{T}} S_{k+1}\boldsymbol{\Phi}_k\right\}+\boldsymbol{\Theta}_2-L_k^{\mathrm{T}}\left[E\left\{\boldsymbol{\Gamma}_k^{\mathrm{T}} S_{k+1}\boldsymbol{\Gamma}_k\right\}+\boldsymbol{\Theta}_3\right] L_k$，

$s_k=tr\left(\boldsymbol{\Lambda}^{\mathrm{T}} S_{k+1}\boldsymbol{\Lambda} R_1\right)+s_{k+1}$

$S_K=\boldsymbol{\Theta}_1$，$s_K=0$。

由式（5.26）知，当取$u_k=-L_k z_k$时，$V(z_k,k)=z_k^{\mathrm{T}} S_k z_k+s_k$，所以式（5.21）在$l=k$时也成立，此时可以得到最优控制律为$u_k=-L_k z_k=-L_k\begin{bmatrix}x_k\\u_{k-1}\end{bmatrix}$。

（3） 确定性能指标最小值$\min J_0$。

根据式（5.18），可知$\min J_0=E\left\{V(z_0,0)\right\}=E\left\{z_0^{\mathrm{T}} S_0 z_0+s_0\right\}=E\left\{z_0^{\mathrm{T}} S_0 z_0\right\}+s_0$。

设z_0服从高斯分布：$N(m_0,R_0)$，则有：

$$\min J_0=m_0^{\mathrm{T}} S_0 m_0+tr(S_0 R_0)+s_0 \tag{5.27}$$

又因为：

$$\begin{aligned} s_0 &= tr\left(\boldsymbol{\Lambda}^{\mathrm{T}} S_1 \boldsymbol{\Lambda} R_1\right) + s_1 \\ s_1 &= tr\left(\boldsymbol{\Lambda}^{\mathrm{T}} S_2 \boldsymbol{\Lambda} R_1\right) + s_2 \\ &\vdots \end{aligned} \tag{5.28}$$

则可以得到：

$$\min J_0 = m_0^{\mathrm{T}} S_0 m_0 + tr(S_0 R_0) + \sum_{k=0}^{K-1} tr\left(\boldsymbol{\Lambda}^{\mathrm{T}} S_{k+1} \boldsymbol{\Lambda} R_1\right) \tag{5.29}$$

（4） 证明式（5.9）～式（5.11）之间相互等价。

将 $L_k = \left[E\left\{\boldsymbol{\Gamma}_k^{\mathrm{T}} S_{k+1} \boldsymbol{\Gamma}_k\right\} + \boldsymbol{\Theta}_3\right]^{-1} E\left\{\boldsymbol{\Gamma}_k^{\mathrm{T}} S_{k+1} \boldsymbol{\Phi}_k\right\}$ 代入式（5.9）有：

$$\begin{aligned} S_k &= E\left\{\boldsymbol{\Phi}_k^{\mathrm{T}} S_{k+1} \boldsymbol{\Phi}_k\right\} + \boldsymbol{\Theta}_2 - L_k^{\mathrm{T}}\left[E\left\{\boldsymbol{\Gamma}_k^{\mathrm{T}} S_{k+1} \boldsymbol{\Gamma}_k\right\} + \boldsymbol{\Theta}_3\right]\left[E\left\{\boldsymbol{\Gamma}_k^{\mathrm{T}} S_{k+1} \boldsymbol{\Gamma}_k\right\} + \boldsymbol{\Theta}_3\right]^{-1} E\left\{\boldsymbol{\Gamma}_k^{\mathrm{T}} S_{k+1} \boldsymbol{\Phi}_k\right\} \\ &= E\left\{\boldsymbol{\Phi}_k^{\mathrm{T}} S_{k+1} \boldsymbol{\Phi}_k\right\} + \boldsymbol{\Theta}_2 - L_k^{\mathrm{T}} E\left\{\boldsymbol{\Gamma}_k^{\mathrm{T}} S_{k+1} \boldsymbol{\Phi}_k\right\} \\ &= E\left\{\boldsymbol{\Phi}_k^{\mathrm{T}} S_{k+1} \boldsymbol{\Phi}_k - L_k^{\mathrm{T}} \boldsymbol{\Gamma}_k^{\mathrm{T}} S_{k+1} \boldsymbol{\Phi}_k\right\} + \boldsymbol{\Theta}_2 \\ &= E\left\{\left(\boldsymbol{\Phi}_k - \boldsymbol{\Gamma}_k L_k\right)^{\mathrm{T}} S_{k+1} \boldsymbol{\Phi}_k\right\} + \boldsymbol{\Theta}_2 \end{aligned}$$

所以，式（5.9）与式（5.11）等价，即式（5.9）$\Leftrightarrow$式（5.11）。

将式（5.10）展开，并代入 $L_k = \left[E\left\{\boldsymbol{\Gamma}_k^{\mathrm{T}} S_{k+1} \boldsymbol{\Gamma}_k\right\} + \boldsymbol{\Theta}_3\right]^{-1} E\left\{\boldsymbol{\Gamma}_k^{\mathrm{T}} S_{k+1} \boldsymbol{\Phi}_k\right\}$ 可以得到：

$$\begin{aligned} S_k &= E\left\{\boldsymbol{\Phi}_k^{\mathrm{T}} S_{k+1} \boldsymbol{\Phi}_k\right\} + E\left\{L_k^{\mathrm{T}} \boldsymbol{\Gamma}_k^{\mathrm{T}} S_{k+1} \boldsymbol{\Gamma}_k L_k\right\} - E\left\{L_k^{\mathrm{T}} \boldsymbol{\Gamma}_k^{\mathrm{T}} S_{k+1} \boldsymbol{\Phi}_k\right\} - E\left\{\boldsymbol{\Phi}_k^{\mathrm{T}} S_{k+1} \boldsymbol{\Gamma}_k L_k\right\} + L_k^{\mathrm{T}} \boldsymbol{\Theta}_3 L_k + \boldsymbol{\Theta}_2 \\ &= E\left\{\boldsymbol{\Phi}_k^{\mathrm{T}} S_{k+1} \boldsymbol{\Phi}_k\right\} + \boldsymbol{\Theta}_2 + L_k^{\mathrm{T}} E\left\{\boldsymbol{\Gamma}_k^{\mathrm{T}} S_{k+1} \boldsymbol{\Gamma}_k\right\} L_k + L_k^{\mathrm{T}} \boldsymbol{\Theta}_3 L_k - L_k^{\mathrm{T}} E\left\{\boldsymbol{\Gamma}_k^{\mathrm{T}} S_{k+1} \boldsymbol{\Phi}_k\right\} - E\left\{\boldsymbol{\Phi}_k^{\mathrm{T}} S_{k+1} \boldsymbol{\Gamma}_k\right\} L_k \\ &= E\left\{\boldsymbol{\Phi}_k^{\mathrm{T}} S_{k+1} \boldsymbol{\Phi}_k\right\} + \boldsymbol{\Theta}_2 + L_k^{\mathrm{T}}\left[E\left\{\boldsymbol{\Gamma}_k^{\mathrm{T}} S_{k+1} \boldsymbol{\Gamma}_k\right\} + \boldsymbol{\Theta}_3\right] L_k - L_k^{\mathrm{T}} E\left\{\boldsymbol{\Gamma}_k^{\mathrm{T}} S_{k+1} \boldsymbol{\Phi}_k\right\} - E\left\{\boldsymbol{\Phi}_k^{\mathrm{T}} S_{k+1} \boldsymbol{\Gamma}_k\right\} L_k \\ &= E\left\{\boldsymbol{\Phi}_k^{\mathrm{T}} S_{k+1} \boldsymbol{\Phi}_k\right\} + \boldsymbol{\Theta}_2 + E\left\{\boldsymbol{\Phi}_k^{\mathrm{T}} S_{k+1} \boldsymbol{\Gamma}_k\right\} L_k - L_k^{\mathrm{T}} E\left\{\boldsymbol{\Gamma}_k^{\mathrm{T}} S_{k+1} \boldsymbol{\Phi}_k\right\} - E\left\{\boldsymbol{\Phi}_k^{\mathrm{T}} S_{k+1} \boldsymbol{\Gamma}_k\right\} L_k \\ &= E\left\{\boldsymbol{\Phi}_k^{\mathrm{T}} S_{k+1} \boldsymbol{\Phi}_k\right\} + \boldsymbol{\Theta}_2 - E\left\{L_k^{\mathrm{T}} \boldsymbol{\Gamma}_k^{\mathrm{T}} S_{k+1} \boldsymbol{\Phi}_k\right\} \\ &= E\left\{\left(\boldsymbol{\Phi}_k - \boldsymbol{\Gamma}_k L_k\right)^{\mathrm{T}} S_{k+1} \boldsymbol{\Phi}_k\right\} + \boldsymbol{\Theta}_2 \end{aligned}$$

所以，式（5.10）与式（5.11）等价，即式（5.10）$\Leftrightarrow$式（5.11）。

由式（5.9）$\Leftrightarrow$式（5.11）和式（5.10）$\Leftrightarrow$式（5.11）可得：式（5.9）$\Leftrightarrow$式（5.10）$\Leftrightarrow$式（5.11），即 S_k 的三个表达式之间相互等价。

综上（1）、（2）、（3）、（4）所述，定理 5.1 得证。

注：如果定理 5.1 中的 S_k 有一个稳态解，即 $S_\infty = \lim\limits_{k\to\infty} S_k$，那么 L_k 也存在

稳态解，即 $L_\infty = \lim_{k\to\infty} L_k$，此时将产生一个通用控制律：$u_k = -L_\infty z_k$。

定理 5.1 通过贝尔曼动态规划方法设计了存在前向网络时延的 NCS 的最优控制器 u_k，并且得到了所给性能指标函数的最小值。由于在最优控制器的设计中考虑了当前采样周期内前向网络时延的预测值 $\hat{\tau}_k$，因此最优控制器 u_k 可以直接补偿前向网络时延 τ_k 对 NCS 性能的影响，使 NCS 达到最优性能指标。

5.4 稳定性分析

本节将讨论系统（5.2）在定理 5.1 最优控制器下的稳定性问题。首先给出系统（5.2）指数均方稳定的定义。

5.4.1 Rayleigh 熵引理

定义 5.1：对于式（5.2）描述的 NCS，若对于任意初始状态(x_0, τ_0)总有：$E\{\|x_k\|^2 | x_0, \tau_0\} \leqslant \beta\gamma^k \|x_0\|^2$，其中 $\beta > 0$，$0 < \gamma < 1$，则式（5.2）描述的 NCS 是指数均方稳定的。

下面的定理 5.2 将指出系统（5.2）在最优控制律 u_k 下是指数均方稳定的，为了证明这一定理，需要使用矩阵论中关于 Rayleigh 熵的一个结论，此处以引理的形式给出。

引理 5.2（Rayleigh 熵引理）：设 Hermite 矩阵 $D = D^{\mathrm{H}} \in R^{n\times n}$（“H”表示矩阵的共轭转置）有特征值和特征向量：

$$Dx_j = \lambda_j x_j, \quad j = 1, 2, \cdots, n$$

其中，特征值按降序排列 $\lambda_1 \geqslant \lambda_2 \geqslant \cdots \geqslant \lambda_n$，则 Rayleigh 熵 $R(x) = \dfrac{x^{\mathrm{H}} D x}{x^{\mathrm{H}} x}$（$x \neq 0$）具有如下性质：

$$\lambda_n \leqslant R(x) \leqslant \lambda_1, \quad \forall 0 \neq x \in R^n$$

关于 Rayleigh 熵引理的详细证明过程可以参考第 2.6 节内容，考虑到本章的变量都出自实数空间，所以在引理 5.2 中将 Hermite 矩阵限定在 $n\times n$ 维实数空间上。

下面给出式（5.2）描述的 NCS 在定理 5.1 最优控制律 u_k 下的指数均方稳定性定理。

5.4.2　引理证明

定理 5.2：式（5.7）所设计的最优控制律 $u_k = -L_k z_k$ 可以使得系统（5.2）在 $v_k = 0$ 时满足指数均方稳定。

证明：$v_k = 0 \Rightarrow R_1 = 0$（其中 R_1 为 v_k 所服从的高斯分布的方差）

取 Lyapunov 函数为 $V_k = z_k^{\mathrm{T}} S_k z_k$，其中 S_k 满足定理 5.1 中的 Riccati 方程，所以 S_k 为正定矩阵，从而使得 V_k 在 $z_k \neq 0$ 时为正定矩阵。

$$
\begin{aligned}
&E\left\{V_{k+1} \mid z_k,\cdots,z_0\right\} - V_k = E\left\{z_{k+1}^{\mathrm{T}} S_{k+1} z_{k+1} \mid z_k,\cdots,z_0\right\} - V_k \\
&= E\left\{\left(\boldsymbol{\Phi}_k z_k + \boldsymbol{\Gamma}_k u_k\right)^{\mathrm{T}} S_{k+1}\left(\boldsymbol{\Phi}_k z_k + \boldsymbol{\Gamma}_k u_k\right) \mid z_k,\cdots,z_0\right\} - z_k^{\mathrm{T}} S_k z_k \\
&= E\left\{\left(\boldsymbol{\Phi}_k z_k - \boldsymbol{\Gamma}_k L_k z_k\right)^{\mathrm{T}} S_{k+1}\left(\boldsymbol{\Phi}_k z_k - \boldsymbol{\Gamma}_k L_k z_k\right) \mid z_k,\cdots,z_0\right\} - z_k^{\mathrm{T}} S_k z_k \\
&= E\left\{\left(\boldsymbol{\Phi}_k z_k - \boldsymbol{\Gamma}_k L_k z_k\right)^{\mathrm{T}} S_{k+1}\left(\boldsymbol{\Phi}_k z_k - \boldsymbol{\Gamma}_k L_k z_k\right)\right\} - z_k^{\mathrm{T}} S_k z_k \qquad (5.30) \\
&= z_k^{T} E\left\{\left(\boldsymbol{\Phi}_k - \boldsymbol{\Gamma}_k L_k\right)^{\mathrm{T}} S_{k+1}\left(\boldsymbol{\Phi}_k - \boldsymbol{\Gamma}_k L_k\right)\right\} z_k - z_k^{\mathrm{T}} S_k z_k \\
&= z_k^{\mathrm{T}}\left\{E\left\{\left(\boldsymbol{\Phi}_k - \boldsymbol{\Gamma}_k L_k\right)^{\mathrm{T}} S_{k+1}\left(\boldsymbol{\Phi}_k - \boldsymbol{\Gamma}_k L_k\right)\right\} - S_k\right\} z_k
\end{aligned}
$$

因为：
$$
\begin{aligned}
S_k &= E\left\{\boldsymbol{\Phi}_k^{\mathrm{T}} S_{k+1} \boldsymbol{\Phi}_k\right\} + \boldsymbol{\Theta}_2 - L_k^{\mathrm{T}}\left[E\left\{\boldsymbol{\Gamma}_k^{\mathrm{T}} S_{k+1} \boldsymbol{\Gamma}_k\right\} + \boldsymbol{\Theta}_3\right] L_k \\
&= E\left\{\left(\boldsymbol{\Phi}_k - \boldsymbol{\Gamma}_k L_k\right)^{\mathrm{T}} S_{k+1}\left(\boldsymbol{\Phi}_k - \boldsymbol{\Gamma}_k L_k\right)\right\} + L_k^{\mathrm{T}} \boldsymbol{\Theta}_3 L_k + \boldsymbol{\Theta}_2
\end{aligned}
$$

所以式（5.30）可写作：

$$
\begin{aligned}
S_k &= z_k^{\mathrm{T}}\left\{E\left\{\left(\boldsymbol{\Phi}_k - \boldsymbol{\Gamma}_k L_k\right)^{\mathrm{T}} S_{k+1}\left(\boldsymbol{\Phi}_k - \boldsymbol{\Gamma}_k L_k\right)\right\} - E\left\{\left(\boldsymbol{\Phi}_k - \boldsymbol{\Gamma}_k L_k\right)^{\mathrm{T}} S_{k+1}\left(\boldsymbol{\Phi}_k - \boldsymbol{\Gamma}_k L_k\right)\right\} - L_k^{\mathrm{T}} R' L_k - Q'\right\} z_k \\
&= -z_k^{\mathrm{T}}\left(L_k^{\mathrm{T}} \boldsymbol{\Theta}_3 L_k + \boldsymbol{\Theta}_2\right) z_k \\
&= -z_k^{\mathrm{T}} M_k z_k
\end{aligned}
$$

其中，$M_k = L_k^{\mathrm{T}} R' L_k + Q'$，

所以有：

$$
E\left\{V_{k+1} \mid z_k,\cdots,z_0\right\} = V_k - z_k^{\mathrm{T}} M_k z_k = \left(1 - \frac{z_k^{\mathrm{T}} M_k z_k}{V_k}\right) V_k = \left(1 - \frac{z_k^{\mathrm{T}} M_k z_k}{z_k^{\mathrm{T}} S_k z_k}\right) V_k \qquad (5.31)
$$

由引理 5.2 知：

$$
0 < \lambda_{\min}\left(M_k\right) z_k^{\mathrm{T}} z_k \leqslant z_k^{\mathrm{T}} M_k z_k \leqslant \lambda_{\max}\left(M_k\right) z_k^{\mathrm{T}} z_k \qquad (5.32)
$$

$$0<\lambda_{\min}\left(S_k\right)z_k^{\mathrm{T}}z_k\leqslant z_k^{\mathrm{T}}S_kz_k\leqslant\lambda_{\max}\left(S_k\right)z_k^{\mathrm{T}}z_k \tag{5.33}$$

由式（5.32）和式（5.33）可得：

$$\frac{\lambda_{\min}\left(M_k\right)}{\lambda_{\max}\left(S_k\right)}=\frac{\lambda_{\min}\left(M_k\right)z_k^{\mathrm{T}}z_k}{\lambda_{\max}\left(S_k\right)z_k^{\mathrm{T}}z_k}\leqslant\frac{z_k^{\mathrm{T}}M_kz_k}{z_k^{\mathrm{T}}S_kz_k}\leqslant\frac{\lambda_{\max}\left(M_k\right)z_k^{\mathrm{T}}z_k}{\lambda_{\min}\left(S_k\right)z_k^{\mathrm{T}}z_k}=\frac{\lambda_{\max}\left(M_k\right)}{\lambda_{\min}\left(S_k\right)} \tag{5.34}$$

由式（5.31）和式（5.34）得：

$$E\left\{V_{k+1}\mid z_k,\cdots,z_0\right\}\leqslant\left(1-\frac{\lambda_{\min}\left(M_k\right)}{\lambda_{\max}\left(S_k\right)}\right)V_k<\left(1-\frac{\mu}{\sigma}\right)V_k=\gamma V_k \tag{5.35}$$

其中，$0<\mu<\lambda_{\min}\left(M_k\right)$，$\sigma>\lambda_{\max}\left(S_k\right)$，$\mu<\sigma$，$0<\gamma<1$。

考虑到条件期望具有如下平滑性：

$$E\left\{V_k\mid z_{k-2},\cdots,z_0\right\}=E\left\{E\left\{V_k\mid z_{k-1},\cdots,z_0\right\}\mid z_{k-2},\cdots,z_0\right\} \tag{5.36}$$

再由式（5.35）可得：

$$E\left\{V_k\mid z_{k-1},\cdots,z_0\right\}<\gamma V_{k-1}$$

所以有：

$$E\left\{V_k\mid z_{k-2},\cdots,z_0\right\}<E\left\{\gamma V_{k-1}\mid z_{k-2},\cdots,z_0\right\}=\gamma E\left\{V_{k-1}\mid z_{k-2},\cdots,z_0\right\}$$

同样，由式（5.36）可得：

$$E\left\{V_{k-1}\mid z_{k-2},\cdots,z_0\right\}<\gamma V_{k-2}$$

所以有：

$$E\left\{V_k\mid z_{k-2},\cdots,z_0\right\}<\gamma^2V_{k-2}$$

反复利用条件期望的平滑性和式（5.35）可得：

$$\begin{aligned}E\left\{V_k\mid z_{k-3},\cdots,z_0\right\}&=E\left\{E\left\{V_k\mid z_{k-2},\cdots,z_0\right\}\mid z_{k-3},\cdots,z_0\right\}<E\left\{\gamma^2V_{k-2}\mid z_{k-3},\cdots,z_0\right\}\\&=\gamma^2E\left\{V_{k-2}\mid z_{k-3},\cdots,z_0\right\}<\gamma^3V_{k-3}\\&\quad\vdots\end{aligned}$$

最后可以得到：

$$E\left\{V_k\right\}<\gamma^kV_0$$

即：

$$E\left\{z_k^{\mathrm{T}}S_kz_k\right\}<\gamma^kV_0 \tag{5.37}$$

再由 $\lambda_{\min}\left(S_k\right)z_k^{\mathrm{T}}z_k\leqslant z_k^{\mathrm{T}}S_kz_k\leqslant\lambda_{\max}\left(S_k\right)z_k^{\mathrm{T}}z_k$ 可得：

$$\lambda_{\min}\left(S_k\right)E\left\{z_k^{\mathrm{T}}z_k\right\}\leqslant E\left\{z_k^{\mathrm{T}}S_kz_k\right\}<\gamma^kV_0=\gamma^kz_0^{\mathrm{T}}S_0z_0$$

所以有：

$$E\left\{z_k^{\mathrm{T}}z_k\right\}<\frac{\gamma^k}{\lambda_{\min}\left(S_k\right)}z_0^{\mathrm{T}}S_0z_0$$

又因为存在 $\lambda_{\min}\left(S_0\right)z_0^{\mathrm{T}}z_0\leqslant z_0^{\mathrm{T}}S_0z_0\leqslant\lambda_{\max}\left(S_0\right)z_0^{\mathrm{T}}z_0$

所以有：

$$E\left\{z_k^{\mathrm{T}}z_k\right\}<\frac{\gamma^k}{\lambda_{\min}\left(S_k\right)}z_0^{\mathrm{T}}S_0z_0\leqslant\frac{\gamma^k}{\lambda_{\min}\left(S_k\right)}\lambda_{\max}\left(S_0\right)z_0^{\mathrm{T}}z_0=\frac{\lambda_{\max}\left(S_0\right)}{\lambda_{\min}\left(S_k\right)}\gamma^kz_0^{\mathrm{T}}z_0=\beta\gamma^kz_0^{\mathrm{T}}z_0$$

其中，$\beta=\dfrac{\lambda_{\max}\left(S_0\right)}{\lambda_{\min}\left(S_k\right)}>0$。

又因为 $E\left\{x_k^{\mathrm{T}}x_k\right\}\leqslant E\left\{z_k^{\mathrm{T}}z_k\right\}$，考虑到 $z_k=\begin{bmatrix}x_k\\u_{k-1}\end{bmatrix}$，所以有：

$$E\left\{\left\|x_k\right\|^2\right\}=E\left\{x_k^{\mathrm{T}}x_k\right\}\leqslant E\left\{z_k^{\mathrm{T}}z_k\right\}<\beta\gamma^kz_0^{\mathrm{T}}z_0$$

若定义 $u^{-1}=0$，则有 $z_0^{\mathrm{T}}z_0=x_0^{\mathrm{T}}x_0$，

所以可以得到：

$$E\left\{\left\|x_k\right\|^2\right\}<\beta\gamma^kz_0^{\mathrm{T}}z_0=<\beta\gamma^kx_0^{\mathrm{T}}x_0=\beta\gamma^k\left\|x_0\right\|^2$$

$$E\left\{\left\|x_k\right\|^2\mid x_0,\tau_0\right\}<\beta\gamma^k\left\|x_0\right\|^2$$

其中，$\beta>0$，$0<\gamma<1$。

由稳定性定义 5.1 可知，式（5.2）描述的 NCS 是指数均方稳定的。

综上所述，定理 5.2 得证。

定理 5.2 说明定理 5.1 设计的最优控制器可以保证 NCS 的指数均方稳定性，本节从理论上证明了这一点，下一节将会从仿真实验的角度进一步证明本章设计的最优控制器的有效性和优越性。

5.5 仿真实验

为了验证本章设计的最优控制器的有效性以及相对于第 4 章设计的状态反馈控制器的优越性，我们在第 4 章仿真实验的基础上进行本章的仿真实验。考虑如图 5.1 所示的 NCS，它与第 4 章仿真实验结构图 4.1 的唯一区别就在于所采用反馈控制器不同，图 4.1 中使用的是状态反馈

控制器，图 5.1 中使用的是最优控制器。除此之外，其他诸如网络节点驱动方式、传感器采样周期、网络参数设置、网络时延分布等仿真环境都与第 4 章相同。

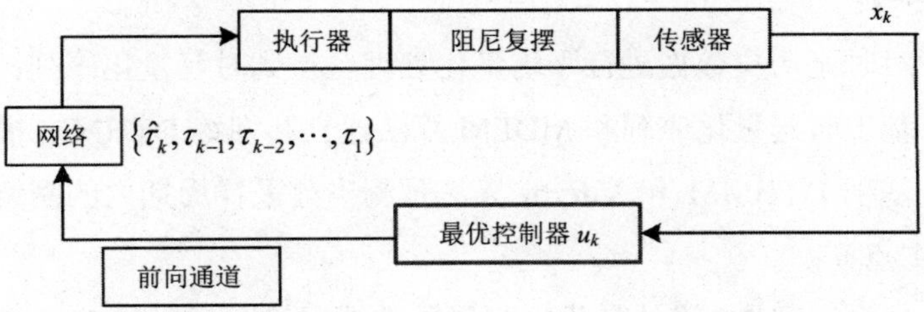

图 5.1　最优控制 NCS 结构

仿真实验中所采用的受控对象仍然是第 2.5 节描述的阻尼复摆，其状态空间方程为：

$$\begin{cases}\dot{x}=\boldsymbol{A}_1x+\boldsymbol{A}_2u\\ y=\boldsymbol{A}_3x+\boldsymbol{A}_4u\end{cases}\tag{5.38}$$

其中，$\boldsymbol{A}_1=\begin{pmatrix}0 & 1\\ -10.77 & -0.039\end{pmatrix}$，$\boldsymbol{A}_2=\begin{pmatrix}0\\ 1.89\end{pmatrix}$，$\boldsymbol{A}_3=\begin{pmatrix}1 & 0\end{pmatrix}$，$\boldsymbol{A}_4=0$。

图 5.1 中的$\{\hat{\tau}_k,\tau_{k-1},\tau_{k-2},\cdots,\tau_1\}$表示在当前（第 k 个）采样周期内控制器 u_k，仅已知时延的历史数据$\{\tau_{k-1},\tau_{k-2},\cdots,\tau_1\}$，而不知道当前采样周期的时延数据 τ_k，但可以通过建立 DTHMM 随机时延模型来获得 τ_k 的预测值 $\hat{\tau}_k$。

本章仿真实验在设计最优控制器时选择的性能指标函数如下：

$$J_0=E\left[x_K^{\mathrm{T}}\boldsymbol{\psi}_1x_K+\sum_{k=0}^{K-1}\left(x_k^{\mathrm{T}}\boldsymbol{\psi}_2x_k+u_k^{\mathrm{T}}\boldsymbol{\psi}_3u_k\right)\right]\tag{5.39}$$

其中，$\boldsymbol{\psi}_1=\boldsymbol{\psi}_2=\begin{pmatrix}1 & 0\\ 0 & 1\end{pmatrix}$，$\boldsymbol{\psi}_3=0.2$。

为了便于对比最优控制器与状态反馈控制器，本章仿真实验仅考察完全随机的网络时延。对此，在第 4 章仿真实验中已经建立了网络时延与网络状态之间的 DTHMM 描述，并实现了对当前采样周期内前向网络时延的预测，其预测方法包括基于时延平均量化的预测法和基于 K–均值聚类量化的预测法，然后基于该预测值设计了保证 NCS 稳定的状态反馈控制器。类似地，本章的仿真实验仍然采用与第 4 章相同的时延量化、建模与预测方法。

下面给出每个采样周期内分别基于平均量化和 *K*-均值聚类量化的最优控制器设计过程。

过程 5-1：

（1）对时延历史数据进行平均量化处理，得到时延量化序列；

（2）基于时延量化序列和 MDEM 算法建立和训练 DTHMM 模型参数；

（3）基于 DTHMM 和 Viterbi 算法预测当前采样周期内的网络时延（取自子区间中点）；

（4）根据定理 5.1 设计最优控制器，补偿网络时延对 NCS 的影响。

过程 5-2：

（1）对时延历史数据进行 *K*-均值聚类量化处理，得到时延量化序列；

（2）基于时延量化序列和 MDEM 算法建立和训练 DTHMM 模型参数；

（3）基于 DTHMM 和 Viterbi 算法预测当前采样周期内的网络时延（取自聚类中心）；

（4）根据定理 5.1 设计最优控制器补偿网络时延对 NCS 的影响。

过程 5-1 和过程 5-2 在设计最优控制器时都考虑了当前采样周期内的网络时延预测值，旨在寻找使 NCS 达到最小的性能指标。这两个过程在时延量化和预测方法方面是不同的，前者采用的是平均量化，后者采用的是 K-均值聚类量化。根据第 3 章的分析可知，基于 *K*-均值聚类量化的时延预测方法比基于平均量化的时延预测方法具有更高的预测精度。所以，过程 5-2 比过程 5-1 可以使 NCS 性能表现得更好，后面的对比实验也将验证这一结论。

第 4 章使用这些时延预测值设计了状态反馈控制器，保证了系统的稳定性，并通过对比过程 4-1 和过程 4-2，说明在相同的状态反馈控制器下，更高精度的时延预测值可以使 NCS 获得更好的系统响应。在本章仿真实验过程中，通过对比过程 5-1 和过程 4-1 可以发现，二者相同之处在于都采用了基于平均量化的时延预测法，唯一的区别在于控制器设计方法不同。过程 4-1 采用了状态反馈控制器，而过程 5-1 采用的是最优控制器。经过 200 个采样周期后，可以得到与图 4.6 相同的时延预测结果，相应的预测误差也如图 4.7 所示。在同样的时延预测值下，过程 5−1 和过程 4−1 得到的系统响应是不同的，如图 5.2 所示。在图 5.2 中，“*y*1 sf control”表示 NCS 在状态反馈控制器下的阶跃响应，“*y*2 op control”表示 NCS 在最优控制器下的阶跃响应。通过对比不难发现，随着仿真时间的推移，曲线 *y*2 比曲线 *y*1 表现出更好的稳定性。因为过程 5−1 和过程 4−1 的唯一区别在于所采用的控制器不同，所以图 5.2 说明了最优控制器比状态反馈控制器能使 NCS 获得更好的性能表现。

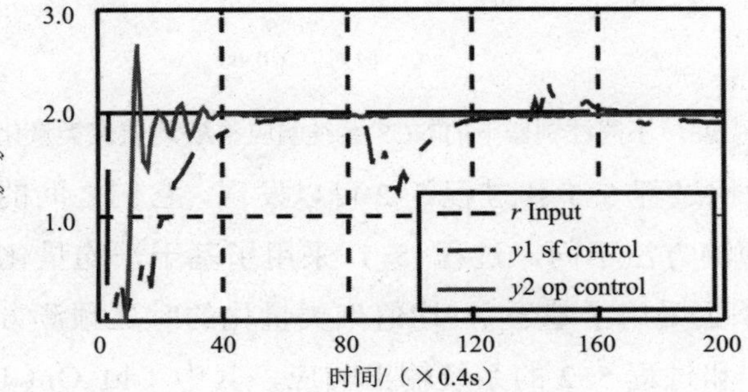

图 5.2　不同控制器下的 NCS 系统响应（平均量化）

类似地，通过对比过程 5−2 和过程 4−2 可以发现，二者相同之处在于都采用了基于 *K*−均值聚类量化的时延预测法，唯一的区别在于控制器设计方法不同。过程 4−2 采用了状态反馈控制器，而过程 5−2 采用的是最优控制器。同样使用图 4.6 所示的时延预测值，过程 5−2 和过程 4−2 得到的系统响应也是不同的，如图 5.3 所示。在图 5.3 中，“*y*1 sf ctrl”表示 NCS 在状态反馈控制器下的阶跃响应，“*y*2 op ctrl”表示 NCS 在最优控制器下的阶跃响应。通过对比不难发现，随着仿真时间的推移，曲线 *y*2 也比曲线 *y*1 表现出更好的稳定性。因为过程 5−2 和过程 4−2 的唯一区别在于所采用的控制器不同，所以图 5.3 同样说明了最优控制器比状态反馈控制器能使 NCS 获得更好的性能表现。

以上的对比实验验证了本章基于 DTHMM 随机时延模型设计的最优控制器，不仅可以保证 NCS 在完全随机时延的情况下重获稳定，而且可以比第 4 章设计的状态反馈控制器使 NCS 获得更好的性能表现。

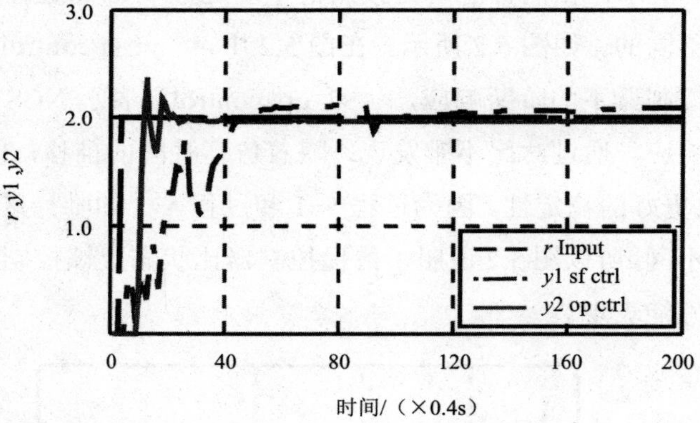

图 5.3　不同控制器下的 NCS 系统响应（*K*-均值聚类量化）

此外，对比过程 5-1 和过程 5-2 可以发现，它们之间的主要区别在于时延量化和预测方法不同。过程 5-1 采用了基于平均量化的时延预测方法，而过程 5-2 采用了基于 *K*-均值聚类量化的时延预测方法。图 5.4 给出了过程 5-1 和过程 5-2 的系统输出响应，其中“*y*1 Opt Uniform”代表过程 5-1 的阶跃响应，“*y*2 Opt *K*-means”代表过程 5-2 的阶跃响应。尽管这两个过程都可以保证 NCS 具有良好的稳态特性，但是 *y*2 的超调量和调整时间都比 *y*1 的小，又一次证明了基于 *K*-均值聚类量化的时延预测方法比基于平均量化的时延预测方法更优越。

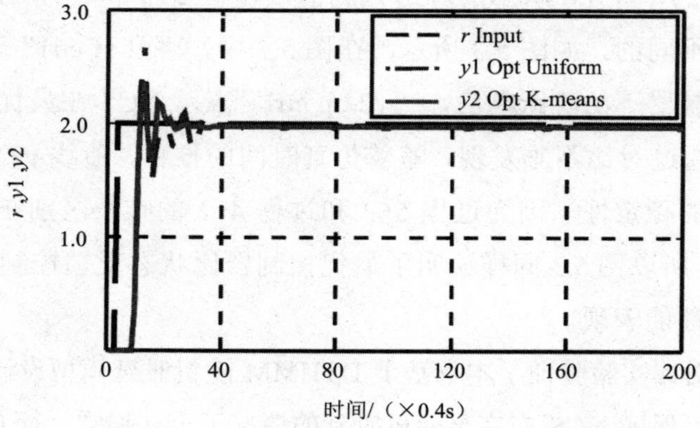

图 5.4　不同时延量化预测方法下的 NCS 系统响应（最优控制）

综上所述，基于 DTHMM 随机时延模型设计的最优控制器是有效的，而且其时延补偿效果优于第 4 章设计的状态反馈控制器。此外，使用基于 K-均值聚类量化的时延预测值设计的最优控制器比使用基于平均量化的时延预测值设计的最优控制器具有更好的时延补偿效果。

5.6　本章小结

本章旨在基于 DTHMM 随机时延模型设计 NCS 的最优控制器。首先，将引入了 DTHMM 随机时延模型的 NCS 建成一个增广状态系统模型，其中增广状态由当前采样周期的受控对象状态和前一采样周期的控制律构成。然后，根据贝尔曼动态规划原理设计了 NCS 最优控制器，并以定理 5.1 的形式呈现出来。在定理 5.1 中还计算了 NCS 在最优控制器下达到的最小性能指标。随后研究了 NCS 在该最优控制器下的稳定性问题，通过定理 5.2 证明了本章设计的最优控制器可以保证 NCS 是指数均方稳定的。由于最优控制器中使用了当前采样周期内前向网络时延的预测值（该预测值是基于 DTHMM 随机时延模型实现的），所以使用该最优控制器可以直接补偿当前采样周期内网络时延对 NCS 的影响。最后，在 TrueTime1.5 仿真平台上验证了本章所设计的最优控制器的有效性，并通过与第 4 章的状态反馈控制器的对比实验，验证了最优控制器相对于状态反馈控制器的优越性。此外，由于所设计的最优控制器是基于对当前采样周期时延的预测，所以时延预测精度对最优控制效果有一定的影响。通过对比仿真实验又一次验证了在完全随机时延的 NCS 中基于 K-均值聚类量化的时延预测方法比基于平均量化的时延预测方法具有更高的预测精度。

第 6 章　基于 SCHMM 的网络时延建模、预测与补偿

6.1　引言

无论是马尔可夫链模型还是隐马尔可夫模型，其中随机时延都被界定为有限个离散值。马尔可夫链模型将随机时延限定在有限个离散马尔可夫链状态之间进行跳变。隐马尔可夫模型则通过对随机时延进行标量量化处理将其限定在一个离散有限的观察空间内，从而构成一种严格意义上的离散隐马尔可夫模型。但是，随机时延实际上是可以在其允许范围内任意取值的，所以随机时延本身并不满足离散有限性。事实上，经实验测量发现，任意网络状态下的随机时延通常满足混合高斯分布。所以，从模型吻合程度上来看，隐马尔可夫模型中的连续隐马尔可夫模型（CTHMM）比离散隐马尔可夫模型（DTHMM）更适用于随机时延进行建模。因为 CTHMM 的马尔可夫链状态到观察值之间的概率关系是用混合高斯密度函数描述的，与随机时延的实际分布特征完全吻合。但是，CTHMM 中要估计的参数过多，且参数估计时需要使用的时延历史数据量也非常大，这使得时延模型参数的估计过于复杂、耗时，很难满足网络化控制系统的实时性要求。为此，本章引入半连续隐马尔可夫模型（SCHMM）对随机时延进行建模。一方面，可以像 CTHMM 那样直接使用时延实际值进行建模，避免了因为使用时延量化值进行建模而导致模型精度较低（同 DTHMM 一样）；另一方面，与 CTHMM 不同，SCHMM 借助一组公用的高斯密度函数减少了需要估计的模型参数和参数估计时需要使用的时延历史数据量，这使得 SCHMM 在参数估计方面比 CTHMM 快得多，易于满足 NCS 的实时性要求。

本章首先建立 SCHMM 网络时延模型，然后基于 EM 算法得到 SCHMM 参数最优估计，在此基础上对当前采样周期前向网络时延进行预测和补偿，通过与 DTHMM 对比实验分析发现，SCHMM 在网络时延建模、预测与补偿方面具有更好的表现。

6.2 问题描述

考虑如图 6.1 所示的网络化控制系统，传感器采用时间驱动，采样周期为 h，采样数据记为 x_k。控制器和执行器采用事件驱动，当控制器接收到传感器发来的采样数据时开始计算控制律，当控制律到达执行器时执行器开始驱动受控对象。在进行当前采样周期（不妨记为第 k 个采样周期）的控制器设计时，后向通道随机时延（也称为 SC 时延，记为 τ_k^{sc}）已经发生，前向通道随机时延（也称为 CA 时延，记为 τ_k^{ca}）尚未发生。简单起见，此处假设前后向通道随机时延之和不大于一个采样周期，即 $\tau_k^{sc}+\tau_k^{ca}\leqslant h$。

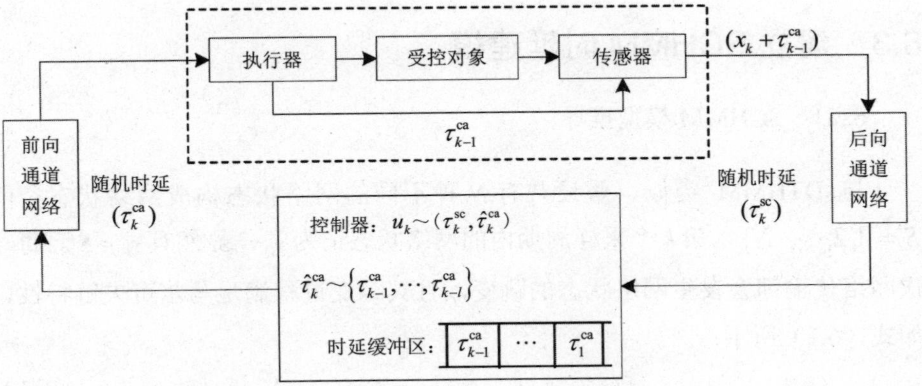

图 6.1　网络化控制系统结构图

注　① k 为当前采样周期；② $\hat{\tau}_k^{ca}$ 为 τ_k^{ca} 的预测值

假设网络节点时钟同步，可以使用时间戳技术得到前后向通道随机时延。为采样数据打上时间戳，当采样数据经后向通道传输到控制器节点时，通过比较采样数据时间戳和控制器节点本地时间即可计算出后向通道传输时延（τ_k^{sc}）。类似地，为控制律数据包打上时间戳，当控制律经前向通道传输到执行器节点时，通过比较控制律数据包时间戳和执行器节点本地时间即可计算出前向通道传输时延（τ_k^{ca}）。但在设计控制律（u_k）时，τ_k^{sc} 已经发生并且可测，而 τ_k^{ca} 尚未发生。为了在控制律 u_k 中同时补偿 τ_k^{sc} 和 τ_k^{ca}，一种可行的办法就是在设计前对 τ_k^{ca} 进行预测，得到其预测值 $\tilde{\tau}_k^{ca}$，从而实现对前后向通道随机时延的补充。在第 3 章至第 5 章，通过建立随机时延的 DTHMM 模型，实现对 τ_k^{ca} 的预测与补偿。而本章将基于随机时延满足混合高斯分布特征，建立其 SCHMM 模型，从而提高前向通道随机时延的预测精度、改进时延补偿效果。

为了建立 SCHMM 时延模型，在控制器节点设置一个时延缓冲器，用于收集 CA 时延历史数据（即 $\tau_{k-1}^{ca}\cdots\tau_1^{ca}$）。如前所述，相邻前一周期内 CA 时延（$\tau_{k-1}^{ca}$）可以在执行器节点处借助时间戳技术获得，并随采样数据一起打包发送给控制器。当控制器接收到该数据包后，从中提取 τ_{k-1}^{ca} 并将其放入时延缓冲区，如此即可获得 CA 时延的全部历史数据，用于建立 SCHMM 时延模型。

6.3　建立 SCHMM 时延建模

6.3.1　SCHMM 模型推导

与 DTHMM 类似，假设共有 N 种不同的网络状态构成网络状态空间 $S=\{1,2,\cdots, N\}$，第 k 个采样周期内的网络状态记为 s_k，显然有 $s_k\in S$。每一次网络传输都会发生网络状态的跳变，且其跳变过程满足马尔可夫链特性，如式（6.1）所示：

$$P(s_{k+1}\mid s_k,s_{k-1},\cdots,s_1)=P(s_{k+1}\mid s_k) \tag{6.1}$$

当网络状态跳变进一步满足时齐特性时，式（6.1）重写如下：

$$P(s_{k+1}=j\mid s_k=i)=P(s_k=j\mid s_{k-1}=i)=a_{ij}\quad (i,j\in S) \tag{6.2}$$

式（6.2）中 a_{ij}（$\in[0,1]$）表示网络状态从 i 到 j 的一步转移概率，满足：$a_{ij}\geqslant 0$，$\sum_{j=1}^{N}a_{ij}=1$，所有一步转移概率构成一步概率转移矩阵：$A=\left\{a_{ij}\right\}_{1\leqslant i,j\leqslant N}$。对于 $k=1$ 的特殊情况，a_{ij} 被简化为初始状态概率，记为 π_j，其定义如下：

$$\pi_j = P(s_1 = j) \quad (j \in S) \tag{6.3}$$

显然有：$\pi_j \geqslant 0$ 和 $\sum_{j=1}^{N} \pi_j = 1$，全部初始状态概率构成初始向量 $\pi = \{\pi_j\}_{1 \leqslant j \leqslant N}$。

三种参数（N、$\boldsymbol{\pi}$、$\boldsymbol{A}$）定义了 SCHMM 隐藏的网络状态马尔可夫链。对于每一个网络状态都有一个可测的 CA 时延 τ_k^{ca} 与之对应，其时延概率分布仅依赖于当前的网络状态 s_k，与任何历史数据（包括历史网络状态和历史时延）均无关，可用式（6.4）进行描述。

$$P(\tau_k^{\mathrm{ca}} \left| \tau_{k-1}^{\mathrm{ca}}, \cdots, \tau_1^{\mathrm{ca}}, s_k, \cdots, s_1 \right.) = P(\tau_k^{\mathrm{ca}} \left| s_k \right.) \tag{6.4}$$

在 SCHMM 中，CA 时延是唯一可观测到的数据，而网络状态是不可观测的，但网络状态决定了 CA 时延的混合高斯分布特征。

在 DTHMM 中，时延被量化为离散序列，且概率空间为一个离散有限集，记为 $O = \{1, 2, \cdots, M\}$，并定义观测概率分布如下：

$$b_j(o_k = l) = P(o_k = l \mid s_k = j) = b_j(l) \quad (l \in O，\ j \in S) \tag{6.5}$$

式（6.5）中 o_k 表示在时刻 k 的观测值，且满足 $b_j(l) \geqslant 0$ 和 $\sum_{l=1}^{M} b_j(l) = 1$。全部观测概率构成一个观测概率矩阵 $\boldsymbol{B} = \{b_j(l)\}_{1 \leqslant l \leqslant M, 1 \leqslant j \leqslant N}$。在 DTHMM 时延模型中，观测值 o_k 是由 τ_k^{ca} 量化得到的。

鉴于实际时延分布并不严格离散有限，而是呈现出一定的混合高斯分布特征，因此使用连续隐马尔可夫模型（CTHMM）更有利于描述随机时延的分布特征。众所周知，任意连续概率分布 $p(\boldsymbol{x})$（$\boldsymbol{x} \in \mathrm{IR}^n$）都可以由足够多的混合高斯分布进行逼近。

$$p(\boldsymbol{x}) = \sum_{l=1}^{\infty} c_l G(\boldsymbol{x} \mid \boldsymbol{\mu}_l, \boldsymbol{\sigma}_l) \approx \sum_{l=1}^{M} c_l G(\boldsymbol{x} \mid \boldsymbol{\mu}_l, \boldsymbol{\sigma}_l) \quad (\boldsymbol{\mu}_l \in \mathrm{IR}^n，\boldsymbol{\sigma}_l \in \mathrm{IR}^{n \times n}) \tag{6.6}$$

式（6.6）中 M 越大，逼近程度越高，权重 c_l 满足 $0 \leqslant c_l \leqslant 1$，$\sum_l c_l = 1$。

在 CTHMM 时延模型中，不同的网络状态 j 对应不同的混合高斯分布组合，相应的观测概率定义如下：

$$b_j(\tau_k^{\mathrm{ca}}) = \sum_{l=1}^{M_j} c_{jl} G(\tau_k^{\mathrm{ca}} \left| \mu_{jl}, \sigma_{jl} \right.) \sum_{l=1}^{M_j} c_{jl} g_{jl}(\tau_k^{\mathrm{ca}}) \tag{6.7}$$

$$g_{jl}(\tau_k^{\text{ca}}) = \frac{1}{\sqrt{2\pi\sigma_{jl}}}\exp\left[-\frac{(\tau_k^{\text{ca}} - \mu_{jl})^2}{2\sigma_{jl}}\right] \tag{6.8}$$

式（6.7）和式（6.8）中，τ_k^{ca}（$\tau_k^{\text{ca}} \in \mathrm{IR}$）是连续随机变量，可以在其允许的范围内随意取值，这一特征更加符合随机时延的实际分布。当τ_k^{ca}是标量时，μ_{jl}和σ_{jl}也相应的变成标量。

CTHMM 与 DTHMM 的最大区别就在于随机观测变量o_k的取值，在 DTHMM 中观测值取自离散有限空间（$o_k \in O$），相应的观测概率为离散型分布函数$P(o_k = l \mid s_k = j) = b_j(l)$；而在 CTHMM 中观测值为连续随机变量$\tau_k^{\text{ca}}$（$\tau_k^{\text{ca}} \in \mathrm{IR}$），其观测概率定义为$p(o_k = \tau_k^{\text{ca}} \,|\, s_k = j) = b_j(\tau_k^{\text{ca}})$，其中$b_j(\tau_k^{\text{ca}})$由式（6.5）定义。式（6.5）中的每一个高斯分布函数$g_{jl}(\tau_k^{\text{ca}})$拥有属于自己的均值$\mu_{jl}$和方差$\sigma_{jl}$，不同状态下的时延观测概率可以由不同数量（$M_j$）的高斯分布函数混合而成。

尽管 CTHMM 更加逼近随机时延的混合高斯分布特征，但其需要估计的模型参数比 DTHMM 多得多，这必然严重影响 NCS 的实时性。为此，本章引入半连续隐马尔可夫模型（SCHMM）对随机时延进行建模和预测。在 SCHMM 中，仅使用一组混合高斯分布函数来描述时延观测概率，即不同状态下的时延观测概率都是同一组高斯分布函数加权而成，只有权重是状态相关的。此时，时延观测概率定义如下：

$$b_j(\tau_k^{\text{ca}}) = \sum_{l=1}^{M} c_{jl} G(\tau_k^{\text{ca}} \,|\, \mu_l, \sigma_l) \sum_{l=1}^{M} c_{jl} g_l(\tau_k^{\text{ca}}) \tag{6.9}$$

$$g_l(\tau_k^{\text{ca}}) = \frac{1}{\sqrt{2\pi\sigma_l}}\exp\left[-\frac{(\tau_k^{\text{ca}} - \mu_l)^2}{2\sigma_l}\right] \tag{6.10}$$

对比式（6.9）和式（6.10）与式（6.7）和式（6.8），很容易发现在 SCHMM 时延模型中，高斯分布参数是状态无关的，每个状态下的混合密度函数都包含相同数量的高斯分布。这样一来，SCHMM 要估计的参数比 CTHMM 少了很多，基本能够满足 NCS 的实时性要求，同时建模精度高于 DTHMM。

所以 SCHMM 时延模型（记为λ）主要由以下元素构成。

（1）一个有限网络状态集：$S = \{1, 2, \cdots, N\}$；

（2）一个网络状态转移矩阵：$\boldsymbol{A} = \left\{a_{ij} \mid a_{ij} = P(s_k = j \mid s_{k-1} = i)\right\}$；

（3）一个初始状态分布向量：$\boldsymbol{\pi}=\left\{\pi_j \mid \pi_j=P(s_1=j)\right\}$；

（4）一组混合高斯分布函数：$\boldsymbol{B}=\left\{b_j(\tau_k^{\mathrm{ca}}) \middle| b_j(\tau_k^{\mathrm{ca}})=\sum_{l=1}^{M} c_{jl} g_l(\tau_k^{\mathrm{ca}})\right\}$。

因此，有 $\lambda=(N, M, \boldsymbol{\pi}, \boldsymbol{A}, \boldsymbol{B})$。一般情况下，$N$ 和 M 是已知的，所以 λ 可以简记为：

$$\lambda=(\boldsymbol{\pi}, \boldsymbol{A}, \boldsymbol{B}) \tag{6.11}$$

6.3.2　SCHMM 模型初步参数估计

与 DTHMM 一样，需要对 SCHMM 进行参数估计。本章仍采用 MDEM 算法实现 SCHMM 参数的最优估计。参数估计的目的在于给定一组时延观测值 τ^{ca}（$\tau^{\mathrm{ca}}=\left\{\tau_{k-1}^{\mathrm{ca}}, \cdots, \tau_1^{\mathrm{ca}}\right\}$），找到最优模型 $\lambda^*=(\boldsymbol{\pi}^*, \boldsymbol{A}^*, \boldsymbol{B}^*)$，使得似然函数 $P(\tau^{\mathrm{ca}} | \lambda)$ 达到最大。这是一个迭代优化的过程，基于时延观测值不断调整模型参数使得似然函数单调增长，如下式所示：

$$P(\tau^{\mathrm{ca}} | \lambda) \geqslant P(\tau^{\mathrm{ca}} | \lambda') \tag{6.12}$$

鉴于自然对数函数的单调性，上式等价于：

$$\lg P(\tau^{\mathrm{ca}} | \lambda) \geqslant \lg P(\tau^{\mathrm{ca}} | \lambda') \tag{6.13}$$

观测时延 τ^{ca} 通常是不完备数据，所以在式（6.13）中，是不完备数据对数似然函数。假设一个完备数据集为 $(\tau^{\mathrm{ca}}, \boldsymbol{s}, \boldsymbol{m})$，其中 $\boldsymbol{s}$（$\boldsymbol{s}=\{s_{k-1}, \cdots, s_1\}$）表示隐藏的网络状态序列，$\boldsymbol{m}$（$\boldsymbol{m}=\{m_{k-1}, \cdots, m_1\}$）表示混合高斯分布序列，便能得到一个完备数据对数似然函数：$\lg p(\tau^{\mathrm{ca}}, s, m | \lambda)$，并定义 EM 算法中的代价函数如下：

$$Q(\lambda, \lambda')=E[\lg P(\tau^{\mathrm{ca}}, \boldsymbol{s}, \boldsymbol{m} | \lambda) \tau^{\mathrm{ca}} | \lambda'] \tag{6.14}$$

在式（6.14）中，λ' 是当前用于评估 EM 期望的模型参数估计值，λ 是用来增大代价函数实现参数优化的最新模型参数。在计算 EM 期望时，τ^{ca} 和 λ' 是定值，$\boldsymbol{s}$ 和 $\boldsymbol{m}$ 是随机离散变量，受控于分布函数 $P(\boldsymbol{s}, \boldsymbol{m} | \tau^{\mathrm{ca}}, \lambda')$，取值空间分别为 $\bar{\boldsymbol{S}}$ 和 $\bar{\boldsymbol{M}}$。因此，可以对式（6.14）右边进行如下变换：

$$E[\lg P(\tau^{\mathrm{ca}}, \boldsymbol{s}, \boldsymbol{m} | \lambda) | \tau^{\mathrm{ca}}, \lambda']=\sum_{s \in \boldsymbol{S}} \sum_{m \in \boldsymbol{M}} \lg P(\tau^{\mathrm{ca}}, \boldsymbol{s}, \boldsymbol{m} | \lambda) P(\tau^{\mathrm{ca}}, \boldsymbol{s}, \boldsymbol{m} | \lambda') \tag{6.15}$$

上式中 $P(\boldsymbol{s}, \boldsymbol{m} | \tau^{\mathrm{ca}}, \lambda')$ 是关于网络状态和混合高斯分布的边缘分布，依赖于观测时延 τ^{ca} 和当前的 SCHMM 模型参数 λ'。在理想情况下，该边缘分布是可解析

的，但通常情况下都很难得到解析解。实际计算中，常采用$P(\tau^{ca}, \boldsymbol{s},\boldsymbol{m}|\lambda')$来代替$P(\boldsymbol{s},\boldsymbol{m}|\tau^{ca},\lambda')$，其中$P(\tau^{ca},\boldsymbol{s},\boldsymbol{m}|\lambda')=P(\boldsymbol{s},\boldsymbol{m}|\tau^{ca},\lambda')P(\tau^{ca}|\lambda')$。由于$P(\tau^{ca}|\lambda')$与$\lambda$无关，所以这种替代并不会影响接下来的EM迭代步骤。因此，EM算法中的代价函数变为：

$$Q(\lambda,\lambda')=\sum_{s\in \boldsymbol{S}}\sum_{m\in \boldsymbol{M}}\lg P(\tau^{ca},\boldsymbol{s},\boldsymbol{m}|\lambda)P(\tau^{ca},\boldsymbol{s},\boldsymbol{m}|\lambda') \tag{6.16}$$

上式（6.16）关于期望值的估计被称为EM算法的E-step，λ表示最终被优化以使得似然函数达到最大值的模型参数，而λ'则用来估计这个期望值。EM算法的M-step用于求解使得E-step中Q达到最大值的参数$\hat{\lambda}$，即：

$$\hat{\lambda}=\arg\max_{\lambda} Q(\lambda,\lambda'),\ \lambda'=\hat{\lambda} \tag{6.17}$$

由于代价函数Q是一个典型的凹函数，因此很容易通过最大化代价函数得到$\hat{\lambda}$。然后令$\lambda'=\hat{\lambda}$，得到一个新的代价函数，进一步最大化这个代价函数从而得到一个更新的参数$\hat{\lambda}$。不断迭代E-step和M-step，直到λ几乎无变化，最终得到最优参数λ^*。值得说明的是，EM算法只能得到局部最优解，不能得到全局最优解。不过，在优化理论研究中有很多方法可以用来获得全局最优解，由于优化理论不是本书的研究内容，此处不再展开讨论。

基于Jensen不等式和对数函数严格凹特性，可以证明EM算法可以通过最大化代价函数$Q(\lambda,\lambda')$实现最大化对数似然函数$\lg P(\tau^{ca}|\lambda)$，证明过程与第3章相同，即，当$Q(\lambda,\lambda')\geqslant Q(\lambda',\lambda')$时，必然有$\lg P(\tau^{ca}|\lambda)\geqslant \lg P(\tau^{ca}|\lambda')$。因此，可以使用EM算法得到SCHMM时延模型参数的最优估计。

当已知CA时延观测序列τ^{ca}、网络状态序列$\boldsymbol{s}$和混合高斯分布序列$\boldsymbol{m}$（其中$\tau^{ca}=\{\tau_{k-1}^{ca},\cdots,\tau_1^{ca}\}$，$\boldsymbol{s}=\{s_{k-1},\cdots,s_1\}$，$\boldsymbol{m}=\{m_{k-1},\cdots,m_1\}$，$k$表示当前采样周期），由HMM特性可得：

$$P(\boldsymbol{s}|\lambda)=\pi_{s1}\prod_{r=2}^{k-1}a_{s_{r-1}s_r},\ P(\tau^{ca},\boldsymbol{m}|\boldsymbol{s},\lambda)=\prod_{r=1}^{k-1}b_{s_r}(\tau_r^{ca},m_r) \tag{6.18}$$

在式（6.18）中，$b_{s_r}(\tau_r^{ca},m_r)$表示在时刻r状态s_r基于高斯分布g_{m_r}产生时延观测τ_r^{ca}的概率。所以，$P(\tau^{ca},\boldsymbol{s},\boldsymbol{m}|\lambda)$可以表示为：

$$P(\tau^{ca},\boldsymbol{s},\boldsymbol{m}|\lambda)=P(\tau^{ca},\boldsymbol{m}|\boldsymbol{s},\lambda)P(s,\lambda)=\pi_{s1}\prod_{r=2}^{k-1}a_{s_{r-1}s_r}\prod_{r=1}^{k-1}b_{s_r}(\tau_r^{ca},m_r) \tag{6.19}$$

那么，式（6.16）的代价函数可以重写为：

$$Q(\lambda,\lambda')=\sum_{s\in\bar{S}}\sum_{m\in\bar{M}}\lg\pi_{s_1}P(\tau^{ca},\boldsymbol{s},\boldsymbol{m}|\lambda')+$$

$$\sum_{s\in\bar{S}}\sum_{m\in\bar{M}}\left(\sum_{r=2}^{k-1}a_{s_{r-1}s_r}\right)P(\tau^{ca},\boldsymbol{s},\boldsymbol{m}|\lambda')+\sum_{s\in\bar{S}}\sum_{m\in\bar{M}}\left(\sum_{r=2}^{k-1}\lg b_{s_r}(\tau_r^{ca},m_r)\right)P(\tau^{ca},\boldsymbol{s},\boldsymbol{m}|\lambda') \tag{6.20}$$

式（6.20）表明，需要优化的模型参数被分成三个独立的部分，只需要分别优化每一部分即可。

由于参数 π_{s_1} 和 $a_{s_{r-1}s_r}$ 均与 $\boldsymbol{m}$ 无关，所以式（6.20）中的第一、二部分可以分别简化为：

$$\sum_{s\in\bar{S}}\sum_{m\in\bar{M}}\lg\pi_{s_1}P(\tau^{ca},\boldsymbol{s},\boldsymbol{m}|\lambda')=\sum_{s\in\bar{S}}\lg\pi_{s_1}\sum_{m\in\bar{M}}P(\tau^{ca},\boldsymbol{s},\boldsymbol{m}|\lambda')=\sum_{s\in\bar{S}}\lg\pi_{s_1}P(\tau^{ca},\boldsymbol{s},|\lambda') \tag{6.21}$$

$$\begin{aligned}\sum_{s\in\bar{S}}\sum_{m\in\bar{M}}\left(\sum_{r=2}^{k-1}a_{s_{r-1}s_r}\right)P(\tau^{ca},\boldsymbol{s},\boldsymbol{m}|\lambda')&=\sum_{s\in\bar{S}}\left(\sum_{r=2}^{k-1}\lg a_{s_{r-1}s_r}\right)\sum_{m\in\bar{M}}P(\tau^{ca},\boldsymbol{s},\boldsymbol{m}|\lambda')\\&=\sum_{s\in\bar{S}}\left(\sum_{r=2}^{k-1}\lg a_{s_{r-1}s_r}\right)P(\tau^{ca},\boldsymbol{s},\boldsymbol{m}|\lambda')\end{aligned} \tag{6.22}$$

在式（6.21）中，$\boldsymbol{s}\in\bar{\boldsymbol{S}}$ 可简单理解为重复选择 s_1 的值，所以（6.21）式右边恰好是 $r=1$ 时的边缘分布，那么式（6.21）可以等价为：

$$\sum_{i=1}^{N}\pi_i P(\tau^{ca},s_1=i|\lambda') \tag{6.23}$$

类似地，式（6.22）可以等价为：

$$\sum_{i=1}^{N}\sum_{j=1}^{N}\sum_{r=2}^{k-1}\lg a_{ij}P(\tau^{ca},s_{r-1}=i,\ s_r=j|\lambda') \tag{6.24}$$

所以，同第 3 章类似，使用 Lagrange 乘子和 Bayes 准则，可以得到如下参数估计。

$$\hat{\pi}=\frac{P(\tau^{ca},s_1=i|\lambda')}{P(\tau^{ca}|\lambda')}=P(s_1=i|\tau^{ca},\lambda'),(i\in S) \tag{6.25}$$

$$\hat{a}_{ij}=\frac{\sum_{r=2}^{k-1}P(s_{r-1}=i,\ s_r=j|\tau^{ca},\lambda')}{\sum_{r=2}^{k-1}P(s_{r-1}=i,|\tau^{ca},\lambda')},(i,j\in S) \tag{6.26}$$

式（6.20）中第三部分，其依赖于 $\boldsymbol{s}$ 和 $\boldsymbol{m}$，所以可以写成如下形式。

$$\sum_{s\in\bar{S}}\sum_{m\in\bar{M}}\left(\sum_{r=1}^{k-1}\lg b_{s_r}(\tau_r^{ca},m)\right)P(\tau^{ca},\boldsymbol{s},\boldsymbol{m}|\lambda')=\sum_{i=1}^{N}\sum_{l=1}^{M}\sum_{r=1}^{k-1}\lg[c_{il}g_l(\tau_r^{ca})]P(\tau^{ca},s_r=i,m_r=l|\lambda')$$

$$= \sum_{i=1}^{N}\sum_{l=1}^{M}\sum_{r=1}^{k-1}\lg c_{il}P(\tau^{\text{ca}}, s_r = i, m_r = l|\lambda') + \sum_{i=1}^{N}\sum_{l=1}^{M}\sum_{r=1}^{k-1}\lg g_l(\tau_r^{\text{ca}})P(\tau^{\text{ca}}, s_r = i, m_r = l|\lambda') \tag{6.27}$$

式（6.27）表明，式（6.20）中第三部分可以进一步分解成两个小部分，并可以对其进行独立优化。对于式（6.27）第一小部分，添加 Lagrange 乘子η，利用约束条件$\sum_{l=1}^{M} c_{il} = 1$，并令下式微分等于零，即可得到微分方程如下：

$$\frac{\partial}{\partial c_{il}}\left[\sum_{i=1}^{N}\sum_{l=1}^{M}\sum_{r=1}^{k-1}\lg c_{il}P(\tau^{\text{ca}}, s_r = i, m_r = l|\lambda') + \eta\left(\sum_{l=1}^{M} c_{il} - 1\right)\right] = 0$$

求解这个微分方程得：

$$\hat{c}_{il} = -\frac{1}{\eta}\sum_{r=1}^{k-1}P(\tau^{\text{ca}}, s_r = i, m_r = l|\lambda') \tag{6.28}$$

上式对l求和，并利用约束条件$\sum_{l=1}^{M}\hat{c}_{il} = 1$，可以得到：

$$\eta = -\sum_{l=1}^{M}\sum_{r=1}^{k-1}P(\tau^{\text{ca}}, s_r = i, m_r = l|\lambda') = -\sum_{r=1}^{k-1}P(\tau^{\text{ca}}, s_r = i|\lambda') \tag{6.29}$$

将式（6.29）代入式（6.30）中，并使用 Bayes 准则，最终得到：

$$\hat{c}_{il} = \frac{\sum_{r=1}^{k-1}P(s_r = i, m = l|\tau^{\text{ca}}, \lambda')}{\sum_{r=1}^{k-1}P(s_r = i|\tau^{\text{ca}}, \lambda')}, (i \in S, l \in L) \tag{6.30}$$

将式（6.9）和式（6.10）代入式（6.27）中，并注意到$g_l(\tau_r^{\text{ca}})$与i无关，式（6.27）第二小部分变成：

$$\sum_{l=1}^{M}\sum_{r=1}^{k-1}\lg\left\{\frac{1}{\sqrt{2\pi\sigma_l}}\exp\left[-\frac{(\tau_{\text{r}}^{\text{ca}} - \mu_l)}{2\sigma_l}\right]\right\}P(\tau^{\text{ca}}, m_r = l|\lambda') \tag{6.31}$$

进一步求解如下两个微分方程：

$$\frac{\partial}{\partial\mu_l}\left[\sum_{r=1}^{k-1}\frac{(\tau_{\text{r}}^{\text{ca}} - \mu_l)^2}{2\sigma_l}P(\tau^{\text{ca}}, m_r = l|\lambda')\right] = 0$$

$$\frac{\partial}{\partial\sigma_l}\left[\sum_{r=1}^{k-1} -\frac{1}{2}\lg\sigma_l - \frac{(\tau_{\text{r}}^{\text{ca}} - \mu_l)^2}{2\sigma_l}P(\tau^{\text{ca}}, m_r = l|\lambda')\right] = 0$$

使用 Bayes 准则，最终得到：

$$\hat{\mu}_l = \frac{\sum_{r=1}^{k-1} \tau_r^{\text{ca}} P(m_r = l \big| \tau^{\text{ca}}, \lambda')}{\sum_{r=1}^{k-1} P(m_r = l \big| \tau^{\text{ca}}, \lambda')}, (l \in L) \tag{6.32}$$

$$\hat{\sigma}_l = \frac{\sum_{r=1}^{k-1} \tau_r^{\text{ca}} P(m_r = l \big| \tau^{\text{ca}}, \lambda')}{\sum_{r=1}^{k-1} P(m_r = l \big| \tau^{\text{ca}}, \lambda')}, (l \in L) \tag{6.33}$$

至此，通过求解式（6.25）、式（6.26）、式（6.30）、式（6.32）、式（6.33），即可完成 SCHMM 模型参数的一步迭代优化，从而得到新的参数估计 $\hat{\lambda}$，然后令 $\lambda'=\hat{\lambda}$，构造新的代价函数 $Q(\lambda,\lambda')$，再对其进行最大化处理得到更新的参数估计 $\hat{\lambda}$。如此反复进行下去，直到满足收敛条件。

6.3.3　定义说明

为了参数估计的方便，本章同样引入前向变量、后向变量，分别定义如下。

定义 6.1：$\alpha_r(i)$ 表示给定 SCHMM 模型参数 λ'，时延观测序列 $\left\{\tau_1^{\text{ca}},\tau_2^{\text{ca}},\cdots,\tau_r^{\text{ca}}\right\}$ 在 r 时刻处于状态 i 的概率，即：

$$a_r(i) = P(\tau_1^{\text{ca}},\cdots,\ \tau_r^{\text{ca}}, s_r = i \big| \lambda')$$

$\alpha_r(i)$ 就是所谓的前向变量，可以通过下面的递推公式计算：

（1）初始化（$r=1$）。

$$a_1(i) = \pi_i b_i(\tau_1^{\text{ca}})$$

（2）迭代计算（$r=2,3,\cdots,k-1$）。

$$a_1(j) = \sum_{i=1}^{N} \left[a_{r-1}(i) a_{ij} \right] b_j \left(\tau_1^{\text{ca}} \right)$$

（3）终结计算。

$$P(\tau^{\text{ca}} \big| \lambda') = \sum_{i=1}^{N} a_{k-1}(i)$$

定义 6.2：$\beta_r(i)$ 表示给定 SCHMM 模型参数 λ'，部分观测序列 $\left\{\tau_{r+1}^{\text{ca}},\cdots,\ \tau_{k-1}^{\text{ca}}\right\}$ 在 r 时刻处于状态 i 的概率，即：

$$\beta_r(i) = P(\tau_{r+1}^{\text{ca}},\cdots,\ \tau_{k-1}^{\text{ca}} \big| s_r = i, \lambda')$$

$\beta_r(i)$ 就是所谓的后向变量，可以通过下面的递推公式计算：

（1）初始化（$r=k-1$）。

$$\beta_{k-1}(i)=1$$

（2）迭代计算（$r=k-1,\cdots,2$）。

$$\beta_{r-1}(i)=\sum_{M}^{N}\left[a_{ij}b_j(\tau_r^{\text{ca}})\right]\beta_r(j)$$

（3）终结计算。

$$P(\tau^{\text{ca}}|\lambda')=\sum_{M}^{N}\beta_1(i)\pi_i b_i(\tau_1^{\text{ca}})$$

根据马尔可夫条件独立性，可以得到：

$$a_r(i)\beta_r(i)=P\left(\tau_1^{\text{ca}},\cdots,\tau_r^{\text{ca}}|\ s_r=i,\lambda'\right)P\left(\tau_{r+1}^{\text{ca}},\cdots,\tau_{k-1}^{\text{ca}}|\ s_r=i,\lambda'\right)=P\left(\tau^{\text{ca}},s_r=i,|\ \lambda'\right)$$

$$P(\tau^{\text{ca}}|\lambda')=\sum_{i=1}^{N}a_r(i)\beta_r(i)$$

给定 SCHMM 模型 λ' 和 CA 时延序列 τ^{ca}，网络状态在时刻 r 处于状态 i 的后验概率定义为：$\varsigma_r(i)=P(s_r=i|\tau^{\text{ca}}|\lambda')$；而网络状态从时刻 r 处于状态 i 跳变到时刻 $r+1$ 处于状态 j 的后验概率定义为：$\varsigma_r(i,j)=P(s_r=i,s_{r+1}=j|\tau^{\text{ca}},\lambda')$。这两个概率都可以通过前向变量、后向变量进行计算。

$$\varsigma_r(i)=\frac{P(\tau^{\text{ca}},\ s_r=i|\lambda')}{P(\tau^{\text{ca}}|\lambda')}=\frac{a_r(i)\beta_r(i)}{\sum_{i=1}^{N}a_r(i)\beta_r(i)}=\sum_{j=1}^{N}\varsigma_r(i,j) \tag{6.34a}$$

$$\varsigma_r(i,j)=\frac{P(\tau^{\text{ca}},\ s_r=i|\lambda')}{P(\tau^{\text{ca}}|\lambda')}=\frac{a_r(i)a_{ij}b_j(\tau_{r+1}^{\text{ca}})\beta_{r+1}(j)}{\sum_{i=1}^{N}a_r(i)\beta_r(i)} \tag{6.34b}$$

给定 SCHMM 模型 λ' 和 CA 时延序列 τ^{ca}，在时刻 r 网络状态 i 选择第 l 个高斯分布产生时延 τ_r^{ca} 的概率定义为：$\xi_r(i,l)=P(s_r=i,m_r=l|\tau^{\text{ca}},\lambda')$，其计算方法如下：

$$\xi_r(i,l)=\xi_r(i)\frac{c_{il}g_l(\tau_r^{\text{ca}})}{\sum_{l=1}^{M}c_{il}g_l(\tau_r^{\text{ca}})} \tag{6.34c}$$

对上式所有可能的网络状态进行求和，可以得到一个新的变量 $\xi_r(l)$，并将其定义为：$\xi_r(l)=P(m_r=l|\tau^{\text{ca}},\lambda')$，该变量实际上是 $\xi_r(i,l)$ 的边缘分布，即：

$$\xi_r(l)=\sum\nolimits_{i=1}^{N}\xi_r(i,l) \tag{6.34d}$$

基于定义 6.1 和定义 6.2 以及式（6.34a）~式（6.34d）定义的变量，参数估计式（6.25）、式（6.26）、式（6.30）、式（6.32）、式（6.33）可以重新写成如下形式：

$$\hat{\pi}_i = \zeta_1(i), (i \in S) \tag{6.35a}$$

$$\hat{a}_{ij} = \frac{\sum_{r=2}^{k-1} \xi_{r-1}(i,j)}{\sum_{r=2}^{k-1} \xi_{r-1}(i)}, (i,j \in S) \tag{6.35b}$$

$$\hat{c}_{ij} = \frac{\sum_{r=1}^{k-1} \xi_r(i,l)}{\sum_{r=1}^{k-1} \xi_r(i)}, (i \in S, l \in L) \tag{6.35c}$$

$$\hat{\mu}_l = \frac{\sum_{r=1}^{k-1} \tau_r^{\mathrm{ca}} \xi(l)}{\sum_{r=1}^{k-1} \xi(l)}, (l \in L) \tag{6.35d}$$

$$\hat{\sigma}_l = \frac{\sum_{r=1}^{k-1} (\tau_r^{\mathrm{ca}} - \hat{\mu}_l)^2 \xi_r(l)}{\sum_{r=1}^{k-1} \xi_r(l)}, (l \in L) \tag{6.35e}$$

那么，SCHMM 时延模型的参数估计就可以通过不断求解式（6.35a）~式（6.35e）实现迭代优化，这一优化流程如图 6.2 所示。

定义:

根据定义 6.1 和 6.2 以及式（6.34a）~式（6.34d）定义：$\alpha_r(i)$，$\beta_r(i)$，$\zeta_r(i)$，$\zeta_r(i,j)$，$\xi_r(i,l)$，$\xi_r(l)$.

输入:

N，M，τ^{ca}.

<1> 初始化:

选择一个适当的初始化模型 $\lambda^0 = (\boldsymbol{\pi}^0, \boldsymbol{A}^0, \boldsymbol{B}^0)$，令：$\lambda' \leftarrow \lambda^0$.

<2> 迭代优化:

通过计算式（6.35a）~式（6.35e）更新模型参数 $\hat{\lambda} = (\hat{\boldsymbol{\pi}}, \hat{\boldsymbol{A}}, \hat{\boldsymbol{B}})$.

<3> 终止:

当更新后模型参数 $\hat{\lambda}$ 相对于更新前 λ' 具有较大改进时，令 $\lambda' \leftarrow \hat{\lambda}$，并返回第<2>步计算新的模型参数.

否则，停止迭代，令 $\lambda^* \leftarrow \hat{\lambda}$.

输出:

最优模型参数 $\lambda^* = (\boldsymbol{\pi}^*, \boldsymbol{A}^*, \boldsymbol{B}^*)$.

图 6.2　SCHMM 时延模型参数估计流程图

一般来说，网络状态个数 N 、混合高斯分布函数个数 M 可以根据经验事先确定。比如，网络状态可以等价为网络负荷并简单分为轻度、中度、重度三种级别，此时 $N=3$ 。理论上，M 越大，SCHMM 时延模型精度越高，但相应的模型参数训练也变得越复杂。出于对 NCS 实时性的考虑，M 的取值通常略大于 N 。

CA 时延序列是进行 SCHMM 时延模型参数训练程序的输入，一般是通过在控制器节点设置时延序列缓冲区存储 CA 时延历史数据。利用时间戳技术可以在执行器节点计算出 CA 时延，然后和采样数据一起打包发送给控制器节点，控制器节点按时间先后顺序收集 CA 时延历史数据，经过 $k-1$ 个采样周期，可以获得全部 CA 时延历史数据 τ^{ca} （$\tau^{\mathrm{ca}}=\tau_{k-1}^{\mathrm{ca}},\cdots,\tau_{1}^{\mathrm{ca}}$ ）。

在图 6.2 所示的流程<1>中，初始状态概率向量 $\boldsymbol{\pi}^0$ 和初始状态转移矩阵 $\boldsymbol{A}^0$ 可以采用随机初始化或平均初始化的方法，对后续的迭代收敛影响不大。初始混合高斯密度函数 $\boldsymbol{B}^0$ （$\boldsymbol{B}^0=\left\{b_i^0(\tau_r^{\mathrm{ca}})\right\}$，$b_i^0(\tau_r^{\mathrm{ca}})=\sum_{l=1}^{M}c_{il}^0 G(\tau_r^{\mathrm{ca}}\left|\mu_l^0,\sigma_l^0\right.)$ ），其权重 c_{il}^0 、均值 μ_l^0 、方差 σ_l^0 的初始值均可以使用 K-均值聚类方法得到，其中聚类数目为 M 。而且，简单起见，混合权重 c_{il}^0 的初始化通常可以不考虑网络状态，即 c_{il}^0 简化为 c_l^0 ，其初始值与网络状态 i 无关。

在图 6.2 所示的流程<3>中，通常会设置一个足够小的阈值 ε ，用于判断似然函数是否达到极值，当相邻两次更新的模型参数对应的似然函数之间的距离小于该阈值时（即收敛条件为：$|P(\tau^{\mathrm{ca}}|\lambda')-|P(\tau^{\mathrm{ca}}|\hat{\lambda})<\varepsilon$），迭代优化过程即可停止，并输出最优模型参数 λ^* 。否则，迭代优化程序返回到<2>继续执行。一般情况下，该迭代优化过程经过几十次的循环后都会达到收敛条件。有时候为了满足 NCS 实时性要求，避免循环次数过多，可以设置迭代上限，当循环次数达到上限时，程序也会自动终止。

6.4 网络时延预测

基于 SCHMM 时延模型和 CA 时延历史数据 τ^{ca} ($\tau_{k-1}^{\mathrm{ca}},\cdots,\tau_{1}^{\mathrm{ca}}$)，可以预测当前采样周期的 CA 时延 τ_k^{ca} 。进一步通过计算预测值与实际值之间的均方误差（MSE）对 SCHMM 时延模型进行评价。

为了预测 τ_k^{ca}，需要先根据式（6.36）估计出最优的网络状态序列。

$$\tilde{\boldsymbol{s}} = \arg\max_{s} P(\boldsymbol{s} \mid \tau^{\mathrm{ca}}, \lambda^*) \tag{6.36}$$

上式右边 $\boldsymbol{s}$ 表示与 CA 时延历史数据 τ^{ca} 对应的网络状态序列（ $\boldsymbol{s} \in \bar{\boldsymbol{S}}$ ，$\boldsymbol{s} = \{s_{k-1}, \cdots, s_1\}$ ）。利用 Bayes 准则，考虑到 $P(\tau^{\mathrm{ca}} \mid \lambda^*)$ 与 $\boldsymbol{s}$ 无关，式（6.30）可以写成:

$$\tilde{\boldsymbol{s}} = \arg\max_{s} P(\tau^{\mathrm{ca}}, \boldsymbol{s} \mid \lambda^*,) \tag{6.37}$$

与第 3 章类似，本章同样使用 Viterbi 算法求解最优状态序列。根据定义 3.2，此处定义相应辅助变量 $\delta_r(i)$ 如下：

$$\delta_r(i) = \max_{s_1,\cdots,s_{r-1}} P(\tau_1^{\mathrm{ca}}, \cdots, \tau_r^{\mathrm{ca}}, s_1, \cdots s_{r-1}, s_r = i \mid \lambda^*) \tag{6.38}$$

使用归纳法可以得到：

$$\delta_{r+1}(j) = \max_i \left\{ \delta_r(i) a_{ij}^* \right\} b_j^* \left(\tau_{r+1}^{\mathrm{ca}} \right) \tag{6.39}$$

关于 $\delta_r(i)$ 的计算与前向变量 $\alpha_r(i)$ 的计算相似，主要区别在于：式（6.39）执行的不是与先前状态相关的概率总和，而是最大化过程。为了得到状态序列，需要对每一个时刻 r 和状态 j 的最大值 $\delta_{r+1}(j)$ 进行实时跟踪，该跟踪过程可以通过后向指针 $\varphi_r(j)$ 实现。图 6.3 给出了求解最优状态的 Viterbi 流程。

定义:

根据（6.38）式定义辅助变量 $\delta_r(i)$.

<1> 初始化:

$\delta_1(i) = \pi_i^* b_i^* (\tau_1^{\mathrm{ca}})$,

$\varphi_1(i) = 0$.

<2> 迭代:

对于所有的 r ： $r = 1, \cdots, k-2$ ：

$\delta_{r+1}(j) = \max_i \{\delta_r(i) a_{ij}^*\} b_j^* (\tau_{r+1}^{\mathrm{ca}})$,

$\varphi_{r+1}(j) = \arg\max \{\delta_r(i) a_{ij}^*\}$.

<3> 终止:

对于 $r = k-1$：

$P(\tau^{\mathrm{ca}}, \tilde{s} \mid \lambda^*) = \max_i \delta_{k-1}(i)$,

$\tilde{s}_{k-1} = \arg\max_j \delta_{k-1}(j)$.

<4> 回溯:

对于所有 r ： $r = k-2, \cdots, 1$ ：

输出最优状态 $\tilde{s}_r = \varphi_{r+1}(\tilde{s}_{r+1})$.

图 6.3　求解最优状态的 Viterbi 算法流程

Viterbi 算法是一种动态规划方法，每一次 $\delta_r(i)$ 的计算都智能得到其局部极值，只有 $\delta_{k-1}(i),\cdots,\delta_1(i)$ 全部计算完才能得到状态序列的全局最优解。使得 $\delta_{k-1}(i)$ 达到最大值的网络状态位于最优状态序列的尾部，而相邻前一网络状态可以通过后向指针得到。

在得到最优状态序列后，需要进一步估计当前采样周期的最优状态（$\tilde{s}_k$），所谓“最优状态”是指在时刻 k 网络状态为 $\tilde{s}_k$ 的概率最大。根据网络状态的马尔可夫特性，当前状态仅依赖于相邻前一状态 s_{k-1}，所以有：

$$\tilde{s}_k = \arg\max_{j} a^*_{\tilde{s}_{k-1}j} \tag{6.40}$$

上式使用 $\tilde{s}_{k-1}$ 代替 s_{k-1}，是因为 s_{k-1} 并不直接可测，而 $\tilde{s}_{k-1}$ 已经在图 6.3 流程的第<3>步中得到。从这个角度来看，图 6.3 中基于后向指针 $\varphi_r(j)$ 的回溯过程可以省略。

在得到当前采样周期最优网络状态 $\tilde{s}_k$ 的基础上，可以预测当前采样周期的 CA 时延（预测值记为 $\tilde{\tau}_k^{\mathrm{ca}}$ ）。对应于网络状态 $\tilde{s}_k$ 的时延 τ_k^{ca} 的分布满足式（6.6）所示的混合高斯分布，即：

$$b_{\tilde{s}_k}(\tau_k^{\mathrm{ca}}) = \sum_{l=1}^{M} c^*_{\tilde{s}_k l} G(\tau_k^{\mathrm{ca}} \mid \mu_l^*, \sigma_l^*) = \sum_{l=1}^{M} c^*_{\tilde{s}_k l} \frac{1}{\sqrt{2\pi\sigma_l^*}} \exp\left[-\frac{(\tau_k^{\mathrm{ca}} - \mu_l^*)^2}{2\sigma_l^*}\right] \tag{6.41}$$

上式概率密度 $b_{\tilde{s}_k}(\tau_k^{\mathrm{ca}})$ 定义了在时刻 k 对应于网络状态 $\tilde{s}_k$ 的C-A时延 τ_k^{ca} 的概率分布。为了计算时延预测值 $\tilde{\tau}_k^{\mathrm{ca}}$，此处将 $\tilde{\tau}_k^{\mathrm{ca}}$ 设定为概率密度 $b_{\tilde{s}_k}(\tau_k^{\mathrm{ca}})$ 的极值点，表示在时刻 k 最有可能发生的 CA 时延。所以，预测值 $\tilde{\tau}_k^{\mathrm{ca}}$ 是概率密度函数 $b_{\tilde{s}_k}(\tau_k^{\mathrm{ca}})$ 的峰值，并可以使用如下微分方程求解这个峰值。

$$\left.\frac{\mathrm{d}b_{\tilde{s}_k}(\tau_k^{\mathrm{ca}})}{\mathrm{d}\tau_k^{\mathrm{ca}}}\right|_{\tau_k^{\mathrm{ca}}=\tilde{\tau}_k^{\mathrm{ca}}} = 0 \tag{6.42}$$

通过求解上式即可得到当前采样周期的 CA 时延预测值 $\tilde{\tau}_k^{\mathrm{ca}}$。该预测值与后向时延实测值 τ_k^{sc} 一起用于设计控制器 u_k，即可实现对前后向时延的同步补偿。

为了评价 SCHMM 时延模型，需要对 CA 时延的预测值与实际值进行比较。本章定义两种误差函数（相对误差和均方误差）来实现这种比较。相对误差用于实现单个预测值与实际值的比较，而均方误差用于实现统计意义上的比较分析。本章第 6 节将通过仿真实验对 SCHMM 时延模型进行对比分析。

考虑的 CA 时延小于一个采样周期，因此所有的历史数据都可以通过在控制器节点设置时延缓冲区而获得。不过，在实际系统中，CA 时延可能会大于一个采样周期，这样会导致某些历史时延数据在当前采样周期内不可获。此时，需要在执行器节点再设置一个时延缓冲区，只用来接收最新一次的 CA 时延数据。这两个时延缓冲区是不同的，不妨将控制器时延缓冲区记为 Buffer1，执行器时延缓冲区记为 Buffer2。每一次采样周期内，Buffer2 中的最新一次 CA 时延数据被取出和传感器采样数据一起打包发送给控制器，Buffer2 中的数据取出后将被置空，并准备接收下一次 CA 时延数据。在没有时延数据进入 Buffer2 之前，不会有任何数据被取出用于和采样数据一起打包。当 CA 时延大于一个采样周期时，当前采样周期的 CA 时延预测值 $\tilde{\tau}_k^{\mathrm{ca}}$ 同样会被保存在 Buffer1 中，一旦其实际值 τ_k^{ca} 到达控制器后，将用实际值 τ_k^{ca} 替换预测值 $\tilde{\tau}_k^{\mathrm{ca}}$。所以，即使实际 CA 时延 τ_k^{ca} 大于一个采样周期导致无法在 $k+1$ 时刻获得该实际时延，也可以使用其预测值 $\tilde{\tau}_k^{\mathrm{ca}}$ 和其他历史数据（$\{\tau_{k-1}^{\mathrm{ca}},\cdots,\tau_1^{\mathrm{ca}}\}$）一起预测下一个 CA 时延 τ_{k+1}^{ca}。该方法可以保证 Buffer1 中 CA 时延数据的完整性以及用于预测的充分性。

6.5　网络时延补偿

本节设计一个最优控制器来补偿 SC、CA 时延以保证 NCS 指数均方稳定。被控对象状态空间方程如下：

$$\begin{cases}\dot{x}(t)=A_1x(t)+A_2u(t)+v(t)\\ y(t)=A_3x(t)+\omega(t)\end{cases}\tag{6.43}$$

式中，$x(t)\left(\in \boldsymbol{R}^n\right)$ 表示状态向量，$u(t)\left(\in \boldsymbol{R}^m\right)$ 表示输入向量，$y(t)\left(\in \boldsymbol{R}^z\right)$ 表示输出向量，$\boldsymbol{A}_1$、$\boldsymbol{A}_2$、$\boldsymbol{A}_3$ 为相应的适维矩阵。$v(t)\left(\in \boldsymbol{R}^n\right)$ 为系统白噪声，$\omega(t)\left(\in \boldsymbol{R}^z\right)$ 为实测白噪声，两种噪声相互独立。当 SC、CA 时延之和小于一个采样周期时，(6.43)式在第 $r(0\leqslant r<k)$ 个采样周期内做如下离散化处理：

$$\begin{cases}x_{r+1}=\Omega_1x_r+\Omega_2(\tau_r^{sc},\tau_r^{\mathrm{ca}})u_r+\Omega_3(\tau_r^{sc},\tilde{\tau}_r^{\mathrm{ca}})u_{r-1}+v_r\\ y_r=A_3x_r+\omega_r\end{cases}\tag{6.44}$$

其中，$\Omega_1=\mathrm{e}^{A_1 h},\Omega_2(\tau_r^{\mathrm{sc}},\tilde{\tau}_r^{\mathrm{ca}})=\int_0^{h-\tau_r^{\mathrm{sc}},-\tilde{\tau}_r^{\mathrm{ca}}}\mathrm{e}^{A_1 t}\mathrm{d}tA_2,\ \Omega_3(\tau_r^{\mathrm{sc}},\tilde{\tau}_r^{\mathrm{ca}})=\int_{h-\tau_r^{\mathrm{sc}},-\tilde{\tau}_r^{\mathrm{ca}}}^{h}\mathrm{e}^{A_1 t}\mathrm{d}tA_2$，$v_r$ 和 ω_r 仍然是相互独立的白噪声，进一步假设 v_r 和 ω_r 分别满足高斯分布：$N(0,R_1)$、$N(0,R_2)$。式（6.45）中同时考虑了 CA 时延预测值（$\tilde{\tau}_k^{\mathrm{ca}}$）和 SC 时延实测值（$\tau_r^{\mathrm{sc}}$），所以设计的最优控制律 $\boldsymbol{u}_r$ 可以同时补偿这两种时延。

本节最优控制器的成本函数定义如下：

$$J_0=E\left[\boldsymbol{x}_k^{\mathrm{T}}\boldsymbol{\psi}_1 x_k+\sum_{r=0}^{k-1}\left(\boldsymbol{x}_r^{\mathrm{T}}\boldsymbol{\psi}_2 x_r+u_r^{\mathrm{T}}\boldsymbol{\psi}_3 u_r\right)\right] \tag{6.45}$$

式中 $\boldsymbol{\psi}_1$ 和 $\boldsymbol{\psi}_2$ 均为对称正半定矩阵，$\boldsymbol{\psi}_3$ 为对称正定矩阵，上标“T”表示矩阵（或向量）的转置，运算符“E”表示求解数学期望。

定义增广状态向量 $z_r\left[\boldsymbol{z}_r=(\boldsymbol{x}_r^{\mathrm{T}},\boldsymbol{\mu}_{r-1}^{\mathrm{T}})^{\mathrm{T}}\in\boldsymbol{R}^{n+m}\right]$，（6.44）和（6.45）变成：

$$\begin{cases}\boldsymbol{z}_{r+1}=\boldsymbol{\Phi}_r z_r+\boldsymbol{\Gamma}_r\mu_r+\boldsymbol{\Lambda}v_r\\ \boldsymbol{y}_{r+1}=\boldsymbol{F}z_r+\omega_r\end{cases} \tag{6.46}$$

$$J_0=E\left[\boldsymbol{z}_k^{\mathrm{T}}\boldsymbol{\Theta}_1 z_k+\sum_{r=0}^{k-1}\boldsymbol{z}_k^{\mathrm{T}}\boldsymbol{\Theta}_2 z_r+\boldsymbol{\mu}_r^{\mathrm{T}}\boldsymbol{\Theta}_3\mu_r\right] \tag{6.47}$$

在（6.46）式中，$\boldsymbol{\Phi}_r=\begin{pmatrix}\boldsymbol{\Omega}_1 & \boldsymbol{\Omega}_3(\tau_r^{\mathrm{sc}},\tilde{\tau}_r^{\mathrm{ca}})\\ 0 & 0\end{pmatrix}$，$\boldsymbol{\Gamma}_r\begin{pmatrix}\boldsymbol{\Omega}_2(\tau_r^{\mathrm{sc}},\tilde{\tau}_r^{\mathrm{ca}})\\ \boldsymbol{I}\end{pmatrix}$，$\boldsymbol{\Lambda}_r\begin{pmatrix}\boldsymbol{I}\\ 0\end{pmatrix}$（“$\boldsymbol{I}$”表示适维的单位矩阵），$\boldsymbol{F}=(\boldsymbol{A}_3\ \ 0)$。在式(6.40)中，$\boldsymbol{\Theta}_l=\begin{pmatrix}\boldsymbol{\psi}_1 & 0\\ 0 & \frac{1}{2}\boldsymbol{\psi}_3\end{pmatrix}$，$\boldsymbol{\Theta}_2=\begin{pmatrix}\boldsymbol{\psi}_2 & 0\\ 0 & \frac{1}{2}\boldsymbol{\psi}_3\end{pmatrix}$，$\boldsymbol{\Theta}_3=\frac{1}{2}\boldsymbol{\psi}_3$，$\mu_{-1}=0$。

6.5.1 最优控制器设计

很明显，系统（6.44）在成本函数（6.45）最小意义下的最优控制器与系统（6.46）在成本函数（6.47）最小意义下的最优控制器是等价的。接下来，将基于上述离散系统模型和相应的成本函数设计最优控制器，以补偿实测的 SC 时延 τ_k^{sc} 和预测的 CA 时延 τ_k^{ca}。

在设计最优控制器之前，先给出一个引理。

引理 6.1：假设对所有 x 和 y，函数 $f(x,y,u)$ 存在唯一最小值，且函数取到该最小值时 u （$u\in\boldsymbol{U}$)的定义为 $u^0(x,y)$，那么有：

$$\min_{u(x,y)} E[f(x,y,u)] = E\left\{f\left[x,y,u^0(x,y)\right]\right\} = E\left[\min_u f(x,y,u)\right]$$

定理6.1: 当系统（6.37）具有全状态信息时，使得成本函数（6.38）达到最小的最优控制器为：

$$u_r = -L_r\left(x_r^{\mathrm{T}}\ \ u_{r-1}^{\mathrm{T}}\right)^{\mathrm{T}} \tag{6.48}$$

其中，

$$\boldsymbol{L}_r = \left[E\left(\boldsymbol{\Gamma}_r^{\mathrm{T}}\boldsymbol{S}_{r+1}\boldsymbol{\Gamma}_r\right)+\boldsymbol{\Theta}_3\right]^{-1}E\left(\boldsymbol{\Gamma}_r^{\mathrm{T}}\boldsymbol{S}_{r+1}\boldsymbol{\Phi}_r\right)$$

$$\boldsymbol{S}_r = E\left[\left(\boldsymbol{\Phi}_r-\boldsymbol{\Gamma}_r\boldsymbol{L}_r\right)^{\mathrm{T}}\boldsymbol{S}_{r+1}\left(\boldsymbol{\Phi}_r-\boldsymbol{\Gamma}_r\boldsymbol{L}_r\right)\right]+\boldsymbol{L}_r^{\mathrm{T}}\boldsymbol{\Theta}_3\boldsymbol{L}_r+\boldsymbol{\Theta}_2$$

$$\boldsymbol{S}_k = \boldsymbol{\Theta}_1$$

此时，最小成本函数为：

$$\min J_0 = m_0^{\mathrm{T}}\boldsymbol{S}_0 m_0 + \mathrm{tr}\left(\boldsymbol{S}_0 R_0\right)+\sum\nolimits_{r=0}^{k-1}\mathrm{tr}\left(\boldsymbol{\Lambda}^{\mathrm{T}}\boldsymbol{S}_{r+1}\boldsymbol{\Lambda}R_1\right) \tag{6.49}$$

式中 m_0 和 R_0 分别表示初始增广状态向量 $\boldsymbol{z}_0$ 满足的高斯分布 $N(m_0,R_0)$ 的均值和方差，R_1 是系统噪声 v_r 满足的高斯分布 $N(0,R_1)$ 的方差，运算符“ tr ”用来求解矩阵的迹。

证明：

（1）贝尔曼方程推导。

时刻η ($0\leqslant\eta\leqslant k$)的成本函数定义如下：

$$J_\eta = E\left[\boldsymbol{z}_k^{\mathrm{T}}\boldsymbol{\Theta}_1 z_k+\sum_{r=\eta}^{k-1}\left(z_r^{\mathrm{T}}\boldsymbol{\Theta}_2 z_r+u_r^{\mathrm{T}}\boldsymbol{\Theta}_3 u_r\right)\right] \tag{6.50}$$

当 $\eta=0$ 时，式（6.50）与式（6.47）等价，使用引理1可以得到全部控制信息（$u_\eta,u_{\eta+1},\cdots,u_{k-1}$）下最小成本 J_η 为：

$$\begin{aligned}\min J_\eta &= \min_{u_\eta,\cdots,u_{k-1}} E\left[\boldsymbol{z}_k^{\mathrm{T}}\boldsymbol{\Theta}_1 z_k+\sum_{r=\eta}^{k-1}\left(z_r^{\mathrm{T}}\boldsymbol{\Theta}_2 z_r+u_r^{\mathrm{T}}\boldsymbol{\Theta}_3 u_r\right)\right] = E\left\{\min_{u_\eta,\cdots,u_{k-1}}\left[\boldsymbol{z}_k^{\mathrm{T}}\boldsymbol{\Theta}_1 z_k+\sum_{r=\eta}^{k-1}\left(z_r^{\mathrm{T}}\boldsymbol{\Theta}_2 z_r+u_r^{\mathrm{T}}\boldsymbol{\Theta}_3 u_r\right)\right]\right\}\\ &= E\left\{\min_{u_\eta,\cdots,u_{k-1}} E\left[\boldsymbol{z}_k^{\mathrm{T}}\boldsymbol{\Theta}_1 z_k+\sum_{r=\eta}^{k-1}\left(z_r^{\mathrm{T}}\boldsymbol{\Theta}_2 z_r+u_r^{\mathrm{T}}\boldsymbol{\Theta}_3 u_r\right)\middle| X_\eta\right]\right\}\end{aligned} \tag{6.51}$$

其中 $X_\eta=\left\{x_\eta,x_{\eta-1},\cdots,x_1,u_{\eta-1},\cdots,u_1\right\}$ 。

根据式（6.39）可知 $z_{\eta+1},\cdots$，z_k 仅由 z_η 决定，式（6.44）可以写成：

$$\min J_{\eta}=E\left\{\min_{u_{\eta},\cdots,u_{k-1}}E\left[\boldsymbol{z}_k^{\mathrm{T}}\boldsymbol{\Theta}_1 z_k+\sum_{r=\eta}^{k-1}\left(z_r^{\mathrm{T}}\boldsymbol{\Theta}_2 z_r+u_r^{\mathrm{T}}\boldsymbol{\Theta}_3 u_r\right)\mid z_{\eta}\right]\right\} \tag{6.52}$$

将上式右侧记为 $E\left[\boldsymbol{V}(z_{\eta},\eta)\right]$，其中 $\boldsymbol{V}(z_{\eta},\eta)$ 可以视为风险函数，并作如下定义：

$$\begin{aligned}\boldsymbol{V}\left(\boldsymbol{z}_{\eta},\eta\right)&=\min_{u_{\eta},\cdots,u_{k-1}}E\left[\boldsymbol{z}_k^{\mathrm{T}}\Theta_1\boldsymbol{z}_k+\sum\nolimits_{r=\eta}^{k-1}\left(\boldsymbol{z}_r^{\mathrm{T}}\Theta_2\boldsymbol{z}_r+u_r^{\mathrm{T}}\Theta_3 u_r\right)\mid\boldsymbol{z}_{\eta}\right]\\&=\min_{u_{\eta}}E\left[\boldsymbol{z}_{\eta}^{\mathrm{T}}\boldsymbol{\Theta}_2\boldsymbol{z}_{\eta}+u_{\eta}^{\mathrm{T}}\boldsymbol{\Theta}_3 u_{\eta}+\boldsymbol{V}\left(\boldsymbol{z}_{\eta+1},\eta+1\right)\mid\boldsymbol{z}_{\eta}\right]\end{aligned}$$

当 $k=0$ 时，可以得到 $\min J_0=E\left[\boldsymbol{V}(z_0,0)\right]$。

考虑到$z^T{}_r$和u_r可以由z_r决定，可得到如下贝尔曼方程：

$$\boldsymbol{V}\left(\boldsymbol{z}_r,r\right)=\min_{u_r}\left\{\boldsymbol{z}_r^{\mathrm{T}}\Theta_2\boldsymbol{z}_r+u_r^{\mathrm{T}}\Theta_3 u_r+E\left[\boldsymbol{V}\left(\boldsymbol{z}_{r+1},r+1\right)\mid\boldsymbol{z}_r\right]\right\} \tag{6.53}$$

（2）求解贝尔曼方程。

使用数学推导得到式（6.53）的二次方程形式如下：

$$\boldsymbol{V}(z_i,i)=z_i^{\mathrm{T}}\boldsymbol{S}_i z_i+\boldsymbol{s}_i \tag{6.54}$$

上式S_i和S_i是需要求解的变量，具体求解过程如下。

第1步：对于 $i=k$，有 $\boldsymbol{V}(z_k,k)=\min E\left(z_k^{\mathrm{T}}\boldsymbol{\Theta}_1 z_k\mid z_k\right)=z_k^{\mathrm{T}}\boldsymbol{\Theta}_1 z_k$，令 $\boldsymbol{S}_k=\boldsymbol{\Theta}_1$、$\boldsymbol{s}_k=0$，可得此时式（6.54）成立。

第2步：假设当 $i=r+1$ 时式（6.54）仍然成立，那么有：

$$\boldsymbol{V}(z_{r+1},r+1)=z_{r+1}^{\mathrm{T}}\boldsymbol{S}_{r+1}z_{r+1}+\boldsymbol{s}_{r+1}$$

$$E\left[\boldsymbol{V}(z_{r+1},r+1)\mid z_r\right]=E\left[z_{r+1}^{\mathrm{T}}\boldsymbol{S}_{r+1}z_{r+1}\mid z_r\right]+\boldsymbol{s}_{r+1} \tag{6.55}$$

将式（6.46）代入式（6.55），可得：

$$E\left[\boldsymbol{V}(z_{r+1},r+1)\mid z_r\right]=E\left[\left(\boldsymbol{\Phi}_r\boldsymbol{z}_r+\Gamma_r u_r+\Lambda v_r\right)^{\mathrm{T}}\boldsymbol{S}_{r+1}\left(\boldsymbol{\Phi}_r\boldsymbol{z}_r+\Gamma_r u_r+\Lambda v_r\right)\mid\boldsymbol{z}_r\right]+\boldsymbol{s}_{r+1} \tag{6.56}$$

考虑到 z_r 和 u_r 由 z_r 决定，式（6.56）可以写成：

$$\begin{aligned}E\left[\boldsymbol{V}(z_{r+1},r+1)\mid z_r\right]=&E\left[\left(\boldsymbol{\Phi}_r z_r+\boldsymbol{\Gamma}_r u_r\right)^{\mathrm{T}}\boldsymbol{S}_{r+1}\left(\boldsymbol{\Phi}_r z_r+\boldsymbol{\Gamma}_r u_r\right)\right]+E\left[\left(\boldsymbol{\Phi}_r z_r+\boldsymbol{\Gamma}_r u_r\right)^{\mathrm{T}}\boldsymbol{S}_{r+1}\boldsymbol{\Lambda}v_r\right]+\\&E\left[\left(\boldsymbol{\Lambda}v_r\right)^{\mathrm{T}}\boldsymbol{S}_{r+1}\left(\boldsymbol{\Phi}_r z_r+\boldsymbol{\Gamma}_r u_r\right)\right]+E\left[\left(\boldsymbol{\Lambda}v_r\right)^{\mathrm{T}}\boldsymbol{S}_{r+1}\boldsymbol{\Lambda}v_r\right]+\boldsymbol{s}_{r+1}\end{aligned} \tag{6.57}$$

因为 v_r 服从高斯分布$N(0,R_1)$且独立于 z_r 和 u_r，所以上式右边第二、第三项均等于零，而第四项等于 $tr\left(\boldsymbol{\Lambda}^{\mathrm{T}}\boldsymbol{S}_{r+1}\boldsymbol{\Lambda}R_1\right)$，所以，式（6.57）可以写成：

$$E\left[\boldsymbol{V}(z_{r+1},r+1)\mid z_r\right]=E\left[\left(\boldsymbol{\Phi}_r z_r+\Gamma_r u_r\right)^{\mathrm{T}}\boldsymbol{S}_{r+1}\left(\boldsymbol{\Phi}_r z_r+\Gamma_r u_r\right)\right]+\mathrm{tr}\left(\boldsymbol{\Lambda}^{\mathrm{T}}\boldsymbol{S}_{r+1}\boldsymbol{\Lambda}R_1\right)+\boldsymbol{s}_{r+1}$$

第3步：对于 $i=r$，有如下推导过程：

$$V(z_r,r)=\min_{u_r}\left\{z_r^{\mathrm T}\boldsymbol{\Theta}_2 z_r+u_r^{\mathrm T}\boldsymbol{\Theta}_3 u_r+E\left[\left(\boldsymbol{\Phi}_r z_r+\boldsymbol{\Gamma}_r u_r\right)^{\mathrm T}\boldsymbol{S}_{r+1}\left(\boldsymbol{\Phi}_r z_r+\boldsymbol{\Gamma}_r u_r\right)\mid z_r\right]+tr\left(\boldsymbol{\Lambda}^{\mathrm T}\boldsymbol{S}_{r+1}\boldsymbol{\Lambda}R_1\right)+s_{r+1}\right\}$$

$$=\min_{u_r}\left\{z_r^{\mathrm T}\boldsymbol{\Theta}_2 z_r+u_r^{\mathrm T}\boldsymbol{\Theta}_3 u_r+E\left[z_r^{\mathrm T}\boldsymbol{\Phi}_r^{\mathrm T}\boldsymbol{S}_{r+1}\boldsymbol{\Phi}_r z_r+z_r^{\mathrm T}\boldsymbol{\Phi}_r^{\mathrm T}\boldsymbol{S}_{r+1}\boldsymbol{\Gamma}_r u_r+\right.\right.$$

$$\left.\left.u_r^{\mathrm T}\boldsymbol{\Gamma}_r^{\mathrm T}\boldsymbol{S}_{r+1}\boldsymbol{\Phi}_r z_r+u_r^{\mathrm T}\boldsymbol{\Gamma}_r^{\mathrm T}\boldsymbol{S}_{r+1}\boldsymbol{\Gamma}_r u_r\mid z_r\right]+tr\left(\boldsymbol{\Lambda}^{\mathrm T}\boldsymbol{S}_{r+1}\boldsymbol{\Lambda}R_1\right)+s_{r+1}\right\}$$

$$=\min_{u_r}\left\{z_r^{\mathrm T}\boldsymbol{S}_r z_r+\left(u_r+\boldsymbol{L}_r z_r\right)^{\mathrm T}\left[E\left[\boldsymbol{\Gamma}_r^{\mathrm T}\boldsymbol{S}_{r+1}\boldsymbol{\Gamma}_r\right]+\boldsymbol{\Theta}_3\right]\left(u_r+\boldsymbol{L}_r z_r\right)+tr\left(\boldsymbol{\Lambda}^{\mathrm T}\boldsymbol{S}_{r+1}\boldsymbol{\Lambda}R_1\right)+s_{r+1}\right\}\quad(6.58)$$

由上式可得：

$$\boldsymbol{L}_r=\left[E\left[\boldsymbol{\Gamma}_r^{\mathrm T}\boldsymbol{S}_{r+1}\boldsymbol{\Gamma}_r\right]+\boldsymbol{\Theta}_3\right]^{-1}E\left[\boldsymbol{\Gamma}_r^{\mathrm T}\boldsymbol{S}_{r+1}\boldsymbol{\Phi}_r\right]$$

$$\boldsymbol{S}_r=E\left[\boldsymbol{\Phi}_r^{\mathrm T}\boldsymbol{S}_{r+1}\boldsymbol{\Phi}_r\right]+\boldsymbol{\Theta}_2-\boldsymbol{L}_r^{\mathrm T}\left[E\left[\boldsymbol{\Gamma}_r^{\mathrm T}\boldsymbol{S}_{r+1}\boldsymbol{\Gamma}_r\right]+\boldsymbol{\Theta}_3\right]\boldsymbol{L}_r=E\left[\left(\boldsymbol{\Phi}_r-\boldsymbol{\Gamma}_r\boldsymbol{L}_r\right)^{\mathrm T}\boldsymbol{S}_{r+1}\left(\boldsymbol{\Phi}_r-\boldsymbol{\Gamma}_r\boldsymbol{L}_r\right)\right]+\boldsymbol{L}_r^{\mathrm T}\boldsymbol{\Theta}_3\boldsymbol{L}_r+\boldsymbol{\Theta}_2$$

$$s_r=tr\left(\boldsymbol{\Lambda}^{\mathrm T}\boldsymbol{S}_{r+1}\boldsymbol{\Lambda}R_1\right)+s_{r+1}\text{，}\quad \boldsymbol{S}_k=\boldsymbol{\Theta}_1\text{，}s_k=0$$

在式（6.58）中，令 $u_r=-L_r z_r$，很容易得到：$V(z_r,r)=z_r^{\mathrm T}\boldsymbol{S}_r z_r+s_r$，这一结果恰好与式（6.54）取 $i=r$ 时的结果一致。

基于以上推导，可以证明式（6.54）就是式（6.53）所示贝尔曼方程的解，同时可以得到如下最优控制律。

$$u_r=-\boldsymbol{L}_r z_r=-\boldsymbol{L}_r\left[x_r^{\mathrm T}\quad u_{r-1}^{\mathrm T}\right]^{\mathrm T}$$

（3）计算最小成本函数：$\min J_0$。

假设z_0服从高斯分布$N(m_0, R_0)$，那么：

$$\min J_0=E\left[V(z_0,0)\right]=E\left[V(z_0,0)\right]=E\left[z_0^{\mathrm T}\boldsymbol{S}_0 z_0+s_0\right]$$

$$=E\left[z_0^{\mathrm T}\boldsymbol{S}_0 z_0\right]+s_0=m_0^{\mathrm T}\boldsymbol{S}_0 m_0+tr\left(R_0 R_0\right)+s_0$$

考虑到

$s_0=\mathrm{tr}\left(\boldsymbol{\Lambda}^{\mathrm T}\boldsymbol{S}_1\boldsymbol{\Lambda}R_1\right)+s_1$，$s_1=\mathrm{tr}\left(\boldsymbol{\Lambda}^{\mathrm T}\boldsymbol{S}_2\boldsymbol{\Lambda}R_1\right)+s_2$，$\cdots$，$s_{k-1}=\mathrm{tr}\left(\boldsymbol{\Lambda}^{\mathrm T}\boldsymbol{S}_k\boldsymbol{\Lambda}R_1\right)+s_k$，$s_k=0$，可得：

$$\min J_0=m_0^{\mathrm T}\boldsymbol{S}_0 m_0+tr\left(\boldsymbol{S}_0 R_0\right)+\sum_{r=0}^{k-1}tr\left(\boldsymbol{\Lambda}^{\mathrm T}\boldsymbol{S}_{r+1}\boldsymbol{\Lambda}R_1\right)$$

至此，定理1证毕。

当 $\boldsymbol{S}_r$ 和 $\boldsymbol{L}_r$ 分别存在稳定解 $\boldsymbol{S}_\infty=\lim\limits_{r\to\infty}\boldsymbol{S}_r$、$\boldsymbol{L}_\infty=\lim\limits_{r\to\infty}\boldsymbol{L}_r$，将能得到一个通用控制律：$u_r=-\boldsymbol{L}_\infty z_r$。

6.5.2　系统稳定性判断

定理1设计了一种可以使得成本函数最小的最优控制器。为了进一步研究该控制器能否保证系统的稳定性，此处引入指数均方稳定性定义和Hermite矩阵Schur补引理。

定义6.3：当对于任意初始状态$\left(x_0,\tau_0^{\mathrm{sc}},\tau_0^{\mathrm{ca}}\right)$，$E\left[\|x_r\|^2 | x_0,\tau_0^{\mathrm{sc}},\tau_0^{\mathrm{ca}}\right]\leqslant\gamma\vartheta^r\|x_0\|^2$（其中$\gamma>0$，$0<\vartheta<1$）均成立时，那么式（6.44）描述的NCS系统是指数均方稳定的。

引理6.2（Schur补引理）：对于Hermite矩阵$D=D^{\mathrm{H}}\in\boldsymbol{R}^{n\times n}$（上标“H”表示共轭转置），其特征值$e_j$和特征向量$\bar{x}_j$满足：

$$D\bar{x}_j=e_j\bar{x}_j\,,\quad j=1,\cdots,n$$

其中，e_j满足：$e_{\max}(D)=e_1\geqslant e_2\geqslant\cdots\geqslant e_n=e_{\min}(D)$。那么，任意非零向量$x$（$\forall 0\neq x\in\boldsymbol{R}^n$）的Rayleigh熵$R_a(x)=\dfrac{x^{\mathrm{H}}Dx}{x^{\mathrm{H}}x}$（$x\neq 0$）满足下列不等式：

$$e_{\min}(D)\leqslant R_a(x)\leqslant e_{\max}(D)$$

基于定义6.3和引理6.2可以得到定理6.2，该定理可以证明式（6.48）的控制律，可以保证式（6.44）的系统达到指数均方稳定。

定理6.2：控制律（6.48）使得系统（6.44）在$v_k=0$的情况下指数均方稳定。

证明：

当$v_k=0$时，意味着没有系统噪声，即$R_1=0$。此时，定义Lyapunov函数：$\gamma_r=\boldsymbol{z}_r^{\mathrm{T}}\boldsymbol{S}_r\boldsymbol{z}_r$。当$z_r\neq 0$时，因为$S_r$是正定的，所以$\gamma_r$也是正定的（见定理6.1）。对于系统（6.46）和定理1设计的控制律，可以得到如下差值计算。

$$\begin{aligned}E\left[\gamma_{r+1}|\boldsymbol{z}_r,\cdots,\boldsymbol{z}_0\right]-\gamma_r&=E\left[\boldsymbol{z}_{r+1}^{\mathrm{T}}\boldsymbol{S}_{r+1}\boldsymbol{z}_{r+1}|\boldsymbol{z}_r,\cdots,\boldsymbol{z}_0\right]-\gamma_r\\&=E\left[\left(\boldsymbol{\Phi}_r\boldsymbol{z}_r+\Gamma_r u_r\right)^{\mathrm{T}}\boldsymbol{S}_{r+1}\left(\boldsymbol{\Phi}_r\boldsymbol{z}_r+\Gamma_r u_r\right)|\boldsymbol{z}_r,\cdots,\boldsymbol{z}_0\right]-\boldsymbol{z}_r^{\mathrm{T}}\boldsymbol{S}_r\boldsymbol{z}_r\\&=\boldsymbol{z}_r^{\mathrm{T}}\left\{E\left[\left(\boldsymbol{\Phi}_r-\Gamma_r\boldsymbol{L}_r\right)^{\mathrm{T}}\boldsymbol{S}_{r+1}\left(\boldsymbol{\Phi}_r-\Gamma_r\boldsymbol{L}_r\right)\right]-\boldsymbol{S}_r\right\}\boldsymbol{z}_r\end{aligned}$$

根据定理1中关于S_r的推导，上式可以进一步写成：

$$E\left[\gamma_{r+1}|\boldsymbol{z}_r,\cdots,\boldsymbol{z}_0\right]-\gamma_r$$

$$\begin{aligned}&=\boldsymbol{z}_r^{\mathrm{T}}\left\{E\left[\left(\boldsymbol{\Phi}_r-\Gamma_r\boldsymbol{L}_r\right)^{\mathrm{T}}\boldsymbol{S}_{r+1}\left(\boldsymbol{\Phi}_r-\Gamma_r\boldsymbol{L}_r\right)\right]-E\left[\left(\boldsymbol{\Phi}_r-\Gamma_r\boldsymbol{L}_r\right)^{\mathrm{T}}\boldsymbol{S}_{r+1}\left(\boldsymbol{\Phi}_r-\Gamma_r\boldsymbol{L}_r\right)\right]-\boldsymbol{L}_r^{\mathrm{T}}\boldsymbol{\Theta}_3\boldsymbol{L}_r-\boldsymbol{\Theta}_2\right\}\boldsymbol{z}_r\\&=-\boldsymbol{z}_r^{\mathrm{T}}\left\{\boldsymbol{L}_r^{\mathrm{T}}\boldsymbol{\Theta}_3\boldsymbol{L}_r+\boldsymbol{\Theta}_2\right\}\boldsymbol{z}_r\\&=-\boldsymbol{z}_r^{\mathrm{T}}\boldsymbol{\Xi}_r\boldsymbol{z}_r\end{aligned}$$

其中，$\Xi_r=L_r^{\mathrm{T}}\Theta_3L_r+\Theta_2$。

所以，可以得到：

$$E\left[\gamma_{r+1} \mid \boldsymbol{z}_r,\cdots,\boldsymbol{z}_0\right]=\gamma_r-\boldsymbol{z}_r^{\mathrm{T}}\boldsymbol{\Xi}_r\boldsymbol{z}_r=\left(1-\frac{\boldsymbol{z}_r^{\mathrm{T}}\boldsymbol{\Xi}_r\boldsymbol{z}_r}{\gamma_r}\right)\gamma_r=\left(1-\frac{\boldsymbol{z}_r^{\mathrm{T}}\boldsymbol{\Xi}_r\boldsymbol{z}_r}{\boldsymbol{z}_r^{\mathrm{T}}\boldsymbol{S}_r\boldsymbol{z}_r}\right)\gamma_r \quad (6.59)$$

进一步根据引理2，可以得到如下不等式：

$$\begin{gathered}0<e_{\min}\left(\boldsymbol{\Xi}_r\right)\boldsymbol{z}_r^{\mathrm{T}}\boldsymbol{z}_r \leqslant \boldsymbol{z}_r^{\mathrm{T}}\boldsymbol{\Xi}_r\boldsymbol{z}_r \leqslant e_{\max}\left(\boldsymbol{\Xi}_r\right)\boldsymbol{z}_r^{\mathrm{T}}\boldsymbol{z}_r, \\ 0<e_{\min}\left(\boldsymbol{S}_r\right)\boldsymbol{z}_r^{\mathrm{T}}\boldsymbol{z}_r \leqslant \boldsymbol{z}_r^{\mathrm{T}}\boldsymbol{S}_r\boldsymbol{z}_r \leqslant e_{\max}\left(\boldsymbol{S}_r\right)\boldsymbol{z}_r^{\mathrm{T}}\boldsymbol{z}_r\end{gathered} \quad (6.60)$$

$$\frac{e_{\min}\left(\Xi_r\right)}{e_{\max}\left(\boldsymbol{S}_r\right)}=\frac{e_{\min}\left(\Xi_r\right)\boldsymbol{z}_r^{\mathrm{T}}\boldsymbol{z}_r}{e_{\max}\left(\boldsymbol{S}_r\right)\boldsymbol{z}_r^{\mathrm{T}}\boldsymbol{z}_r} \leqslant \frac{\boldsymbol{z}_r^{\mathrm{T}}\Xi_r\boldsymbol{z}_r}{\boldsymbol{z}_r^{\mathrm{T}}\boldsymbol{S}_r\boldsymbol{z}_r} \leqslant \frac{e_{\max}\left(\Xi_r\right)\boldsymbol{z}_r^{\mathrm{T}}\boldsymbol{z}_r}{e_{\min}\left(\boldsymbol{S}_r\right)\boldsymbol{z}_r^{\mathrm{T}}\boldsymbol{z}_r}=\frac{e_{\max}\left(\Xi_r\right)}{e_{\min}\left(\boldsymbol{S}_r\right)},$$

$$E\left[\gamma_{r+1} \mid \boldsymbol{z}_r,\cdots,\boldsymbol{z}_0\right] \leqslant \left[1-\frac{e_{\min}\left(\Xi_r\right)}{e_{\max}\left(\boldsymbol{S}_r\right)}\right]\gamma_r<\left(1-\frac{\varepsilon_{\Xi}}{\varepsilon_s}\right)\gamma_r=\varepsilon\gamma_r \quad (6.61)$$

式（6.61）中有：$0<\varepsilon_{\Xi}<e_{\min}\left(\Xi_r\right)$, $\varepsilon_S>e_{\max}\left(S_r\right)$, $\varepsilon_{\Xi}<\varepsilon_S$, $0<\varepsilon<1$。

条件期望具有如下的平滑性质：

$$E\left[\gamma_r \mid \boldsymbol{z}_{r-2},\cdots,\boldsymbol{z}_0\right]=E\left\{E\left[\gamma_r \mid \boldsymbol{z}_{r-1},\cdots,\boldsymbol{z}_0\right] \mid \boldsymbol{z}_{r-2},\cdots,\boldsymbol{z}_0\right\} \quad (6.62)$$

根据式（6.61）和式（6.62）可以得到：

$$\begin{gathered}E\left[\gamma_r \mid \boldsymbol{z}_{r-1},\cdots,\boldsymbol{z}_0\right]<\varepsilon\gamma_{r-1}, \\ E\left[\gamma_r \mid \boldsymbol{z}_{r-2},\cdots,\boldsymbol{z}_0\right]<E\left[\varepsilon\gamma_{r-1} \mid \boldsymbol{z}_{r-2},\cdots,\boldsymbol{z}_0\right]=\varepsilon E\left[\gamma_{r-1} \mid \boldsymbol{z}_{r-2},\cdots,\boldsymbol{z}_0\right]。\end{gathered}$$

进一步有：

$$E\left[\gamma_{r-1} \mid \boldsymbol{z}_{r-2},\cdots,\boldsymbol{z}_0\right]<\varepsilon\gamma_{r-2}, E\left[\gamma_r \mid \boldsymbol{z}_{r-2},\cdots,\boldsymbol{z}_0\right]<\varepsilon^2\gamma_{r-2}。$$

反复使用式（6.62）和式（6.61），可以得到：

$$\begin{aligned}E\left[\gamma_r \mid \boldsymbol{z}_{r-3},\cdots,\boldsymbol{z}_0\right]&=E\left\{E\left[\gamma_r \mid \boldsymbol{z}_{r-2},\cdots,\boldsymbol{z}_0\right] \mid \boldsymbol{z}_{r-3},\cdots,\boldsymbol{z}_0\right\} \\ &<E\left[\varepsilon^2\gamma_{r-2} \mid \boldsymbol{z}_{r-3},\cdots,\boldsymbol{z}_0\right] \\ &=\varepsilon^2 E\left[\gamma_{r-2} \mid \boldsymbol{z}_{r-3},\cdots,\boldsymbol{z}_0\right] \\ &<\varepsilon^3\gamma_{r-3} \\ &\vdots\end{aligned}$$

最终可以得到：

$$E\left[\boldsymbol{z}_r^{\mathrm{T}}\boldsymbol{S}_r\boldsymbol{z}_r\right]<\varepsilon^r\gamma_0 \quad (6.63)$$

根据式（6.60）和式（6.63），可以得到如下不等式：

$$e_{\min}\left(\boldsymbol{S}_r\right)E\left[\boldsymbol{z}_r^{\mathrm{T}}\boldsymbol{z}_r\right] \leqslant E\left[\boldsymbol{z}_r^{\mathrm{T}}\boldsymbol{S}_r\boldsymbol{z}_r\right]<\varepsilon^r\gamma_0=<\varepsilon^r\boldsymbol{z}_0^{\mathrm{T}}\boldsymbol{S}_0\boldsymbol{z}_0$$

$$E\left[\boldsymbol{z}_r^{\mathrm{T}}\boldsymbol{z}_r\right]<\frac{\varepsilon^r}{e_{\min}\left(\boldsymbol{S}_r\right)}\boldsymbol{z}_0^{\mathrm{T}}\boldsymbol{S}_0\boldsymbol{z}_0 \leqslant \frac{\varepsilon^r}{e_{\min}\left(\boldsymbol{S}_r\right)}e_{\max}\left(\boldsymbol{S}_0\right)\boldsymbol{z}_0^{\mathrm{T}}\boldsymbol{z}_0=\frac{e_{\max}\left(\boldsymbol{S}_0\right)}{e_{\min}\left(\boldsymbol{S}_r\right)}\varepsilon^r\boldsymbol{z}_0^{\mathrm{T}}\boldsymbol{z}_0=\varpi\varepsilon^r\boldsymbol{z}_0^{\mathrm{T}}\boldsymbol{z}_0 \quad (6.64)$$

式（6.64）中有 $\varpi=\dfrac{e_{\max}(\boldsymbol{S}_0)}{e_{\min}(\boldsymbol{S}_r)}>0$。

根据增广状态向量 $z_r=\left[x_r^{\mathrm{T}} \quad u_{r-1}^{\mathrm{T}}\right]^{\mathrm{T}}$ 的定义，有：

$$E\left[x_r^{\mathrm{T}}x_r\right]\leqslant E\left[\boldsymbol{z}_r^{\mathrm{T}}\boldsymbol{z}_r\right]$$

$$E\left[\|x_r\|^2\right]=E\left[x_r^{\mathrm{T}}x_r\right]\leqslant E\left[\boldsymbol{z}_r^{\mathrm{T}}\boldsymbol{z}_r\right]<\varpi\varepsilon^r\boldsymbol{z}_0^{\mathrm{T}}\boldsymbol{z}_0$$

假设 $u_{-1}=0$， $z_0^{\mathrm{T}}z_0=x_0^{\mathrm{T}}x_0$， 最终得到：

$$E\left[\|x_r\|^2\right]<\varpi\varepsilon^r\boldsymbol{z}_0^{\mathrm{T}}\boldsymbol{z}_0=\varpi\varepsilon^r x_0^{\mathrm{T}}x_0=\varpi\varepsilon^r\|x_0\|^2$$

$$E\left[\|x_r\|^2|x_0,\tau_0^{\mathrm{sc}},\tau_0^{\mathrm{ca}}\right]<\varpi\varepsilon^r\|x_0\|^2$$

其中，$\omega>0$，$0<\varepsilon<1$。

所以，根据定义6.3，系统（6.44）是指数均方稳定的，定理6.2证毕。

本节证明了两个定理，定理6.1给出了最优控制器设计方法，定理6.2证明了该最优控制器可以保证系统指数均方稳定。

6.6 仿真实验

本节通过仿真实验验证基于SCHMM的网络时延建模、预测与补偿方法的有效性，并通过与DTHMM时延模型对比分析验证SCHMM时延模型的优越性。仿真实验通过Matlab7.1的TrueTime 1.5工具箱实现。

被控对象为第2章介绍的阻尼复摆，其状态微分方程如下：

$$\begin{cases}\dot{x}(t)=\boldsymbol{A}_1x(t)+\boldsymbol{A}_2u(t)\\ y(t)=\boldsymbol{A}_3x(t)\end{cases}\tag{6.65}$$

式（6.65）中 $x(t)$（$\in\boldsymbol{R}^2$）表示系统状态，$u(t)$（$\in\boldsymbol{R}$）表示外界输入，$y(t)$（$\in\boldsymbol{R}$）表示系统输出。系数矩阵 $\boldsymbol{A}_1$、$\boldsymbol{A}_2$、$\boldsymbol{A}_3$ 定义如下：

$$\boldsymbol{A}_1=\begin{pmatrix}0 & 1\\ -10.77 & -0.039\end{pmatrix},\quad \boldsymbol{A}_2=\begin{pmatrix}0\\ 1.89\end{pmatrix},\quad \boldsymbol{A}_3=\begin{pmatrix}1 & 0\end{pmatrix}$$

该NCS中传感器采用时间驱动，采样周期为0.2s（$h=0.2$），控制器和执行器采用事件驱动。通信协议为Ethernet，其数据传输速率为8×10^4 Bits/s，最小数据包大小为64Bits，丢包率为0。系统中存在一个干扰节点，用于产生随机的SC、CA时延，两种时延在一个采样周期内的和不大于采样周期（即

$\tau_k^{sc} + \tau_k^{ca} \leqslant 0.2$ ）。系统中所有节点时钟同步，时延可以通过利用时间戳技术获得。

本实验旨在通过设计最优控制器补偿SC、CA时延对系统性能的影响。在设计控制器之前，当前采样周期的SC时延已经发生，可以直接测量到；但CA时延尚未发生，需要对其进行预测。在每一个采样周期内（比如第 k 个采样周期），所有CA时延历史数据都将被用来建立SCHMM时延模型和预测当前采样周期内的CA时延，然后利用该预测值设计最优控制器实现时延补偿。接下来，将具体说明如何基于SCHMM实现对当前采样周期CA时延的建模、预测与补偿。

首先，需要初始化SCHMM时延模型 λ^0 ， $\lambda^0 = (N^0, M^0, \boldsymbol{\pi}^0, \boldsymbol{A}^0, \boldsymbol{B}^0)$ 。为了便于和DTHMM时延模型进行比较，本节实验仍然假设有三种网络状态，即 $N = 3$ 、$S = \{1,2,3\}$ ；有五个混合高斯密度函数，即 $M = 5$ 。对初始状态分布向量（ $\boldsymbol{\pi}^0$ ）和状态转移概率矩阵（ $\boldsymbol{A}^0$ ）进行平均初始化，因此有：

$$\boldsymbol{\pi}^0 = [0.3333 \quad 0.3333 \quad 0.3334]$$

$$\boldsymbol{A}^0 = \begin{bmatrix} 0.3334 & 0.3333 & 0.3333 \\ 0.3333 & 0.3334 & 0.3333 \\ 0.3333 & 0.3333 & 0.3334 \end{bmatrix}$$

对于混合高斯密度函数 $\boldsymbol{B}^0\left(\boldsymbol{B}^0 = \left\{b_j^0\left(\tau_r^{ca}\right)\right\}, b_j^0\left(\tau_r^{ca}\right) = \sum_{l=1}^{M} c_{jl}^0 G\left(\tau_r^{ca} \mid \mu_l^0, \sigma_l^0\right)\right)$，可以采用K-均值聚类方法进行初始化，其中聚类数等于混合高斯密度函数的个数M。简单起见，混合权重可以独立于网络状态，即权重 c_{il}^0 简化为 c_l^0 。所以，不同状态对应的混合高斯分布权重是相同的。一般地，每当SCHMM时延模型参数被重估之前都需要对其进行一次初始化。例如，在第101个采样周期内，B^0的初试化如下：

$$c^0 = (c_{jl}^0)|_{1 \leqslant j \leqslant 3, 1 \leqslant l \leqslant 5} = \begin{bmatrix} 0.0031 & 0.4976 & 0.2815 & 0.0082 & 0.2096 \\ 0.0031 & 0.4976 & 0.2815 & 0.0082 & 0.2096 \\ 0.0031 & 0.4976 & 0.2815 & 0.0082 & 0.2096 \end{bmatrix}$$

$$\mu^0 = (\mu_l^0)|_{1 \leqslant l \leqslant 5} = [2.4302 \quad 0.8761 \quad 0.9437 \quad 1.3920 \quad 0.7974]$$

$$\sigma^0 = (\sigma_l^0)|_{1 \leqslant l \leqslant 5} = [0.4169 \quad 0.0004 \quad 0.0013 \quad 0.0285 \quad 0.0008]$$

其次，在SCHMM初始化模型参数和CA时延历史数据的基础上使用EM算法进行模型参数的重估。本实验中设定重估迭代次数的上限为40，迭代程序终止的阈值条件为5×10^{-4}。实验表明，参数重估程序经过几十次的循环后都会收敛。比如，在第101个采样周期内得到的最优模型参数估计为：

$$\boldsymbol{\pi}^*=\begin{bmatrix}0.1759 & 0.5084 & 0.3157\end{bmatrix}$$

$$\boldsymbol{A}^*=\begin{bmatrix}0.6977 & 0.2016 & 0.1007\\ 0.2994 & 0.5513 & 0.1493\\ 0.1025 & 0.4011 & 0.4964\end{bmatrix}$$

$$\boldsymbol{c}^*=\begin{bmatrix}0.0158 & 0.4614 & 0.2693 & 0.0471 & 0.2064\\ 0.0149 & 0.4592 & 0.2766 & 0.0512 & 0.1981\\ 0.0155 & 0.4603 & 0.2811 & 0.0465 & 0.1966\end{bmatrix}$$

$$\boldsymbol{\mu}^*=\begin{bmatrix}2.1072 & 0.8594 & 0.9318 & 1.1107 & 0.8095\end{bmatrix}$$

$$\boldsymbol{\sigma}^*=\begin{bmatrix}0.7946 & 0.0006 & 0.0013 & 0.0257 & 0.0015\end{bmatrix}$$

最后，基于重估参数可以实现当前采样周期CA时延的预测，共包括三个步骤。第一步是使用Viterbi算法估计相邻前一采样周期最优网络状态，第二步利用最大转移概率估计当前采样周期最优网络状态，第三步使用混合高斯密度函数的峰值预测当前采样周期的CA时延（$\tilde{\tau}_k^{ca}$）。例如，在第101个采样周期内得到的CA时延预测值为0.03875s，非常接近其实际值0.03985s，二者相对误差仅为2.76%。

在该时延中，共有200个采样周期，每个周期内的CA时延实际值与预测值如图6.4所示，其中“•”表示实际值，“◦”表示预测值。

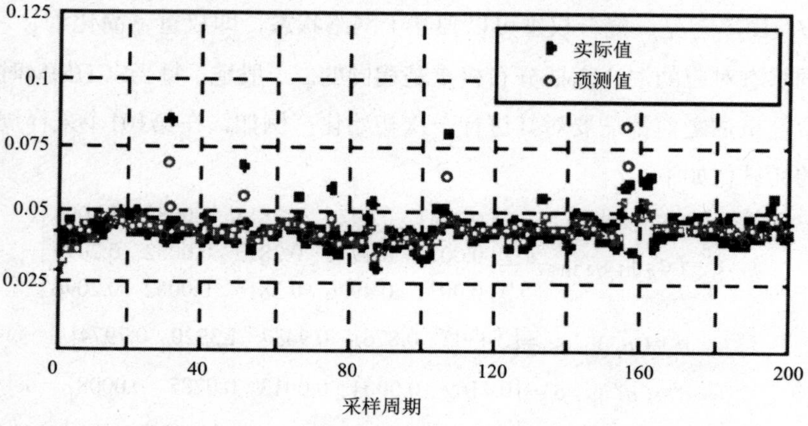

图 6.4　CA 时延实际值与预测值

为了评价SCHMM在时延建模与预测方面的效果，本节使用均方误差（mean square error，MSE）作为评价标准，MSE定义如下：

$$\mathrm{MSE}=\frac{1}{k}\sum_{r=1}^{k}\left(\tilde{\tau}_r^{\mathrm{ca}}-\tau_r^{\mathrm{ca}}\right)^2$$

经过计算，图6.4中预测值与实际值之间的MSE为8.6×10^{-4}，这是一个非常小的值，足以说明该方法的有效性。值得注意的是，在实验开始阶段，MSE值相对较大，比如，前20个采样周期内的MSE为1.25×10^{-3}。这是因为基于SCHMM的时延建模和预测精度与用于模型参数估计的CA时延数据量是密切相关的。一般地，数据量越大，预测精度越高。但是，过多的CA时延数据将会降低建模与预测效率。因此，当实验时间较长时，需要在精度和效率之间做出平衡。

此外，本实验利用时间戳技术可以获得SC时延数据，如图6.5所示。为了同时补偿SC、CA时延，本实验基于定理6.1设计了一个最优控制器，使得式（6.66）的成本函数达到最小。

$$J_0=E\left[x_k^{\mathrm{T}}\boldsymbol{\varPsi}_1x_k+\sum_{r=0}^{k-1}\left(x_r^{\mathrm{T}}\boldsymbol{\varPsi}_2x_r+u_r^{\mathrm{T}}\boldsymbol{\varPsi}_3u_r\right)\right] \tag{6.66}$$

其中，$\boldsymbol{\varPsi}_1=\boldsymbol{\varPsi}_2=\begin{bmatrix}0.5 & 0\\ 0 & 0.5\end{bmatrix}$，$\boldsymbol{\varPsi}_3=0.1$。

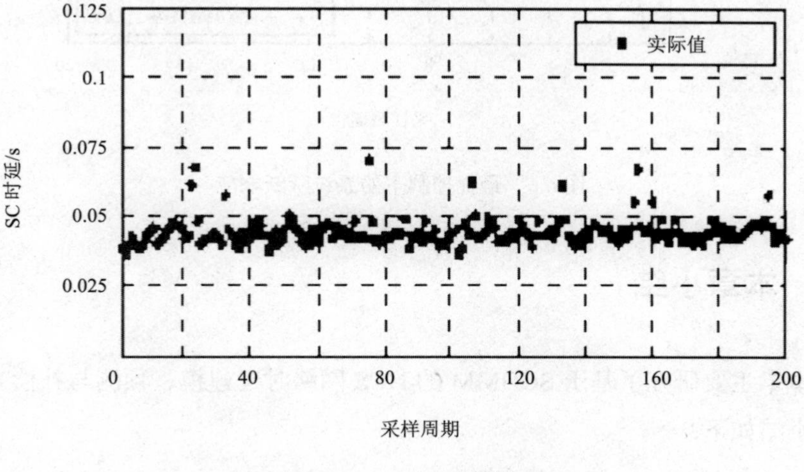

图 6.5　SC 时延实测值

在该控制器作用下，系统的阶跃响应如图6.6所示，其中 y_1 为系统在SCHMM模型下的阶跃响应曲线，y_2 为系统在DTHMM模型下的阶跃响应曲线（详见第5章）。通过对比不难发现，本章基于SCHMM时延模型设计的最优控制器不仅保证了系统的稳定性，而且使得系统具有比DTHMM模型下更好的性能表现，从而验证了SCHMM时延模型相对于DTHMM时延模型的优越性。至于在实验开始阶段，y_1 表现没有 y_2 好，那是因为SCHMM的模型参数估计需要更多的CA时延历史数据，然而在开始阶段，程序获得的CA时延数据有限，不足以得到高精度的SCHMM时延模型。但随着仿真时间的延长，CA时延数据变得越来越多，SCHMM的模型精度和CA时延预测精度都变得越来越高，同时 y_1 的表现也越来越好于 y_2 。这从另一个角度证明了SCHMM时延模型相对于DTHMM时延模型的优越性。

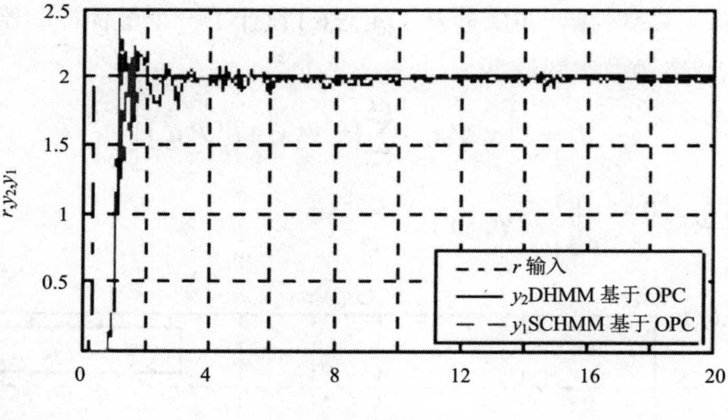

图 6.6　最优控制下的系统阶跃响应

6.7　本章小结

本章主要研究了基于 SCHMM 的 NCS 网络时延建模、预测与补偿方法，具体小结如下：

6.7.1　建立了网络化控制系统随机时延的半连续隐马尔可夫模型

针对离散隐马尔可夫时延模型存在的不足，本章建立了网络化控制系统随机时延的半连续隐马尔可夫模型，该模型可以克服马尔可夫时延模型和离散隐马尔可夫时延模型难以描述实际随机时延固有的连续任意变化特性的不足，同时避免了连续隐马尔可夫时延模型过于复杂难以收敛的问题，更加接近实际随机时延的分布特征。

为了建立该模型，首先需要获得相对于当前采样周期之前的历史时延数据。这些历史时延都发生在当前采样周期之前，所以，在每一个历史采样周期内，当控制器和执行器之间满足时钟同步时，使用时间戳方法由执行器测量到相应的前向通道随机时延。传感器在采样的同时从执行器不重复读取最近一次测量到的前向通道随机时延，并将其与采样数据一起打包发送给控制器；在控制器中设置一个缓冲区用来保存所有前向通道随机时延的历史数据，从而保证这些历史数据对控制器来说是已知的。

用半连续隐马尔可夫模型定义前向通道随机时延的数学模型，模型参数共五个（N，M，π，A，B），其中，N 为网络状态个数，M 为混合高斯密度函数个数，π 为网络状态的初始分布向量，A 为网络状态转移矩阵，B 为随机时延的观察概率密度函数（即混合高斯密度函数）。本章引入期望最大化算法对模型进行训练。期望最大化算法包含期望步和最大化步两步。在期望步中，根据前向通道随机时延历史数据序列和前一次估计出的模型参数计算某一对数似然函数的期望；在最大化步中，寻找使期望步中的期望达到最大的模型新参数，然后用新参数替换旧参数。不断重复这两步，最后收敛于该似然函数的极大值，从而得到这三个模型参数的极大似然估计。其中，B 是由一组公用高斯密度函数混合而成，在对随机时延实际分布特征逼近程度方面远高于离散隐马尔可夫模型，而其公用性又使得模型参数估计的复杂度远低于连续隐马尔可夫模型。

6.7.2 预测了网络化控制系统前向通道的随机时延

基于前向通道随机时延的半连续隐马尔可夫模型，在控制器中能够预测出当前采样周期前向通道随机时延；然后将该预测值与当前采样周期后向通道随机时延的实测值一起用于控制器设计，从而补偿这两个通道随机时延对网络化控制系统性能的影响。

首先使用 Viterbi 算法估计出与前向通道随机时延历史数据序列相对应的最优网络状态序列，然后根据前向通道随机时延模型（半连续隐马尔可夫模型）中的网络状态转移矩阵 A 预测出当前采样周期前向通道中出现概率最大的网络状态，再根据时延模型中的混合高斯密度函数 B 计算出与该网络状态对应的使得 B 达到极大值的时延，即得到当前采样周期前向通道随机时延的预测值。

当控制器的控制律经前向通道传送到执行器时，当前采样周期前向通道的随机时延就已经发生了，对执行器来说为已知。此时，执行器可以测量到当前采样周期前向通道随机时延的实际值，并与其预测值一起用于相邻下一采样周期的时延预测均方误差计算和时延模型参数重估。

6.7.3 补偿了网络化控制系统前、后向通道的随机时延

基于当前采样周期的前向通道随机时延预测值和后向通道随机时延实测值，本章借助 Bellman 动态规划原理设计出保证该性能指标函数最小的随机最优控制器，同时补偿当前采样周期前、后向通道随机时延对系统性能的影响。

第 7 章　HMM 时延模型初始化

7.1　引言

对于网络化控制系统随机时延，无论是第 3 章建立的 DTHMM 模型，还是第 6 章建立的 SCHMM，在其模型参数估计时都使用了 EM 算法，而 EM 算法在执行之前都需要模型参数有一个初始值。在本章之前的内容中，涉及模型参数初始化的时候多是根据经验为每个参数赋一个初值。然而，初始模型参数的选择对于模型参数估计的精度和收敛速度都有非常大的影响。所以，本章将研究 HMM 时延模型参数的最优初始化方法，包括 DTHMM 和 SCHMM 两种时延模型参数的最优初始化问题，并通过对比实验验证本章最优初始化方法的有效性和优越性。

7.2　HMM 时延模型

本章研究的 NCS 结构同第 6 章一致，方便起见，本节将该结构图重画，如图 7.1 所示。传感器采用时间驱动，采样周期为 h，采样数据记为 x_k。控制器和执行器采用事件驱动。简单起见，本节仍假设前后向通道随机时延之和不大于一个采样周期，即 $\tau_k^{\mathrm{sc}}+\tau_k^{\mathrm{ca}}\leqslant h$。

基于 CA 时延历史数据，根据第 3 章、第 6 章可以分别建立其 DTHMM 和 SCHMM 时延模型。

本节，将 DTHMM 时延模型记为 λ_{dthmm}，定义如下：

$$\lambda_{\mathrm{dthmm}}=(N,M,\pi,A,B) \tag{7.1}$$

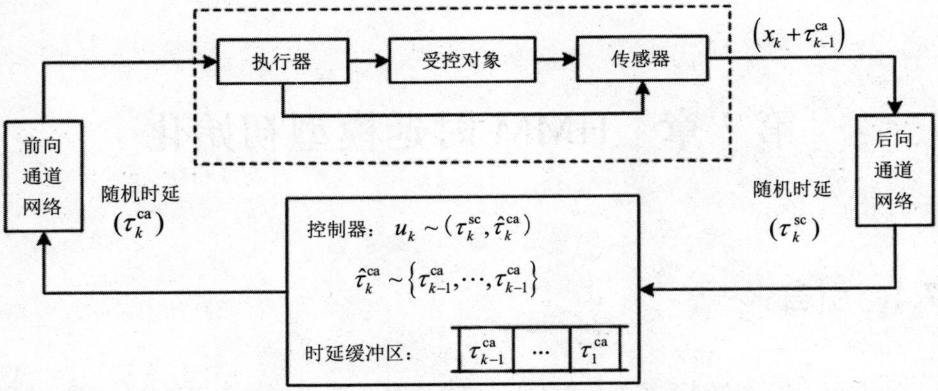

图 7.1　网络化控制系统结构图

注　① k 为当前采样周期；② $\hat{\tau}_k^{ca}$ 为 τ_k^{ca} 的预测值

7.2.1　DTHMM 时延模型参数的说明

第 3 章给出了 DTHMM 时延模型的详细推导过程，但没有对模型参数的初始化进行讨论，在本章研究最优初始化方法之前，先对该模型参数的定义进行详细说明。

（1）N 表示不同网络状态的数量，这些状态构成了一个离散有限状态空间 S（$S=\{1,2,\cdots,N\}$）。网络状态综合反映了网络的运行情况，并决定了 CA 时延的分布特征。在 DTHMM 中，N 个网络状态构成了一个隐藏的马尔可夫链。第 r 个采样周期内的网络状态记为 s_r（$s_r \in S$）。

（2）M 表示不同 CA 时延观测值的数量，在 DTHMM 中，时延所在区间 $(0,h]$ 通常被分成 M 个完备子空间，并按照从 1 到 M 为每个子空间打上标签，从而构成一个离散观测集 O（$O=\{1,2,\cdots,M\}$）。当第 r 个 CA 时延（τ_r^{ca}）落在第 l（$1 \leqslant l \leqslant M$）个子区间时，将该时延量化为 l，即该时延的观测值（o_r）等于 l（$o_r = l$）。如此可以得到一个与时延序列相对应的观测序列 o（$o=\{o_r\}_{r=1}^{k-1}$）。

（3）$\boldsymbol{\pi}$ 表示 N 个网络状态的初始概率分布，有 $\pi=\{\pi_j\}_{1\leqslant j\leqslant N}$，其中 $\pi_j = P(s_1 = j)$（$j \in S$）满足：$\pi_j \geqslant 0$ 和 $\sum_{j=1}^{N}\pi_j = 1$。

（4） **A** 表示隐马尔可夫链状态转移矩阵，$A=\left\{a_{ij}\right\}_{1\leqslant i, j\leqslant N}$，其中 $a_{ij}=P(s_{r+1}=j\mid s_r=i)$（$i,j\in S$），$a_{ij}$ 表示网络状态在从 r 时刻位于状态 i 到 $r+1$ 时刻位于状态 j 的转移概率。通常，该马尔可夫链是时齐的，即 **A** 的元素是时间无关的，且满足：$a_{ij}\geqslant 0$ 和 $\sum_{j=1}^{N}a_{ij}=1$。

（5） **B** 表示 CA 时延的观测矩阵，$B=\left\{b_j(l)\right\}_{1\leqslant j\leqslant N,1\leqslant l\leqslant M}$，其中 $b_j(l)=b_j(o_r=l)\ =P(o_r=l\mid s_r=j)$ 给出了在时刻 r 网络状态为 j 下 CA 时延观测值为 l 的概率，满足：$b_j(l)\geqslant 0$ 和 $\sum_{l=1}^{M}b_j(l)=1$。

7.2.2　SCHMM 时延模型参数的说明

第 6 章给出了 SCHMM 时延模型的详细推导过程，同样没有对模型参数的初始化进行讨论，本章在研究其最优初始化方法之前，也需要先对该模型参数的定义进行详细说明。本节将 SCHMM 时延模型记为 λ_{schmm}，定义如下：

$$\lambda_{\text{schmm}}=(N,\overline{M},\pi,A,\overline{B}) \tag{7.2}$$

对比式（7.2）与式（7.1），可以发现两种模型之间的相似与不同。相似之处在于两个模型都使用 N、$\boldsymbol{\pi}$、**A** 三个参数定义隐马尔可夫链；不同之处在于观测过程，DTHMM 中使用矩阵描述该过程，而 SCHMM 中使用混合高斯分布描述该过程。鉴于此，接下来只需要对有别于 DTHMM 的参数（$\overline{M}$、$\overline{\boldsymbol{B}}$）进行详细说明即可。

（1） $\overline{M}$ 表示混合高斯分布密度函数的数量。在 SCHMM 时延模型中，所有网络状态共享这 $\overline{M}$ 个高斯密度函数，但是不同网络状态下这些密度函数的权重是不同的，本节对这 $\overline{M}$ 个高斯函数按照从 1 到 $\overline{M}$ 的顺序打上标签，构成标签集 $\{1,2,\cdots,\overline{M}\}$，并定义数据集长度为 L，以区别于 DTHMM 中的观测集长度 O。

（2） $\overline{\boldsymbol{B}}$ 表示 $\overline{M}$ 个混合高斯分布函数，定义如下：

$$\overline{B}=\left\{b_j(\tau_r^{\text{ca}})\middle|b_j(\tau_r^{\text{ca}})=\sum_{l=1}^{\overline{M}}c_{jl}g_l(\tau_r^{\text{ca}})\right\},(\text{其中 } j\in S,l\in L) \tag{7.3}$$

$$g_l(\tau_r^{\text{ca}}) = G(\tau_r^{\text{ca}} | \mu_l, \sigma_l) = \frac{1}{\sqrt{2\pi\sigma_l}} e^{-\frac{\left(\tau_r^{\text{ca}} - \mu_l\right)^2}{2\sigma_l}} \tag{7.4}$$

在式（7.3）中，$b_j(\tau_r^{\text{ca}})$给出了在时刻r网络状态为j的情况下观测到CA时延为τ_r^{ca}的概率，即$b_j(\tau_r^{\text{ca}}) = P(o_r = \tau_r^{\text{ca}} | s_r = j)$。值得注意的是，在SCHMM中随机变量$o_r$是连续的，而在DTHMM中是离散的。类似可以得到一个随机的时延观测过程o（$o = \{o_r\}_{r=1}^{k-1}$），实际上有$o = \tau^{\text{ca}}$。在式（7.3）中，系数c_{jl}给出了混合权重，而相应的高斯密度函数$g_l(\tau_r^{\text{ca}})$的定义见式（7.4）。权重c_{jl}满足约束关系：$c_{jl} \geqslant 0$和$\sum_{l=1}^{\bar{M}} c_{jl} = 1$ $\sum_{l=1}^{\bar{M}} c_{jl} = 1$。

在式（7.4）中，均值μ_l和方差σ_l[或函数$G(\cdot)$]与网络状态无关，所以在SCHMM中每一个混合密度函数均包含$\bar{M}$个基础函数。但对于不同的网络状态，基础函数的混合权重不同，所以权重c_{jl}是状态相关的。

本书使用EM算法获得HMM（包含DTHMM、SCHMM）的最优参数估计。对于DTHMM，$\boldsymbol{\pi}$、$\boldsymbol{A}$、$\boldsymbol{B}$的参数估计公式如下：

$$\hat{\pi}_i = \zeta_1(i),\ (i \in S) \tag{7.5}$$

$$\hat{a}_{ij} = \frac{\sum_{r=2}^{k-1} \zeta_{r-1}(i,j)}{\sum_{r=2}^{k-1} \zeta_{r-1}(i)}, (i, j \in S) \tag{7.6}$$

$$\hat{b}_i(l) = \frac{\sum_{r=1}^{k-1} \delta_{o_r,l} \zeta_r(i)}{\sum_{r=1}^{k-1} \zeta_r(i)}, (i \in S, l \in O) \tag{7.7}$$

在式（7.5）～式（7.7）中，$\zeta_r(i)$定义了在r时刻给定模型λ'_{dhmm}和观测过程o的条件下网络状态为i的概率，$\zeta_r(i,j)$定义了r时刻网络状态为i到$r+1$时刻网络状态为j的概率。这两个变量均可以利用前向变量$\alpha_r(i)$和后向变量$\beta_r(i)$求解，具体方法参考第3章。式（7.7）定义了Dirac函数$\delta_{o_r,l}$：

$$\delta_{o_r,l} = \begin{cases} 1, & o_r = l \\ 0, & o_r \neq l \end{cases}$$

对于SCHMM参数估计，式（7.5）和式（7.6）同样适应，唯一需要修改的是观测概率估计公式。用 τ^{ca} 、$b_j(\tau_{r+1}^{\text{ca}})$、$\lambda'_{\text{schmm}}$ 相应替换 o、$b_j(o_{r+1})$、λ'_{dhmm}。参数 $\bar{\boldsymbol{B}}$ 包含三个参数：c_{il}、μ_l、σ_l，它们的重估公式如下：

$$\hat{c}_{il}=\frac{\sum_{r=1}^{k-1}\zeta_r(i,j)}{\sum_{r=1}^{k-1}\zeta_r(i)},\ (i\in S,l\in L) \tag{7.8}$$

$$\hat{\mu}_l=\frac{\sum_{r=1}^{k-1}\tau_r^{\text{ca}}\xi_r(l)}{\sum_{r=1}^{k-1}\xi_r(l)},(l\in L) \tag{7.9}$$

$$\hat{\sigma}_l=\frac{\sum_{r=1}^{k-1}\left(\tau_r^{\text{ca}}-\hat{\mu}_l\right)^2\xi_r(l)}{\sum_{r=1}^{k-1}\xi_r(l)},(l\in L) \tag{7.10}$$

在式（7.8）中，$\xi_r(i,l)$ 的定义为：$\xi_r(i,j)=P(s_r=i,m_r=l\,|\,\tau^{\text{ca}},\lambda_{\text{schmm}})$，其中 s_r 和 m_r 分别表示网络状态和高斯密度分量。给定模型参数 λ'_{schmm} 和时延序列 τ^{ca}，$\xi_r(i,l)$ 给出了在 r 时刻状态为 i 时使用第 l 个高斯分量产生时延 τ_r^{ca} 的概率。$\xi_r(i,l)$ 的计算方法如下：

$$\xi_r(i,j)=\zeta_r(i)\frac{c_{il}g_l(\tau_r^{\text{ca}})}{\sum_{l=1}^{\bar{M}}c_{il}g_l(\tau_r^{\text{ca}})} \tag{7.11}$$

在式（7.9）和式（7.10）中，$\xi_r(l)$ 的定义为：$\xi_r(l)=P(m_r=l\,|\,\tau^{\text{ca}},\lambda_{\text{schmm}})$，$\xi_r(l)$ 其实就是 $\xi_r(i,l)$ 的边缘分布，$\xi_r(l)$ 的计算方法如下：

$$\xi_r(l)=\sum_{i=1}^{N}\xi_r(i,l) \tag{7.12}$$

基于以上变量：$\alpha_r(i)$、$\beta_r(i)$、$\zeta_r(i)$、$\zeta_r(i,j)$、$\xi_r(i,l)$、$\xi_r(l)$，通过求解式（7.5）～式（7.10）可以得到 $\boldsymbol{\pi}$、$\boldsymbol{A}$、$\boldsymbol{B}$（或 $\bar{\boldsymbol{B}}$）的重估。值得注意的是，这些变量的计算都需要相邻前一次的模型参数，通过迭代计算式（7.5）～式（7.10），最终得到最优估计：$\boldsymbol{\pi}^*$、$\boldsymbol{A}^*$、$\boldsymbol{B}^*$（或 $\bar{\boldsymbol{B}}^*$）。所以，在 EM 算法迭代之前，需要对这些参数进行初始化。在第 3 章和第 6 章，关于这些参数的初始化都是根据经验进行的，可能会导致迭代过程收敛于局部极值，而

且参数初值对于迭代过程的收敛速度也会有影响。因此，本章将研究这些参数的最优初始化方法，这其中不仅包括$\boldsymbol{\pi}$、$\boldsymbol{A}$、$\boldsymbol{B}$（或$\bar{\boldsymbol{B}}$），还包括N和M（或$\bar{M}$）。

7.3 HMM 时延模型初始化

本节将使用熵和聚类的方法得到 HMM 时延模型参数的最优初始化。考虑到 DTHMM 与 SCHMM 在参数上的不尽相同，本节将分别研究它们的参数初始化问题。

7.3.1 DTHMM 初始化

7.3.1.1 N初始化

首先需要确定 DTHMM 时延模型中的网络状态数量N，本节使用 Ziv 等在 1992 年提出的最优估计器实现N的最优初始化。该估计器是基于熵和数据压缩原理设计的。一个离散随机变量o_r（$r=1,2,\cdots,k-1$）的熵定义如下：

$$H(o_r)=-\sum_{l\in O}P(o_r=l)\log P(o_r=l) \tag{7.13}$$

随机观测过程o（$o=\{o_r\}_{r=1}^{k-1}$）的熵定义为：

$$H(o)=\lim_{k\to\infty}\frac{1}{k-1}H(o_1,\cdots,o_{k-1}) \tag{7.14}$$

其中，$H(o_1,\cdots,o_{k-1})$是联合随机变量$(o_1,\cdots,o_{k-1})$的熵。

根据渐近等分特性（asymptotic equipartition property, AEP），当随机观测过程o是有限值的、稳定的、可遍历的，可以得到：

$$-\frac{1}{k-1}\log P(o=\bar{l})\xrightarrow{\text{“1”}}H(o) \tag{7.15}$$

上式$\xrightarrow{\text{“1”}}$表示左边以概率 1 收敛于右边，其中量化序列$\bar{l}$（$\bar{l}=\{l_r\}_{r=1}^{k-1}$，$l_r\in O$）是与随机过程$o_r$相对应的时延观测序列$l_r$。在 DTHMM 中，$l_r$与$o_r$相等。

此外，根据 Ziv 等提出的压缩原理，压缩过程中最优编码长度$\ell_k^*(\bar{l})$收敛于随机过程的熵o：

$$\ell_k^*(\bar{l}) \to H(o) \tag{7.16}$$

基于以上分析，DTHMM 时延模型中网络状态数量的最优估计为：

$$N^* = \arg\min\left\{ j \middle\| -\frac{1}{k-1}\log\max_{\lambda_{\text{dthmm}}} P_j\lambda_{\text{dthmm}}\left(o=\bar{l}\right) - H(o) \middle| v_k \right\} \tag{7.17}$$

在式（7.17）中，$\max\limits_{\lambda_{\text{dthmm}}} P_j\lambda_{\text{dthmm}}\left(o=\bar{l}\right)$表示对于含有 j 个网络状态的 DTHMM 时延模型其观测序列为$\bar{l}$ 的概率，其中参数 λ_{dthmm} 表示观测到量化序列$\bar{l}$ 的极大似然估计。参数 λ_{dthmm} 其实就是 λ 的最有估计 λ^*。υ_k 表示任意一个收敛于零的序列。该估计器已经被证明是一致渐近最优的。该估计器可直观理解为：网络状态数量选择的好会使得最优编码长度 $\ell_k^*(\bar{l})$ 接近于随机观测过程 o 的熵。

为了实现这个估计器，需要解决两个问题：一是如何确定模型参数 λ_{dthmm} 使得观测到量化序列$\bar{l}$ 的概率最大；二是如何估计随机观测过程 o 的熵。第一个问题其实就是求解 DTHMM 模型参数的最优估计，这个问题已经在本章第 2 节研究过，利用 EM 算法可以得到最优参数估计 λ_{dthmm}（包括 $\boldsymbol{\pi}^*$、$\boldsymbol{A}^*$ 和 $\boldsymbol{B}^*$）。第二个问题可以使用类似于 Lempel-Ziv 的通用压缩编码算法求解，其核心思想是：如果观测量化序列$\bar{l}$ 足够得长，那么通用压缩编码的平均码长收敛于该随机观测过程的熵。

基于 CA 时延观测值，假设有足够多的数据保证平均编码长度收敛，则网络状态数量估计器可以重写如下：

$$N^* = \arg\min\left\{ j \middle\| -\frac{1}{k-1}\log\max_{\lambda_{\text{dthmm}}} P_j\lambda_{\text{dthmm}}\left(o=\bar{l}\right) - \frac{1}{k-1}\ell^k(\bar{l}) \middle| < v_k \right\} \tag{7.18}$$

其中，$\ell^k(\bar{l})$ 表示观测量化序列$\bar{l}$ 编码的平均长度。使用平均编码长度代替熵的原因是平均码长比熵更容易求解。

7.3.1.2　M 初始化

在 DTHMM 中第二个需要优化的参数就是不同观测值的数量 M。一般来说，观测值都是通过对时延序列进行量化得到的，不同的观测值构成了一个离散观测空间 O，其中包含 M 个离散值。在时延量化方面，本书在第 3 章提出了两种方法：平均量化和基于 K-均值聚类的量化，并通过对比分析说明 K-均值聚类量化方法优于平均量化方法。但是，K-均值聚类方法中的聚类个数 K

需要在聚类之前事先确定。本书第 3 章是将聚类个数简单等同于网络状态数量（$K=N$），从而出现 $M=N$ 的情形。其实，在 K-均值聚类方法中，关于聚类个数也应该有一个最优解。

K 的正确选择有赖于时延数据的分布情况和用户期待的聚类结果。通常，增大 K 必然会降低聚类误差，在极限情况下（所谓极限情况是指每个时延数据就是一个类），聚类误差可以达到零。反之，当把全部时延数据用一个类进行描述时，误差将达到最大，但聚类过程最快。因此，需要在两种极限中间选择一个合适的聚类个数。本节拟采用 gap statistic（间隙统计）方法来计算 K 的最优值（$K=M$），具体过程如下。

将时延观测序列 $\overline{l}$（$\overline{l}=\{l_r\}_{r=1}^{k-1}$，$l_r\in O$，$l_r$ 实际上等于 o_r）聚类为 q 类，分别记为：C_1，C_2，…，C_q，C_i 表示类 i 中的观测值，其他变量定义见表 7.1。

表 7.1　gap statistic 方法中的变量定义

变量名	定义	描　述
n_i	$n_i=\lvert C_i\rvert$	类 i 中观测值的数量
$d_{rr'}$	$d_{rr'}=(l_r-l_{r'})^2$	观测值 r 和 r' 之间的平方欧式距离
D_i	$D_i=\sum\limits_{r,r'\in C_i}d_{rr'}$	类 i 中所有时延观测值两两间距离之和
W_q	$W_q=\sum\limits_{i=1}^{q}\dfrac{1}{2n_i}D_i$	聚类均值附近池化的类内平方和

gap statistic 方法的思想是在给定时延观测分布情况下通过对比 $\log(W_q)$ 的图及其期望实现 $\log(W_q)$ 的标准化处理。从而得到聚类个数的最优解等于使得 $\log(W_q)$ 在参考曲线下跌落最快的 q。此处引入如下定义：

$$\mathrm{Gap}_k(q)=E_k^*\{\log(W_q)\}-\log(W_q)\tag{7.19}$$

其中，E_k^* 表示从参考分布中选取 k 个采样的期望。最优解 K 就是使得 $\mathrm{Gap}_k(q)$ 达到最大值的 q。为了将 gap statistic 方法应用于解决实际问题，需要找到一个合适的参考分布，然后评估 gap statistic 的采样分布。Tibshirani 提出了两种选择参考分布的方法，考虑到时延观测是一维数据，本书使用第一种方法获得参考分布。此时，可以利用 $\log(W_q^*)$ 的 F 个复制品实现对 $E_k^*\{\log(W_q)\}$ 的估计，其中每一个复制品都通过来自参考分布的蒙特卡洛采样（$l_1^*,\cdots,l_{k-1}^*$）进行计算。然后，通过定义 F 个蒙特卡洛复制品 $\log(W_q^*)$ 为 $\mathrm{sd}(k)$，对 gap statistic 的采样分布进行评估。另外，考虑到 $E_k^*\{\log(W_q)\}$ 的仿真误差，得到如下数值解：

$$\rho_k = \mathrm{sd}(k)\sqrt{1+1/F} \tag{7.20}$$

基于以上分析可得，最优聚类数 K 就是使得 $\mathrm{Gap}(q) \geqslant \mathrm{Gap}(q+1)-\rho_{k+1}$ 成立的最小 q，其中 $\mathrm{Gap}(q)$ 的定义如下：

$$\mathrm{Gap}(q)=\frac{1}{F}\sum_f \log(W_{qf}^*)-\log(W_q) \tag{7.21}$$

在式（7.21）中，W_{qf}^*（$q=1,2,\cdots,K$，$f=1,2,\cdots,F$）是平均生成 F 个参考时延数据集并使用 K-均值聚类后的内散测量。

最后，将 gap statistic 方法的计算步骤总结如下。

第 1 步：对时延观测序列 $\bar{l}$ 进行聚类。聚类个数 q 从 1 变化到 K，对于每一个 q（$q=1,2,\cdots,K$），计算相应的内散测量 W_q。

第 2 步：生成 F 个参考时延数据集，均匀分布在时延观测范围内，对每一个数据集进行聚类并给出内散测量 W_{qf}^*（$q=1,2,\cdots,K$，$f=1,2,\cdots,F$），使用式（7.21）计算 $\mathrm{Gap}(q)$。

第 3 步：令 $\bar{\varsigma}=1/F\sum_f \log(W_{qf}^*)$，计算下面的标准差：

$$\mathrm{sd}(k)=\{(1/F)\sum_f [\log(W_{qf}^*)-\bar{\varsigma}]^2\}^{1/2} \tag{7.22}$$

并定义：$\rho_k = \mathrm{sd}(k)\sqrt{1+1/F}$。

第 4 步：利用下式计算最优聚类个数 K。

$$K = \min q \quad \text{s.t.} \quad \mathrm{Gap}(q) \geqslant \mathrm{Gap}(q+1)-\rho_{k+1} \tag{7.23}$$

由于在 DTHMM 时延模型中，参数 M 与聚类个数 K 是相等的，所以经过以上四步可以得到参数 M 的最优初始值。

7.3.1.3　$\boldsymbol{\pi}$、$\boldsymbol{A}$、$\boldsymbol{B}$ 初始化

在 DTHMM 中，$\boldsymbol{\pi}$、$\boldsymbol{A}$、$\boldsymbol{B}$ 的初始化对模型训练是否会陷入局部极值有着重要影响，遗憾的是，对于这些参数的最优初始化没有非常简单而又直接的方法可用，通常是根据经验对其进行随机或均匀初始化。实验发

现，$\boldsymbol{\pi}$ 和 $\boldsymbol{A}$ 的初始化对模型参数估计影响不大。所以，本节对于 $\boldsymbol{\pi}$ 和 $\boldsymbol{A}$ 使用平均初始化：

$$\boldsymbol{\pi}^0=\left\{\pi_j^0\right\}_{1\leqslant j\leqslant N},\pi_j^0=\frac{1}{N};\quad A^0=\left\{a_{ij}^0\right\}_{1\leqslant j\leqslant N},a_{ij}^0=\frac{1}{N} \tag{7.24}$$

但对于参数 $\boldsymbol{B}$，经验表明，$\boldsymbol{B}$ 的初值对模型参数估计影响较大，尤其是对 SCHMM 的影响超过了对 DTHMM 的影响。如果 $\boldsymbol{B}$ 的初值选择不当，模型参数估计的精度和收敛速度都会受到较大影响。为此，本节提出一种基于分段 K-均值聚类方法实现参数 $\boldsymbol{B}$ 的最优初始化。该方法具体流程如图 7.2 所示。

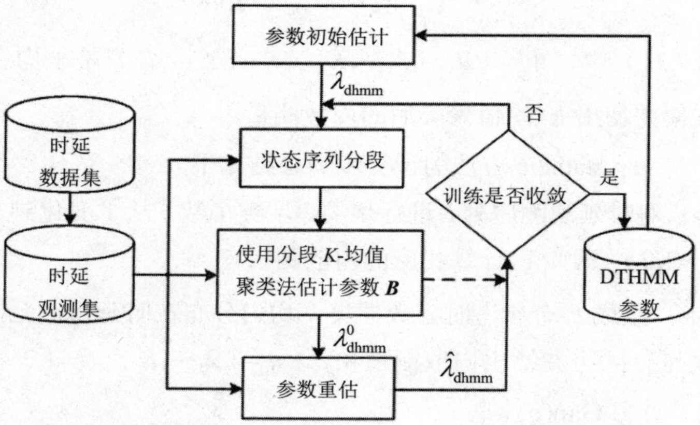

图 7.2　参数 B 的分段 K-均值聚类初始化流程

图 7.2 中的流程起于一个时延观测集和所有模型参数的初始估计，不过与参数重估不同的是，初始估计是可以随机选择的，只要适合于时延观测集即可。根据当前模型参数 λ_{dthmm} 把时延观测序列被分成 N 个网络状态。利用 Viterbi 算法找到最优状态序列，然后沿着该状态序列进行回溯即可实现这种分段。

对于每一个网络状态，这种时延观测序列的分段结果就是当前模型 λ_{dthmm} 相应网络状态下该时延观测集发生的最大似然估计。所以，参数 $\boldsymbol{B}$ 被初始化为：

$$B^0=\left\{b_j^0(l)\right\}_{1\leqslant j\leqslant N,1\leqslant l\leqslant M},$$

$$b_j^0 = \frac{\text{第}j\text{段中第 }l\text{ 簇的延迟观测数}}{\text{第}j\text{段的延迟观测数}} \tag{7.25}$$

综上，基于式（7.18）、式（7.23）～式（7.25），可以得到 DTHMM 时延模型五个参数（N、M、$\boldsymbol{\pi}$、$\boldsymbol{A}$、$\boldsymbol{B}$）的最优初值。

7.3.2　SCHMM 初始化

对于 SCHMM 时延模型，如式（7.2）所示，同样有五个参数：N、$\bar{M}$、$\boldsymbol{\pi}$、$\boldsymbol{A}$、$\bar{\boldsymbol{B}}$ 需要初始化。根据前面的分析可知，在 SCHMM 中，N、$\boldsymbol{\pi}$、$\boldsymbol{A}$ 三个参数的定义和 DTHMM 中的 N、$\boldsymbol{\pi}$、$\boldsymbol{A}$ 是完全相同的，因为他们描述的是同一个网络状态。所以，对于 SCHMM 模型参数，本节只需要研究 $\bar{M}$ 和 $\bar{\boldsymbol{B}}$ 的初始化问题。

类似地，参数 $\bar{\boldsymbol{B}}$ 也可以使用分段 K-均值算法进行初始化，参数 $\bar{M}$ 也可以像 DTHMM 中的 M 那样初始化。唯一不同的就是时延观测不再是 $\bar{l}$，而是 τ^{ca}。也就是说，只要用 τ^{ca} 替换 gap statistic 方法中的 $\bar{l}$，通过计算式（7.23）即可得到 $\bar{M}$ 的最优初值。

至于参数 $\bar{\boldsymbol{B}}$，同样可以使用分段 K-均值算法进行初始化，但计算过程相对更复杂，因为它包含 $\bar{M}$ 个混合高斯分布。

使用 λ_{schmm} 替换图 7.2 中的 λ_{dthmm} 即可用来初始化参数 $\bar{\boldsymbol{B}}$。这个流程将把每一个网络状态 s_i 下的时延，利用欧式失真测量，分成 $\bar{M}$ 个聚类，其中每个聚类代表 $\bar{M}$ 个混合密度函数中的一个 $b_j(\tau_r^{\text{ca}})$。经过分段 K-均值聚类，可以得到 $\bar{\boldsymbol{B}}$ 的最优初值如下：

$$\overline{B}^0 = b_j^0(\tau_r^{\text{ca}}) \Big| b_j^0(\tau_r^{\text{ca}}) = \sum_{l=1}^{\bar{M}} c_{jl}^0 G(\tau_r^{\text{ca}} \big| \mu_l^0, \sigma_l^0), j \in S,\ l \in L$$

$$c_{jl}^0 = \frac{\text{状态}j\text{的簇}l\text{中分类的时延数}}{\text{状态}j\text{中的的时延数}}$$

$$\mu_l^0 = \text{聚类中时延的样本平均值}l$$

$$\sigma_l^0 = \text{聚类中时延分类的样本 协方差}l \tag{7.26}$$

因此，基于式（7.18）、式（7.23）、式（7.24）和式（7.26），可以得

到 SCHMM 时延模型五个参数(N 、$\bar{M}$ 、$\boldsymbol{\pi}$ 、$\boldsymbol{A}$ 、$\bar{\boldsymbol{B}}$)的最优初值。

7.4 仿真实验

为了便于比较，本章在仿真实验对象和实验环境方面与第 6 章一样。在该实验中，使用两台时钟同步的计算机代替控制器节点和执行器节点，使用时间戳技术获得 CA 时延数据。图 7.3 给出了 400 个 CA 时延实测数据，前 200 个数据将被用来推导 HMM 时延模型，后 200 个数据将被用来评价 CA 时延预测精度。

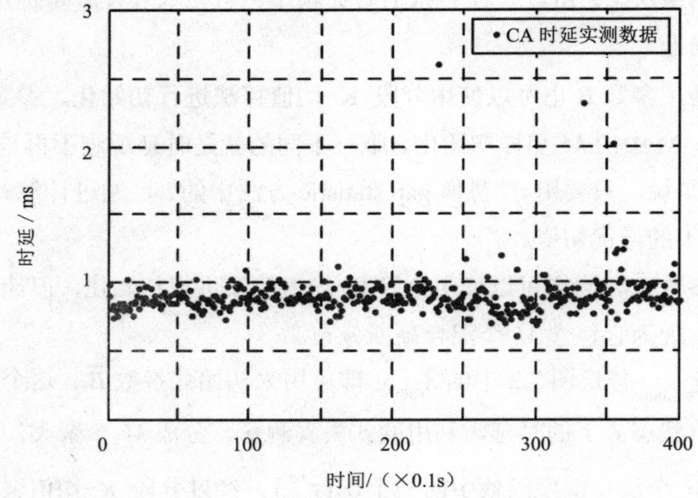

图 7.3 CA 时延实测数据

在推导 HMM 时延模型之前，需要对模型参数进行初始化。在本章之前，通常采用均匀初始化的方法或者根据经验选择初值。比如在第 3 章、第 6 章，N 一般被设定为 3，M（或 $\bar{M}$ ）一般被设定为 3 或 5，而 $\boldsymbol{B}$（或 $\bar{\boldsymbol{B}}$ ）通常采用均匀法进行初始化。经过本章的研究，必然会产生这些参数是否有最优初值的疑问。事实上，通过使用式（7.18）和式（7.23）的估计器，发现 N 、M（或 $\bar{M}$ ）的最优初值其实分别是 4、6，下面给出详细的仿真实验过程。

在使用前 200 个 CA 时延数据计算 N 的最优初值时，阈值 υ_k 定义为

$\upsilon_k = 1/k$（$k>0$），υ_k 是一个收敛于零的序列。关于 υ_k 的设计不能太草率，因为它关系到估计器是否有解以及求解需要多长时间的问题。对于 $\upsilon_k = 1/k$，式（7.18）估计器的求解难度随着时延数据量的增大而增大。当面对海量时延数据时，很难确定最优网络状态数量，而在本实验中，200 个时延数据在数量上刚刚好，通过求解式（7.18）的估计器，可以得到 N 的最优初值等于 4。所以，之前关于 $N=3$ 的假设并非最优初值。

关于 M（$\bar{M}$）的最优初值等于 6 可以通过求解式（7.23）的估计器得到。所以，对于 DTHMM 时延模型，CA 时延观测被分成 6 类或者 CA 时延区间被分成 6 个完备自区间是最合适的。对于 SCHMM 时延模型，CA 时延分布包含 6 个高斯密度函数。需要说明的是，用于初始化 DTHMM 中参数 M 的 $d_{rr'}$ 是指 CA 时延观测值之间的欧式距离；而用于初始化 SCHMM 中参数 $\bar{M}$ 的 $d_{rr'}$ 是指 CA 时延数据本身之间的欧氏距离。一般地，DTHMM 时延模型中时延量化过程不会影响 CA 时延分布，即经过量化的 CA 时延观测值的分布与 CA 时延本身的分布一致。所以，M 和 $\bar{M}$ 的最优初值往往是一样的。而此前一直假设 M（$\bar{M}$）等于 3 或 5，其实并不是最优选择。不过，关于 M（$\bar{M}$）略大于 N 的假设是合理可行的。

进一步通过对比不同初值下 CA 时延的预测结果验证 N 和 M（$\bar{M}$）的最优初值，该实验中 $\boldsymbol{\pi}$、$\boldsymbol{A}$、$\boldsymbol{B}$ 采用均匀初始化并在整个实验过程中保持不变。预测结果中主要考虑两个因素：精度和速度。其中，精度通过 MSE（mean square error，均方误差）来反映，MSE 定义如下：

$$\text{MSE} = \frac{1}{k-200}\sum_{r=201}^{k}(\tilde{\tau}_r^{\text{ca}} - \tau_r^{\text{ca}})^2 \ (\text{ms}^2)$$

速度通过 PT（prediction time，预测时间，单位：ms）来反映。通常来说，MSE 和 PT 越小，说明预测结果越好。然而，MSE 和 PT 之间往往相互矛盾，MSE 小，则 PT 大，或者 PT 小，则 MSE 大。所以，在实验中使用二者的乘积（MSE×PT）来考察不同初值下 CA 时延预测结果。乘积越小，说明选择的初值越优。实验结果如图 7.4 所示。

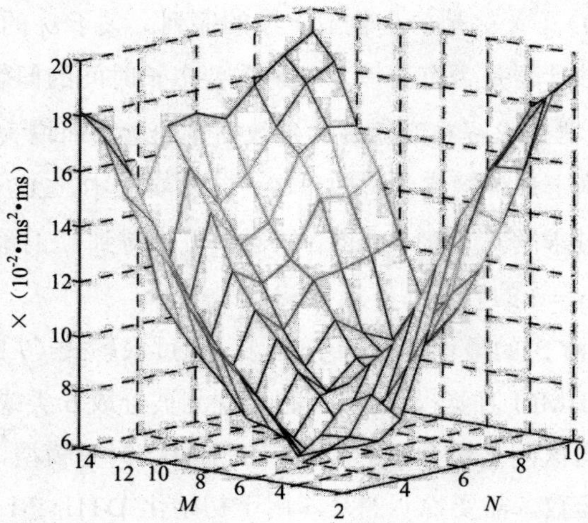

图 7.4　不同 N、M 初值下的预测结果

考虑到 N 、M 太大或者太小都是没有意义的，本实验对于 N 的取值范围界定为 2～10 的整数，对于 M 的取值范围界定为 2～14 的整数。在图 7.4 中，当 $N=4$ 、$M=6$ 时，乘积（MSE×PT）达到最小值 6.31×10^{-2} ms^2 • ms。该实验结果进一步验证了 N 、M 的最优初值应该分别是 4、6。为了让实验结果更为直观，把图 7.4 所示的三维图等价变换成图 7.5 所示的二维图，其中横坐标为所有（ N ，M ）组合，从（2，2）到（10，14）共有 117 种组合，纵坐标为每种组合下的 MSE×PT 乘积。从图 7.5 可以看出，MSE×PT 乘积在（ N ，M ）组合等于（4，6）时达到全局最小值 6.31×10^{-2} ms^2 • ms。

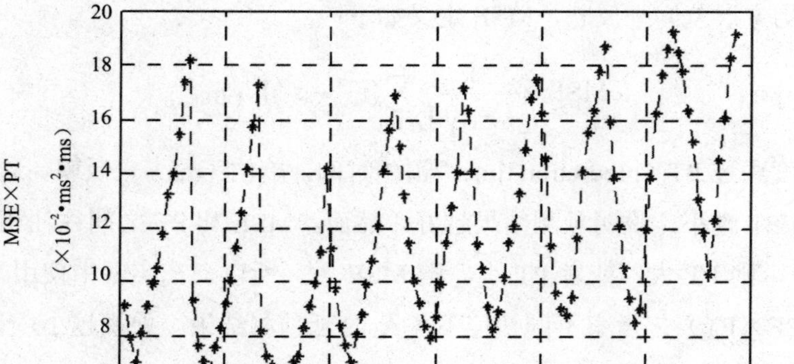

图 7.5　预测结果二维展示图

当 M 小于 N 时，乘积 MSE×PT 通常都比较大，相应的预测结果也较差。为了展示这一实验结果，将图 7.5 转变成图 7.6 所示的包含 M 行、N 列的矩阵图。图 7.6 矩阵图中每个矩形块（N，M）都有一个彩色表盘，表盘彩色扇区的大小和色值（参考右侧色带）由图 7.5（N，M）组合对应的乘积 MSE×PT 决定。图 7.6 中虚线圈出的区域，都具有相对较小的色值和扇区，这部分区域满足 M 等于或略大于 N，尤其是当 $N=4$、$M=6$ 时，色值和扇区大小都达到全局最小值，从而证明 N 和 M 的最优初值分别是 4 和 6。对于 N 或（和）M 都特别大的区域，其色值和彩色扇区往往都比较大，比如左上角区域、右下角区域和右上角区域，这些区域的时延预测结果都很差。

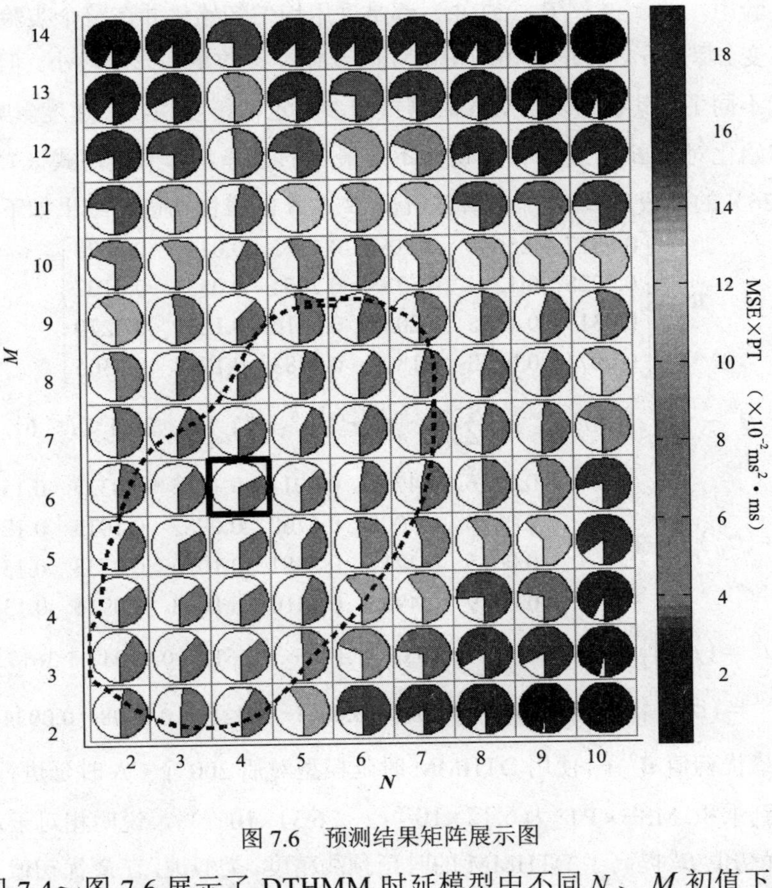

图 7.6 预测结果矩阵展示图

图 7.4～图 7.6 展示了 DTHMM 时延模型中不同 N、M 初值下的实验结果，并证明了 N 和 M 的最优初值分别为 4 和 6。这一结论同样适用于

SCHMM 时延模型，即 SCHMM 中 N 和 $\bar{M}$ 的最优初值也是 4 和 6，此时乘积 MSE×PT 达到其全局最小值：5.93×10^{-2}。不难发现，该值小于 DTHMM 中的全局最小值，即：$5.93\times10^{-2}<6.31\times10^{-2}$。这是因为 SCHMM 在时延建模和预测精度方面比 DTHMM 更好。考虑到精度和速度之间的固有矛盾，使用 SCHMM 进行 CA 时延预测时，其预测时间（PT）一定大于 DTHMM 的预测时间。然而，SCHMM 中的乘积 MSE×PT 还是小于 DTHMM 中的乘积，可见 SCHMM 的预测精度远远高于 DTHMM 的预测精度，从而进一步证明了使用 SCHMM 代替 DTHMM 对 NCS 网络时延进行建模和预测是非常有意义的。

实验中，$\boldsymbol{\pi}$、$\boldsymbol{A}$、$\boldsymbol{B}$（或 $\overline{\boldsymbol{B}}$）都是采用均匀初始化并在整个实验过程中保持不变。尽管 $\boldsymbol{\pi}$、$\boldsymbol{A}$ 的初值对 HMM 时延模型参数重估影响较小，但 $\boldsymbol{B}$（或 $\overline{\boldsymbol{B}}$）就不同了，其初值对 HMM 时延模型参数重估精度和收敛速度影响较大。均匀初始化对于 $\boldsymbol{B}$（或 $\overline{\boldsymbol{B}}$）来说并不是最优的选择。本节使用式（7.25）、式（7.26）的分段 K-均值聚类算法计算 $\boldsymbol{B}$、$\overline{\boldsymbol{B}}$ 的最优初值，结果如下：

$$\boldsymbol{B}^0=\begin{bmatrix}0.0917 & 0.5690 & 0.2161 & 0.1055 & 0.0149 & 0.0028\\ 0.0228 & 0.1294 & 0.5788 & 0.2051 & 0.0532 & 0.0107\\ 0.0313 & 0.1125 & 0.2037 & 0.5016 & 0.1239 & 0.0270\\ 0.0071 & 0.0623 & 0.1804 & 0.4483 & 0.1714 & 0.1305\end{bmatrix}$$

$$\overline{\boldsymbol{B}}^0=\left\{b_j^0(\tau_r^{\mathrm{ca}})\middle|b_j^0(\tau_r^{\mathrm{ca}})=\sum\nolimits_{l=1}^{6}c_{jl}^0G(\tau_r^{\mathrm{ca}}|\mu_l^0,\sigma_l^0),1\leqslant j\leqslant4,1\leqslant l\leqslant6\right\}$$

$$c^0=(c_{jl}^0)\Big|_{1\leqslant j\leqslant4,1\leqslant l\leqslant6}=\begin{bmatrix}0.0016 & 0.4792 & 0.2011 & 0.1265 & 0.0337 & 0.1579\\ 0.0020 & 0.5008 & 0.1760 & 0.0983 & 0.1015 & 0.1214\\ 0.0015 & 0.4217 & 0.2381 & 0.1056 & 0.0733 & 0.1598\\ 0.0019 & 0.4905 & 0.1810 & 0.1003 & 0.0916 & 0.1347\end{bmatrix}$$

$$\mu^0=(\mu_l^0)\Big|_{1\leqslant l\leqslant6}=\begin{bmatrix}2.0172 & 0.7933 & 1.1105 & 1.2618 & 0.9904 & 1.3617\end{bmatrix}$$

$$\sigma^0=(\sigma_l^0)\Big|_{1\leqslant l\leqslant6}=\begin{bmatrix}0.3087 & 0.0003 & 0.0011 & 0.0216 & 0.0008 & 0.0024\end{bmatrix}$$

在最优初值 $\boldsymbol{B}^0$ 下，使用 DTHMM 时延模型对后 200 个 CA 时延进行预测，最终得到乘积 MSE×PT 为 6.12×10^{-2}（$<6.31\times10^{-2}$），说明相对于均匀初值，最优初值 $\boldsymbol{B}^0$ 提高了 DTHMM 的时延预测精度。类似地，在最优初值 $\overline{\boldsymbol{B}}^0$ 下，使用 SCHMM 时延模型对后 200 个 CA 时延进行预测，最终得到乘积 MSE×PT

为 5.68×10^{-2}（$<5.93\times10^{-2}$），说明相对于均匀初值，最优初值 $\bar{\boldsymbol{B}}^0$ 提高了 SCHMM 的时延预测精度。此外，不难看出 SCHMM 时延模型中的乘积 $\mathrm{MSE}\times\mathrm{PT}$（不管是最优初值 $\bar{\boldsymbol{B}}^0$ 下得到的 5.68×10^{-2}，还是均匀初值 $\bar{\boldsymbol{B}}$ 下得到的 5.93×10^{-2}）都比 DTHMM 时延模型中的乘积 $\mathrm{MSE}\times\mathrm{PT}$（不管是最优初值 $\boldsymbol{B}^0$ 下得到的 6.12×10^{-2}，还是均匀初值 $\boldsymbol{B}$ 下得到的 6.31×10^{-2}）要小，这也从另外一个角度证明了 SCHMM 时延模型相对于 DTHMM 时延模型的优越性。

7.5　本章小结

考虑到 HMM 时延模型参数重估的精度和速度容易受到模型参数初始值的影响，本章对该问题展开研究，得到了 DTHMM 和 SCHMM 时延模型各自五个参数的最优初始化方法。

对于网络状态个数 N，本项目基于前向通道随机时延历史数据序列的熵，使用 Lempel- Ziv 数据压缩算法得到 N 的一致渐近最优估计。这是对传统方法（将网络状态简单分成高、中、低三种不同网络负荷，定义 $N=3$）的一种改进。经过计算和实验验证发现，N 的最优初值为 4。

对于 DTHMM 中时延观测集合大小 M 和 SCHMM 中混合高斯密度函数个数 $\bar{M}$，采用聚类思想对前向通道随机时延的历史数据序列进行 K–均值聚类分析，经确定的最佳聚类数就是 M、$\bar{M}$ 的最优解。经过计算和实验验证发现，M、$\bar{M}$ 的最优初值均为 6。

$\boldsymbol{\pi}$ 和 $\boldsymbol{A}$ 的初值对时延模型精度的影响不大，只需在满足二者的约束条件下对其进行均匀取值即可。但 $\boldsymbol{B}$、$\bar{\boldsymbol{B}}$ 的初值对下一步时延模型参数估计的影响较大，这是因为期望最大化算法对 $\boldsymbol{B}$、$\bar{\boldsymbol{B}}$ 的初值较为敏感而容易陷入局部极值。为此，本章采用分段 K–均值聚类算法对 $\boldsymbol{B}$、$\bar{\boldsymbol{B}}$ 进行初始化。首先，按照状态数 N 对时延历史数据序列进行平均分段；然后，对所有属于某一段的时延历史数据进行 K–均值聚类，其中聚类数等于 M、$\bar{M}$；最后，由聚类结果计算出时延观测概率矩阵 $\boldsymbol{B}$ 以及 $\bar{\boldsymbol{B}}$ 中各混合高斯密度函数的均值、方差和权重系数。

第8章　基于TrueTime的NCS仿真平台设计

8.1　引言

针对前向通道网络时延未知的 NCS，前几章讨论了基于隐马尔可夫模型（HMM，包括 DTHMM 和 SCHMM）的 NCS 建模与控制方法。为验证这些方法的有效性，需要进行仿真实验，因此设计和实现 NCS 仿真平台是非常必要的。

目前，关于 NCS 的仿真平台有很多，其中 TrueTime 是一款较为简单的实时系统仿真工具箱，在 NCS 研究领域已经得到了普遍认可。本章将借助 TrueTime 1.5 工具箱设计一个网络化控制系统的仿真平台 NCS-SP，并以 DTHMM 时延模型为例验证本书基于 DTHMM 随机时延模型的 NCS 建模与控制方法的有效性。对于 SCHMM 模型，其验证方法与 DTHMM 类似，本章不再赘述。

TrueTime 是瑞典 Lund 工学院的 Martin Ohlin 等学者开发的一种在 Matlab/Simulink 环境下运行的实时控制系统仿真工具箱，为实时系统中的控制器仿真、网络传输仿真、连续系统动态特性仿真提供了极大的方便。从最早的 TrueTime1.1 版本发展到了今天的 TrueTime2.0 Beta6 版本，其中 TrueTime1.5 版本是目前最稳定的版本，所以本章拟采用 TrueTime1.5 版本与普通 Simulink 模块共同设计仿真平台 NCS-SP，实现基于 HMM 随机时延模型的 NCS 建模与控制算法。

关于 TrueTime1.5 工具箱的原始文件（truetime-1.5.zip）可以从网站 http://www.control.lth.se/truetime/下载。本章主要介绍使用 TrueTime1.5 设计 NCS 仿真平台的基本步骤，包括如何配置传感器、控制器、执行器等网络节点，如何实现各节点间的网络互联，以及如何在 Matlab 环境下编写仿真过程中的可执行代码。

8.2 TrueTime1.5 工具箱简介

目前 TrueTime1.5 不仅支持低版本的 Matlab6.5.1（相应的 Simulink 版本为 5.1），也支持高版本的 Matlab7.0（相应的 Simulink 版本为 6.0），本章仿真实验中使用的是 Matlab7.0（相应的 Simulink 版本为 6.0）。TrueTime1.5 中的任务代码和初始化指令既可以使用 C++语言实现，又可以使用 Matlab 语言实现。如果让 TrueTime1.5 在 C++环境下运行，需要一个 C++编译器，比如：Windows 系统中的 Visual Studio C++ 7.0。当在 Matlab 环境中运行 TrueTime1.5 时，只需要将预编译文件与 TrueTime1.5 文档放在同一个目录下即可。本章采用后者，将 TrueTime1.5 中的模块与 Simulink 中的普通模块相连接并且使用 Matlab 语言来设计和实现 NCS-SP。

将下载的压缩文件“truetime-1.5.zip”解压后创建一个“truetime-1.5”目录，并且在后续内容中用“$DIR”表示这个目录。在启动 Matlab 之前，需要新建环境变量“TTKERNEL”，其值为 TrueTime1.5 内核（Kernel）文件所在的目录，即：$DIR/kernel，针对 Windows 系统的具体步骤如下：

Windows 系统：控制面板 → 系统 → 高级 → 环境变量 → 新建 → 变量名：TTKERNEL → 变量值：$DIR/kernel

然后启动 Matlab，并在命令行提示符“>>”下输入如下三行内容：

```
addpath([getenv('TTKERNEL')])
init_truetime;
truetime
```

第一条指令将建立所有与 TrueTime1.5 kernel 文件有关的路径，第二条指令实现 TrueTime1.5 的初始化，第三条指令启动 TrueTime1.5 工具箱。执行完这三条指令后，将在 Matlab 中打开 TrueTime1.5 的模块库，如图 8.1 所示。

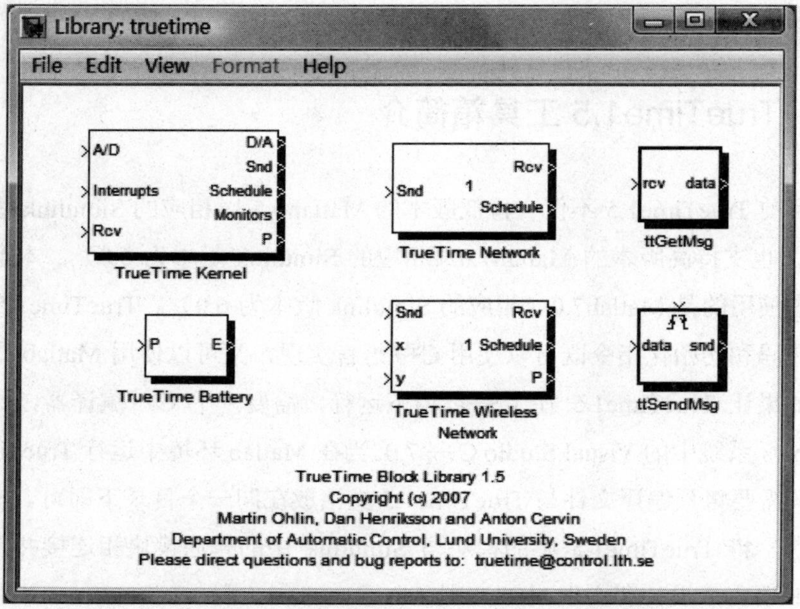

图 8.1 TrueTime1.5 模块库

从图 8.1 可以看出，TrueTime1.5 共包含六个模块：Kernel、Network、Wireless Network、Battery、ttGetMsg 和 ttSendMsg。将这些模块与 Simulink 中的普通模块相连接可以构成一个实时控制系统，例如：用 TrueTime1.5 中的 Kernel 模块来实现第 2 章图 2.9 所示的阻尼复摆的状态反馈控制。为此，用 Kernel 模块实现传感器、控制器和执行器，并辅以 Simulink 中的相关模块（例如，用 State-Space 模块设计阻尼复摆），最后得到如图 8.2 所示的闭环系统。

8.2.1 Kernel 模块

在图 8.2 所示的仿真实验中，传感器（sensor）按照某一采样周期获取阻尼复摆的状态并将其传送给控制器（controller），控制器的中断端口（interrupts）收到状态信息后立刻计算控制律并将其传送给执行器（actuator），执行器的中端端口收到控制律后立刻驱动被控对象（阻尼复摆）执行相应的动作。在运行仿真实验之前，需要初始化 Kernel 模块，还需要创建任务、中断句柄、计时器、事件、监测器等。其中，初始化代码和仿真运行时可执行代码均可写成 Matlab 的 M 文件。下面简单介绍如何定义代码函数以及如何初始化 Kernel 模块。

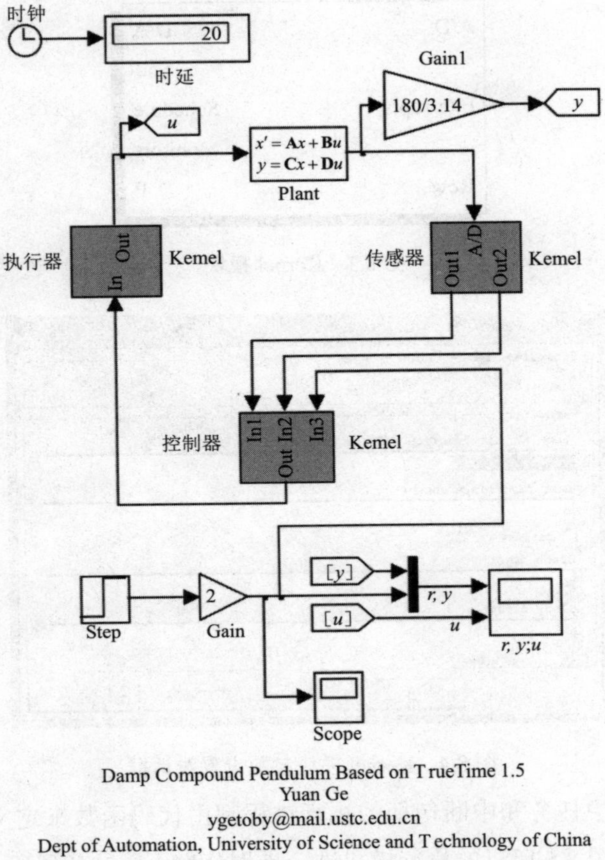

图 8.2　基于 TrueTime1.5 的阻尼复摆状态反馈控制

Kernel 模块如图 8.3 所示，其中输入端口有 3 个：“A/D”为模拟信号输入、Interrupts 为中断信号输入、Rcv 为数字信号经网络输入；输出端口有 5 个：D/A 为模拟信号输出、Snd 为数字信号输出到网络、Schedule 为模块调度输出、Monitors 为模块监视器输出，P 为电池信号输出。Kernel 模块可以通过图 8.4 所示的模块对话框进行参数配置，在 Name of init function 框中填写初始化函数名，在 Init function argument 框中填写初始化函数可选参数，选中电池复选框表示该 Kernel 模块需要电源供电，在 Clock drift 框中填写时钟漂移量，比如 0.01 表示 Kernel 模块本地时间比标准时间（实际仿真时间）快 1%，在“Clock offset”框中填写时钟偏移量，比如 0.01 表示 Kernel 模块本地时间与标准时间相差 0.01 秒。

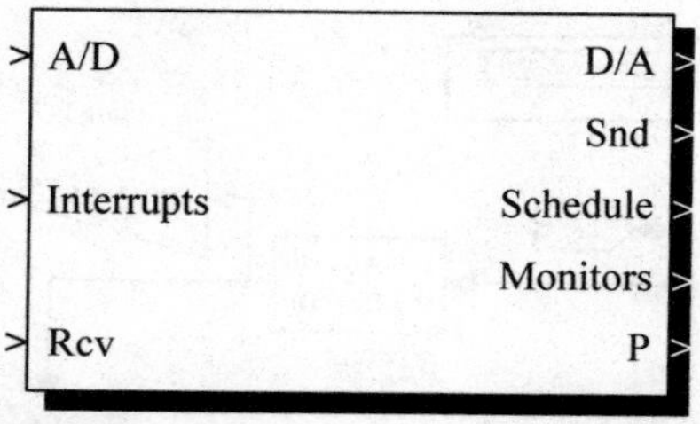

图 8.3 Kernel 模块

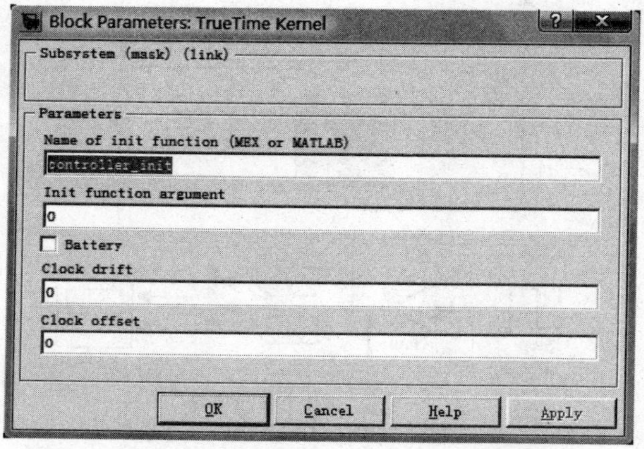

图 8.4 Kernel 模块参数设置对话框

仿真实验中任务和中断句柄的执行过程都由代码函数来定义。一个代码函数可以根据图 8.5 所示的执行模式进一步划分为不同的代码段。所有用户代码的执行都在相应代码段的段首完成，每一个代码段的执行时间最后由代码函数返回。表 8.1 给出了用 Matlab 语言实现的图 8.2 中状态反馈控制器代码函数。变量 seg 决定哪一段代码被执行，变量 data 是一个用户定义的数据结构，该数据结构是在任务创建时定义的。状态反馈控制器的任务创建函数和变量 data 的定义（初始化函数）见表 8.2。此外，data 由状态反馈控制器执行函数更新并返回。在表 8.1 的函数中，ttAnalogIn 负责从 A/D 端口读数据，ttAnalogOut 负责向 D/A 端口写数据。第一个代码段的执行时间为 2ms，这意味着该任务从输入到输出的时延至少需要 2ms，但如果出现其他优先级更高的抢占式任务，将会导致时延变长。第二个代码段返回的执行时间为负值，这意味着该任务执行完毕，没有其他代码段需要执行。

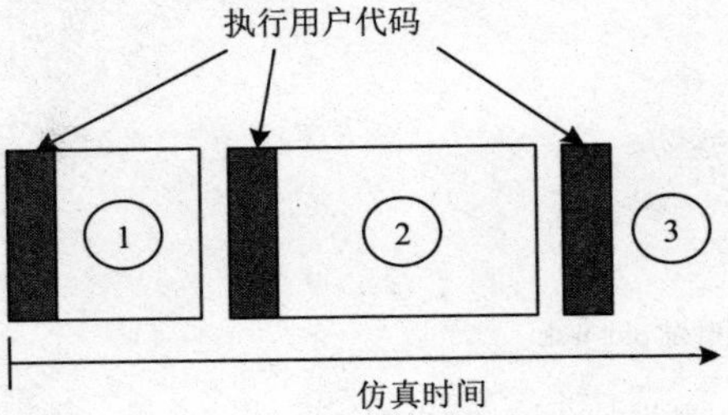

图 8.5　用户代码分段执行模式

表 8.1　状态反馈控制器执行函数

```
function [exectime, data] = ctrlcode(seg, data)
switch seg,
 case 1,
  x1 = ttAnalogIn(1);
  x2 = ttAnalogIn(2);
  r = ttAnalogIn(3);
  K1 = 0.41;
  K2 = 2.58;
  data.u = r - K1*x1 - K2*x2;
  exectime = 0.0002;
 case 2,
  ttAnalogOut(1, data.u);
  exectime = -1; % finished
end
```

表 8.2　状态反馈控制器初始化

```
function controller_init(arg)
% 初始化控制器 kernel
ttInitKernel(3, 1, 'prioFP'); % nbrOfInputs, nbrOfOutputs, fixed priority
% 创建任务 data (local memory)
```

```
data.u = 0.0;
% 创建控制器任务
deadline = 0.010;
prioInt = 1;
%创建一个中断句柄，用于触发 pid_task
ttCreateInterruptHandler('nw_handler', prioInt, 'msgRcvCtrl');
ttCreateExternalTrigger('nw_handler',0);
ttCreateTask('pid_task', deadline, prioInt, 'ctrlcode', data);
if arg > 0
  offset = 0.0002;
  period = 0.007;
  prio = 1;
  ttCreatePeriodicTask('dummy', offset, period, prio, 'dummycode');
end
```

Kernel 模块的初始化涉及确定输入/输出数、定义调度优先级、创建任务、中断句柄、事件和监测器等。表 8.2 给出了用 Matlab 语言实现的状态反馈控制器初始化脚本，其中 ttInitKernel 函数确定了输入数为 3、输出数为 1、调度优先级为固定优先级 1。ttCreateTask 创建了状态反馈控制任务，这个任务就是表 8.1 中定义的函数 ctrlcode，值得注意的是，ttCreateTask 只是创建任务，但任务并没有被执行，通常需要使用 ttCreateJob 来启动该任务的执行。ttCreateInterruptHandler 创建一个中断句柄 nw_handler，其代码函数为 msgRcvCtrl。当控制器的 Interrupts 端口被触发时，将会执行函数 msgRcvCtrl（表 8.3），并在该函数中开始执行任务 pid_task，即执行函数 ctrlcode。此外，初始化程序可以使用一个可选参数（比如 controller_init 的参数 arg）来控制相似代码函数的个数。

表 8.3　控制器中断句柄执行函数

```
function [exectime, data] = msgRcvCtrl(seg, data)
ttCreateJob('pid_task')
exectime = -1;
```

图 8.2 中其他两个 Kernel 模块（传感器、执行器）的初始化及可执行任务函数的编写与控制器相似，分别见表 8.4 和表 8.5。值得注意的是，由于传感器中创建的是周期任务，其触发方式为周期触发，不同于控制器与执行器的中断触发，所以不需要类似于控制器中的 msgRcvCtrl 函数。

表 8.4　传感器模块初始化及可执行任务函数

```
%% %%%%%%%%%% 初始化传感器 kernel %%%%%%%%%%%%%%
function sensor_init
ttInitKernel(2, 2, 'prioFP'); % nbrOfInputs, nbrOfOutputs, fixed priority
% 创建传感器的周期任务
data.x1 = 0;
data.x2 = 0;
offset = 0;
period = 0.40; %传感器采样周期为 0.4 秒
prio = 1;
ttCreatePeriodicTask('sens_task', offset, period, prio, 'senscode', data);
%%%%%%%%%%%%% 传感器任务函数 %%%%%%%%%%%%%%%%%
function [exectime, data] = senscode(seg, data)
switch seg,
  case 1,
    data.x1 = ttAnalogIn(1);
    data.x2 = ttAnalogIn(2);
    exectime = 0.00005;
  case 2,
    ttAnalogOut(1, data.x1);
    ttAnalogOut(2, data.x2);
    exectime = 0.00005;
  case 3,
    exectime = -1; % finished
end
```

表 8.5　执行器模块初始化及可执行任务函数

```
%% %%%%%%%%%% 初始化执行器 kernel %%%%%%%%%%%%%%
function actuator_init
ttInitKernel(1, 1, 'prioFP'); % nbrOfInputs, nbrOfOutputs, fixed priority
% 创建执行器任务
deadline = 100;
prio = 1;
ttCreateInterruptHandler('nw_handler', prio, 'msgRcvActuator');
ttCreateExternalTrigger('nw_handler',0);
ttCreateTask('act_task', deadline, prio, 'actcode');
%%%%%%%%%%%% 执行器任务函数 %%%%%%%%%%%%%%%%
function [exectime, data] = actcode(seg, data)
switch seg,
  case 1,
    data.u = ttAnalogIn(1);
    exectime = 0.00005;
  case 2,
    ttAnalogOut(1, data.u)
    exectime = -1; % finished
end
%%%%%%%%%%%% 运行中断句柄函数 %%%%%%%%%%%%%%%%
function [exectime, data] = msgRcvActuator(seg, data)
ttCreateJob('act_task')
exectime = -1;
```

图 8.2 的闭环系统经仿真实验产生的输出如图 8.6 所示，通过对比不难发现，图 8.6 与第 2 章的图 2.10 的输出响应几乎一致，所以基于 TrueTime1.5 同样可以实现对阻尼复摆的实时状态反馈控制。

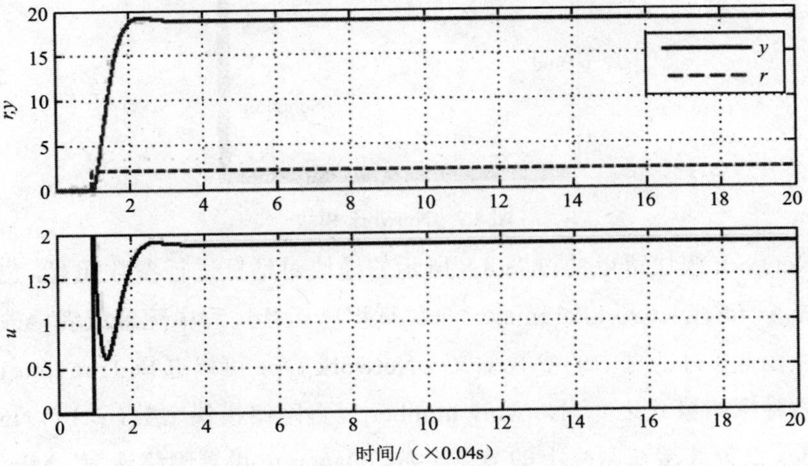

图 8.6　基于 TrueTime1.5 的阻尼复摆状态反馈控制输出

8.2.2　Network 模块

本书在使用 TrueTime1.5 设计仿真平台 NCS-SP 时，不仅用到 Kernel 模块，还要用到 Network 模块，因为需要 Network 模块来模拟现实中的通信网络进行数据传输。TrueTime1.5 中的 Network 模块如图 8.7 所示，其中 Snd 用来接收数据，Rcv 用来发送数据，Schedule 输出网络调度。Network 模块主要用来仿真网络中的介质访问协议和数据包传输过程，当网络中的源节点尝试发送数据包时会产生一个触发信号，并将其发送给 Network 模块相应的输入通道。在完成数据包网络传输仿真后，Network 模块同样会在相应的输出通道上发送一个触发信号给负责接收该数据包的目的节点。网络中传输的数据包通常包含源节点、目的节点、用户数据（例如传感器的采用信号、控制器的控制律）、数据包长度、可选的实时属性（例如优先级、截止时间）等信息。TrueTime1.5 中支持六种网络模型：CSMA/CD（如 Ethernet）、CSMA/AMP（如 CAN）、Round Robin（如令牌总线）、FDMA、TDMA（如 TTP）以及 Switched Ethernet。

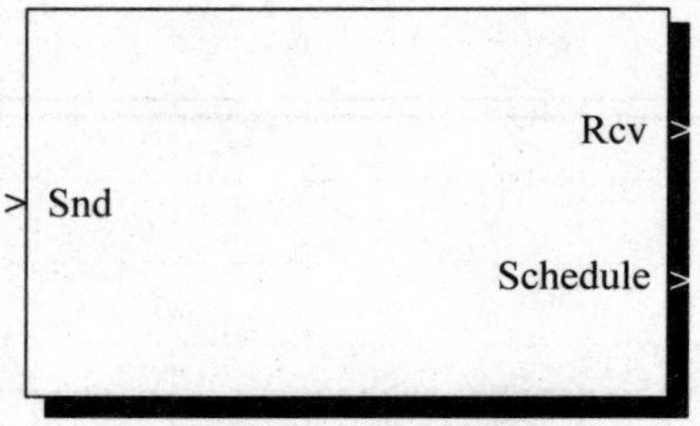

图 8.7　Network 模块

Network 模块可以通过图 8.8 所示的模块对话框进行参数配置，也可以通过指令 ttSetNetworkParameter 在仿真程序运行过程中配置或者修改网络参数。图 8.8 对话框中的参数意义：Network type 可以选择 TrueTime1.5 支持的六种网络模式之一，Network number 设置网络模块个数（≥1），Number of nodes 设置连接在网络上的节点个数，Data rate 设置网络速率，Minimum frame size 设置最小帧大小，Loss probability 设置网络丢包率（0～1 的实数），其他参数设置则由所选择的网络模式决定，不需要用户自己设置。

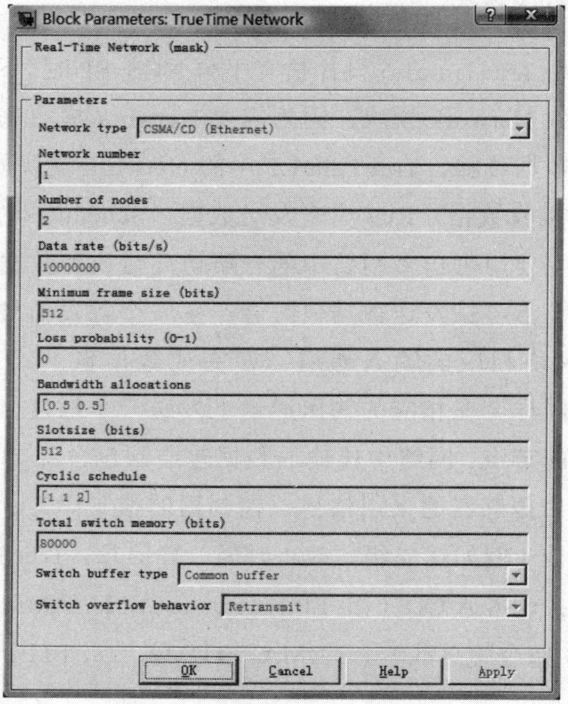

图 8.8　Network 模块参数设置对话框

本书的 NCS 仿真实验主要涉及 Ethernet 和 CAN 两种网络。Ethernet 的介质访问控制（medium access control, MAC）采用 CSMA/CD（carrier sense multiple access with collision detection，带冲突检测的载波监听多路访问）协议。当网络忙时，发送节点就随机延迟一段时间，再去检测网络状态，若此时网络空闲，就可以发送数据包。在数据包的发送过程中，发送节点还要检测其发送到网络上的数据包是否与其他节点发送的数据包发生了冲突，一旦检测到冲突，该发送节点就立即放弃本次发送，并向网络上发出一串干扰以增强冲突信号，使得网络上其他各节点因收到干扰串而放弃发送，并且所有存在发送冲突的网络节点都将按照一种退避算法随机等待一段时间后再重新竞争发送权。CAN 的介质访问控制（MAC）采用 CSMA/AMP（carrier sense multiple access with arbitration on message priority，带消息优先仲裁的载波监听多路访问）协议。当网络忙时，发送节点就等待直至网络空闲再发送数据。当发生冲突时，具有更高优先级的数据包将被继续传输，而低优先级的数据包将被放弃传输。如果两个数据包的优先级相同，那么优先传输哪个数据包是随机的，所以通常对不同的 CAN 网络节点赋予不同且唯一的优先级标识符。

综上所述，本节简单介绍了 TrueTime1.5 的运行环境、启动方法、模块初始化过程、任务创建与执行、Matlab 代码编写方法、Kernel 模块结构与参数设置、Network 模块结构与参数设置，并以阻尼复摆的状态反馈控制为例具体说明了如何使用 TrueTime1.5 实现对系统的实时控制仿真。

8.3　网络化控制系统仿真平台设计

在图 8.2 所示的闭环系统中，传感器、控制器与执行器之间采用点对点的连接方式，数据在传输过程中不存在时延问题或者时延很小不足以影响系统的性能。当传感器和控制器之间、控制器和执行器之间采用共享通信网络连接时，就构成了对阻尼复摆的网络化控制系统（NCS），此时数据在网络中传输不可避免的存在网络时延，而且这种时延往往会影响系统的性能，甚至导致系统不稳定。考虑到传感器到控制器（S-C）时延相对于控制器来说是可见的，而控制器到执行器（C–A）时延相对于控制器来说是不可见的，所以，简单起见，本书重点研究仅存在 C–A 时延的 NCS，其闭环系统控制结构如图 8.9 所示。为了研究这类系统的实时控制仿真问题，根据图 8.9 的 NCS 原型设计一个基于 TrueTime1.5 的仿真系统 NCS–SP，如图 8.10 所示。

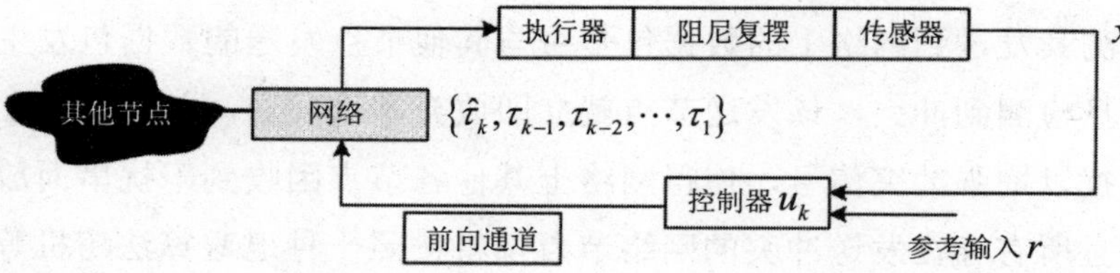

图 8.9　NCS 仿真系统原型

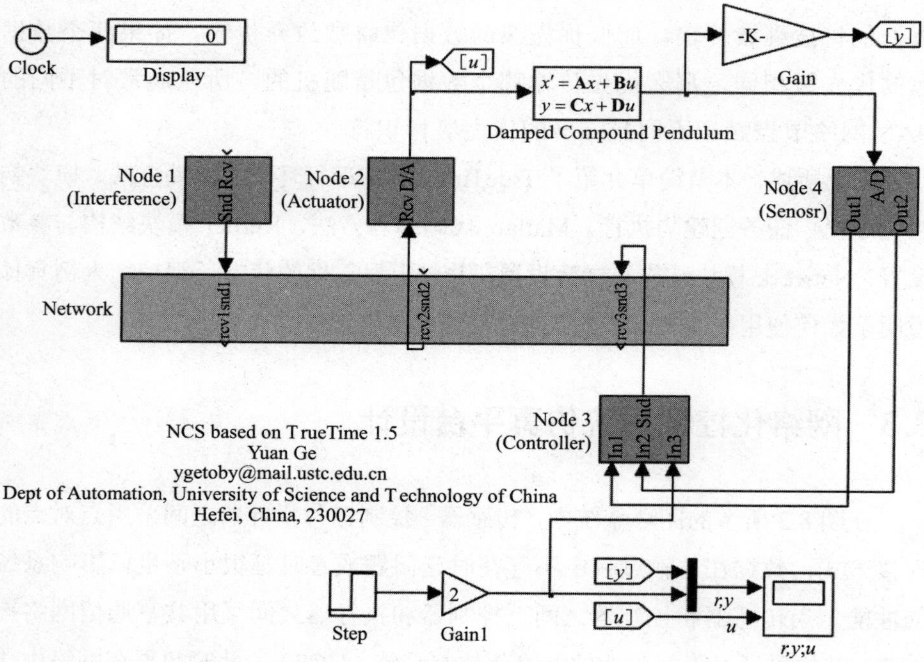

图 8.10　基于 TrueTime1.5 的 NCS 仿真系统 NCS–SP

基于 TrueTime1.5 和 Simulink 工具箱，图 8.10 所示的仿真系统 NCS–SP

使用 Kernel 模块设计了 NCS 中的传感器、控制器、执行器和干扰节点，使用 Network 模块设计了 CAN/Ethernet 网络模型，使用 Simulink 中的 State-Space 模块设计了受控对象（阻尼复摆），使用 Simulink 中的 Step 模块设计了参考输入。将图 8.10 与图 8.2 对比可以发现，NCS-SP 就是在图 8.2 的控制器与执行器之间增加了通信网络而形成的，把原来的点到点传输改成网络传输，并且增加了干扰节点来随机占用网络带宽以产生随机网络时延。此时，如果仍然采用原来的状态反馈控制律，那么系统输出响应将会振荡发散，如图 8.11 所示。很明显，在存在网络时延的情况下，原状态反馈控制器无法继续保证系统的稳定性。为了补偿网络时延对 NCS 的影响，将在 NCS-SP 仿真平台上设计并实现本书提出的基于 DTHMM 随机时延模型的 NCS 建模与控制方法，通过仿真实验验证这些建模与控制方法的有效性和优越性。

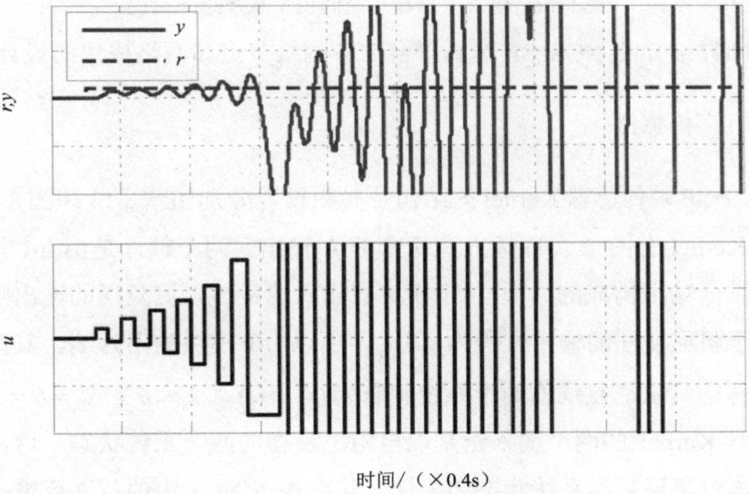

图 8.11　网络时延导致 NCS-SP 输出发散

关于阻尼复摆的状态空间模型已经在第 2 章第 5 节做出详细介绍，这里仅需要使用 Simulink 中的 State-Space 模块设置状态空间模型中的系数矩阵 ***A***、***B***、***C***、***D***，参数设置对话框如图 8.12 所示。

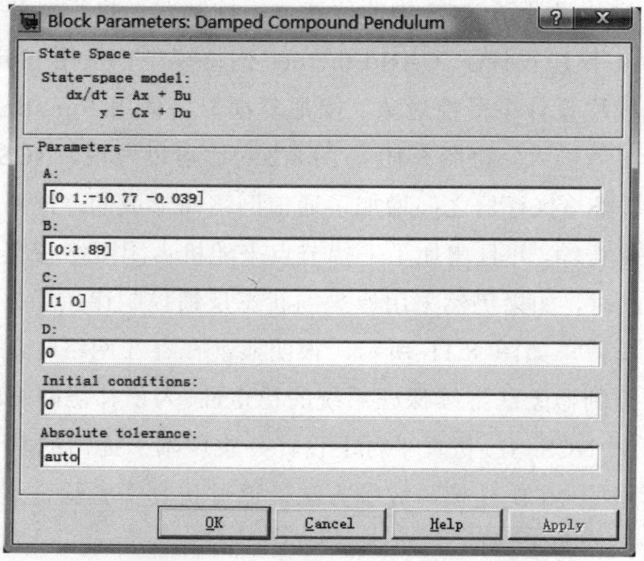

图 8.12　阻尼复摆状态空间模型系数矩阵设置

下面详细介绍 NCS-SP 仿真平台上各网络节点和网络模块的设计方法。

8.3.1　传感器

NCS-SP 中传感器 Kernel 的结构及参数设置分别如图 8.13 和图 8.14 所示。传感器 Kernel 有两个 A/D 输入和两个 D/A 输出。两个输入是由 In1 模块的输出及其微分输出构成的，而 In1 模块的输入端是与阻尼复摆的输出端 y 相连的。由于阻尼复摆的输出方程为 $y = x_1$，所以 In1 模块输出为 x_1，其微分输出为 $\dot{x}_1$。考虑到阻尼复摆的两个系统状态为 $(x_1 \quad x_2)$（$x_1 = \theta$、$x_2 = \dot{\theta} = \dot{x}_1$），所以传感器 Kernel 的两个输入正是取自阻尼复摆的两个系统状态。这样就实现了传感器对阻尼复摆系统状态的采样，从而构成 NCS 中的状态反馈，而且是全状态反馈。两个输出分别输出阻尼复摆的两个系统状态 x_1 和 x_2。由此可见，传感器 Kernel 不对采样数据作任何处理，仅用于采样，且为周期采样。所以，NCS-SP 中的传感器采用时间驱动方式，采样周期（h）为 0.4s。为了实现传感器的周期采样，需要在传感器 Kernel 的初始化脚本中使用函数 ttCreatePeriodicTask 创建一个周期任务，并且定义一个数据结构 data 包含两个域值 data.x1 和 data.x2，分别存放阻尼复摆的两个系统状态 x_1 和 x_2 。关于 NCS-SP 中传感器 Kernel 的初始化函数和可执行任务函数与表 8.4 相同。其中 ttInitKernel(2, 2, 'prioFP')表示传感器 Kernel 有两个输入两个输出，data.x1=0 和 data.x2=0 定义了传感器 Kernel 中的一个数据结构来存储阻尼复摆的状态，ttCreatePeriodicTask 创建了一个名为 senscode 的周期任务，在这个任务中，第一段代码实现采样输入，第二段代码将采样数据输出给控制器。

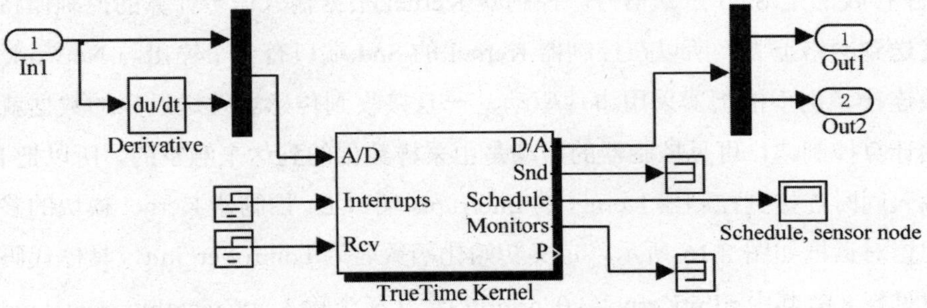

图 8.13　传感器 Kernel 结构设计

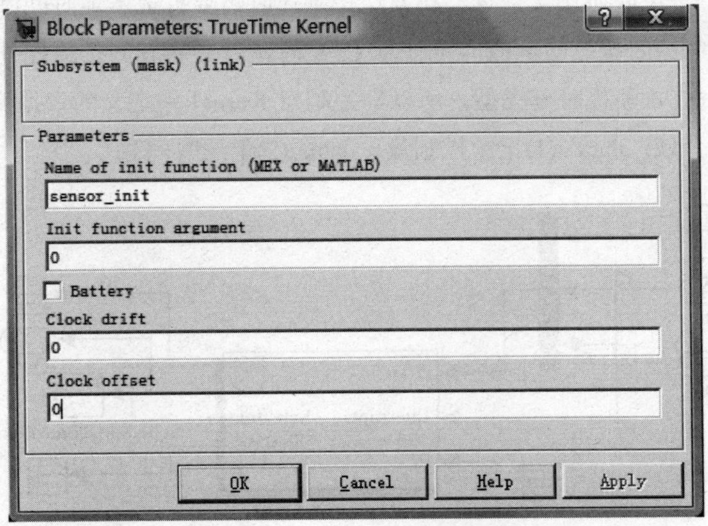

图 8.14　传感器 Kernel 参数配置

8.3.2 控制器

NCS-SP 中控制器 Kernel 的结构及参数设置分别如图 8.15 和图 8.16 所示。控制器 Kernel 有三个 A/D 输入，没有 D/A 输出，但是有一个向网络的输出。三个输入中 In1 和 In2 分别是接收传感器直接发送过来的阻尼复摆系统状态，In3 接收的是 Step 阶跃信号。控制器 Kernel 根据输入信号计算的控制律将被发送到网络上去，所以在控制器 Kernel 的 Snd 端口有一个输出与 Network 模块连接。由于控制器采用事件驱动，一旦接收到传感器发送过来的数据就开始计算控制律，可见控制器的启动是由采样数据的到达来触发的，所以把 In1 输入同时连接到控制器 Kernel 的 Interrupts 端口上。控制器 Kernel 模块的参数配置对话框如图 8.16 所示，定义初始化函数名为 controller_init，具体代码函数见表 8.6，其中 ttInitKernel(3,0,'prioFP')定义三个输入，ttCreateInterruptHandler 和 ttCreateExternalTrigger 创建中断句柄，ttCreateTask 创建控制器任务等，ttCreateInterruptHandler 和 ttInitNetwork 实现网络连接初始化。值得注意的是，为了记录 C-A 时延历史数据，在发送控制律时需要打上本地时间戳，执行器接收到控制律时根据时间戳即可计算 C-A 时延，并将其回传给控制器，以便建立 DTHMM 随机时延模型。所以，控制器 Kernel 中定义的数据变量 data.u 包含了两个域：data.u(1)记录控制量、data.u(2)记录时间戳。

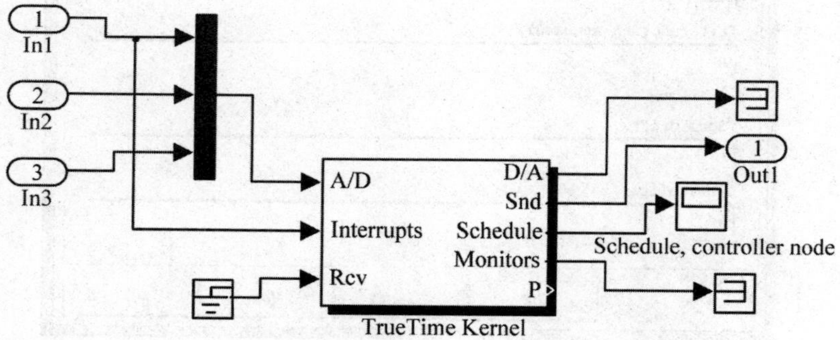

图 8.15 控制器 Kernel 结构设计

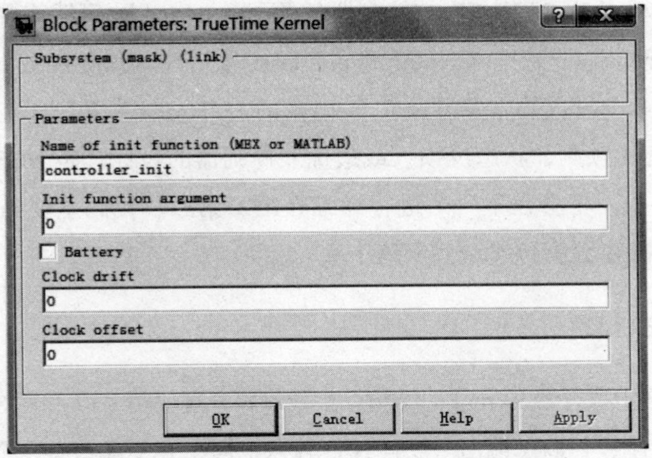

图 8.16　控制器 Kernel 参数配置

表 8.6　NCS-SP 控制器初始化函数

```
function controller_init(arg)
ttInitKernel(3, 0, 'prioFP'); %三个输入
data.u = [0.0 0.0]; %u(1)记录控制量，u(2)记录控制量发出时的时间戳
deadline = 0.100;
prio = 2;
prioInt = 1;
%创建一个中断句柄，用于触发 pid_task
ttCreateInterruptHandler('nw_handler', prioInt, 'msgRcvCtrl');
ttCreateExternalTrigger('nw_handler',0);
ttCreateTask('pid_task', deadline, prioInt, 'ctrlcode', data);
if arg > 0
   offset = 0.0002;
   period = 0.007;
   prio = 1;
   ttCreatePeriodicTask('dummy', offset, period, prio, 'dummycode');
   disp('arg>0');
end
% 初始化网络连接
ttCreateInterruptHandler('nw_handler2', prio, 'msgRcvCtrl2');
ttInitNetwork(3, 'nw_handler2'); % 控制器为网络中的第 3 个节点
```

类似于表 8.3，NCS-SP 的控制器任务函数 ctrlcode 仍然需要在消息处理函数 msgRcvCtrl 中使用 ttCreateJob('pid_task')来启动。任务函数 ctrlcode 共有两段代码，第一段代码主要涉及 C-A 时延的 DTHMM 参数训练、当前采样周期 C-A 时延的预测、状态反馈（或最优）控制器的设计，是 NCS-SP 仿真实验的核心所在，将会在下一节进行详细介绍；第二段代码主要是将带有本地时间戳的控制律数据包发送到网络上去。

8.3.3 执行器

NCS-SP 中执行器 Kernel 的结构及参数设置分别如图 8.17 和图 8.18 所示。执行器 Kernel 有一个 D/A 输出，没有 A/D 输入，但在 Rcv 端口有一个来自网络的输入 In1，这个输入就是控制器 Kernel 经过 Network 发送过来的控制律。执行器采用事件驱动方式，一旦 Rcv 端口接收到控制律数据包就将其从 D/A 端口输出驱动被控对象。与控制器 Kernel 不同，执行器 Kernel 的事件驱动是通过 Rcv 端口实现的，而不是通过 Interrupts 中断，故在执行器 Kernel 的初始化函数 actuator_init 中不再需要创建中断句柄。初始化函数 actuator_init 的 Matlab 代码见表 8.7。

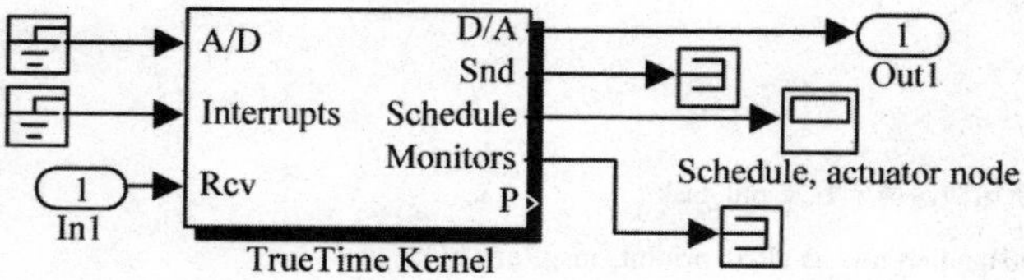

图 8.17　执行器 Kernel 结构设计

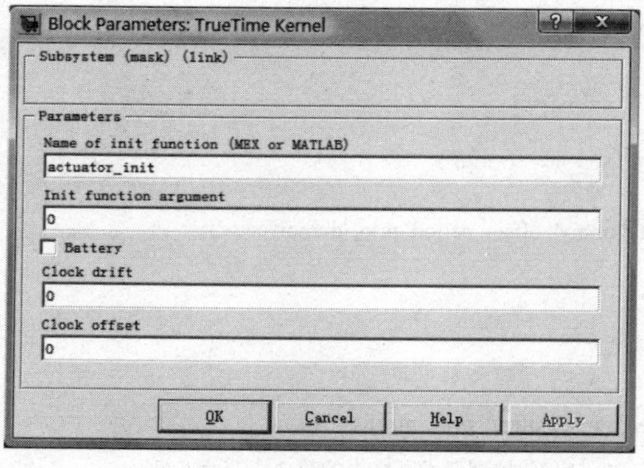

图 8.18　执行器 Kernel 参数配置

表 8.7　NCS-SP 执行器初始化函数

```
function actuator_init

% 定义输入输出和优先级类型

ttInitKernel(0, 1, 'prioFP'); % 0 个输入, 1 个输出, 固定优先级

% 创建执行器任务

deadline = 0.100;

prio = 1;

ttCreateTask('act_task', deadline, prio, 'actcode');

% 初始化网络连接

ttCreateInterruptHandler('nw_handler', prio, 'msgRcvActuator');

ttInitNetwork(2, 'nw_handler'); % 执行器为网络上的第 2 个节点
```

在初始化函数 actuator_init 中，ttCreateTask 定义了 0 个 A/D 输入和 1 个 D/A 输出，ttInitNetwork 将执行器作为第 2 个节点连接到网络上，ttCreateTask 创建了执行器任务函数 actcode，该任务是由控制律到达事件通过消息函数 msgRcvActuator 中的 ttCreateJob('act_task')启动的。任务函数 actcode 的 Matlab 代码如表 8.8 所示，其中包含两个代码段，第一段代码首先读取控制器 Kernel 通过 Network 发送过来的控制律数据包，然后计算当前采样周期的 C-A 时延，虽然这个时延对于计算当前控制律是过时的，但它可以用来预测下一个采样周期内计算控制律时的 C-A 时延，所以在执行器 Kernel 中要记录每一个采样周期的 C-A 时延实际值，并构成 C-A 历史时延序列，以便更好地训练 DTHMM 模型参数来预测最新的 C-A 时延；第二段代码只需要将接收到的控制律通过 D/A 输出给被控对象即可。值得注意的是，这里并没有将计算出的时延回传给控制器，这是因为本章设计的仿真平台是在一台计算机上运行的，所以可以通过采用全局变量的形式，让控制器节点和执行器节点共享这个全局变量，这样就相当于时延数据被回传给控制器了。

表 8.8 NCS-SP 执行器任务函数

```
function [exectime, data] = actcode(seg, data)
global DelayCtoA;     %存储 C-A 网络时延历史数据
global DPCtoA;        %指向时延序列当前位置
global DelayLength;   %定义参与 DTHMM 训练的时延数据个数


switch seg,
 case 1,
  data.u = ttGetMsg; %通过 Rcv 端口读取控制器通过网络发来的数据包
  delay = ttCurrentTime - data.u(2);
  % 用 DelayCtoA 数组来存放最新的时延序列（长度为 DelayLength）
  DPCtoA = DPCtoA + 1;
  if DPCtoA > DelayLength
      for i = 1:DelayLength-1
          DelayCtoA(i) = DelayCtoA(i+1);
      end
      DPCtoA = DelayLength;
  else
      DelayCtoA(DPCtoA) = delay;
  end
  exectime = 0.00005;
 case 2,
  ttAnalogOut(1, data.u(1));
  exectime = -1; % finished
end
```

8.3.4 干扰节点

NCS-SP 中干扰节点 Kernel 的结构及参数设置分别如图 8.19 和图 8.20 所示，干扰节点 Kernel 有一个来自网络的 Rcv 输入和一个向网络的 Snd 输出。干扰节点Kernel的初始化函数如表8.9所示，由于干扰节点采样时间驱动方式，所以在初始化函数 interference_init 中创建了一个周期任务，采样周期为 0.002s，远远小于传感器的采样周期。干扰节点频繁地通过 Network 向自身发送数据包，频繁强占网络带宽，从而影响控制律数据包在 Network 上的传输，使其产生网络诱导时延。在初始化函数中，通过 ttInitNetwork 将干扰节点 Kernel 作为 Network 的第一个节点与 Network 连接。当干扰节点 Kernel 向 Network 发送数据时，由消息处理函数 msgRcvInterf 负责从 Network 读取数据，如表 8.10 所示。周期执行的任务函数 interfcode 如表 8.11 所示，其中 ttSendMsg 是为了向 Network 发送大小随机变化的数据包。为随机改变数据包的大小，随机函数 rand 采用的是随时钟而不断变化的种子。表 8.11 中的 packetsize 如此设置的目的是为了保证仿真实验中网络时延不大于一个传感器采样周期（即 $\tau \leqslant h=0.4$），即本书仿真实验仅考虑短时延 NCS。

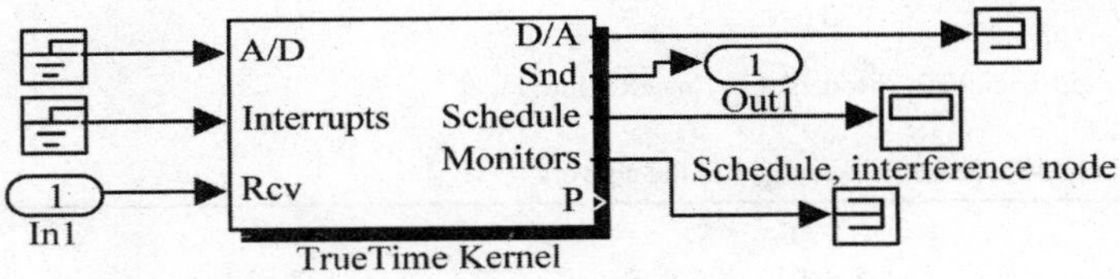

图 8.19　干扰节点 Kernel 结构设计

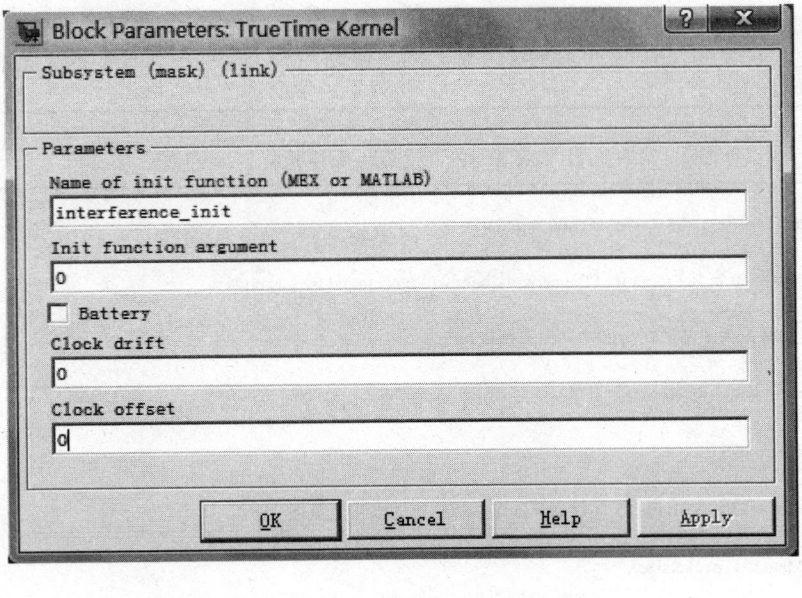

图 8.20　干扰节点 Kernel 参数配置

表 8.9 NCS-SP 干扰节点初始化函数

```
function interference_init
ttInitKernel(0, 0, 'prioFP');
% 创建干扰节点任务（周期任务）
offset = 0;
period = 0.002;
prio = 1;
ttCreatePeriodicTask('interf_task', offset, period, prio, 'interfcode');
% 初始化网络连接
ttCreateInterruptHandler('nw_handler', prio, 'msgRcvInterf');
ttInitNetwork(1, 'nw_handler'); % node #1 in the network
```

表 8.10 NCS-SP 干扰节点消息处理函数

```
function [exectime, data] = msgRcvInterf(seg, data)
msg = ttGetMsg; % 从 Network 读取数据
exectime = -1;
```

表 8.11 NCS-SP 干扰节点周期执行任务函数

```
function [exectime, data] = interfcode(seg, data)
%BWshare = 0.2; % Fraction of the network bandwidth occupied by this node
%随机函数的种子随着时钟的变化而不断变化
rand('state',sum(100*clock));
ncsrand = rand(1);
packetsize = 130.135 + fix(55.164* ncsrand); %数据包大小随机变化
ttSendMsg(1, 1, packetsize);
exectime = -1;
```

8.3.5　网络模块

NCS-SP 中 Network 模块的结构如图 8.21 所示，很明显，与 Network 模块连接的节点共有三个 Kernel 模块：控制器（In3/Out3）、执行器（In2/Out2）和干扰节点（In1/Out1）。Network 模块的参数配置如图 8.22 所示，网络模型是 CSMA/AMP（CAN）网络（也可以是其他网络模式），Network 模块数为 1，节点数为 3，网络速率设置成 80000Bits/s，数据包最小长度定义为 40Bits，网络丢包率为零。

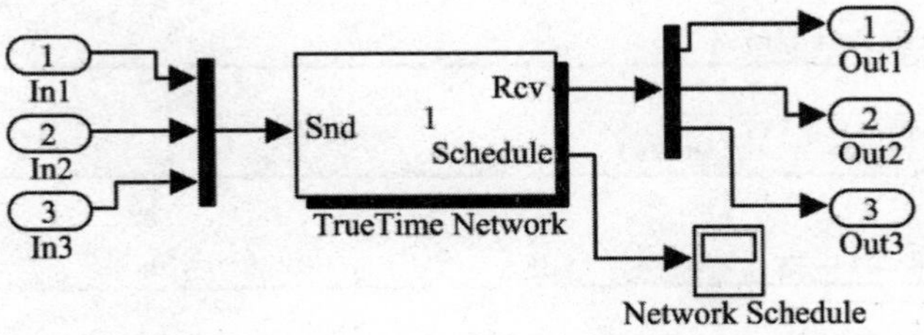

图 8.21　Network 模块结构设计

上文详细介绍了 NCS-SP 仿真系统的结构设计、节点配置及相应的函数代码。时间驱动的传感器将采样到的阻尼复摆状态直接发送给控制器，事件驱动的控制器在接收到采样数据后立刻计算当前采样周期内的控制律，然后通过网络将控制律发送给执行器，事件驱动的执行器收到控制律后立刻驱动阻尼复摆执行动作。由于网络中存在干扰节点共享通信带宽，所以控制律在传输过程中不可避免地存在网络时延（前向时延）。当前采样周期内的前向时延对于控制器来说是不可见的，为了在当前控制律中补偿前向时延对 NCS 的影响，本书引入 DTHMM 来建立前向网络时延与网络状态之间的概率模型，实现对当前采样周期前向时延的预测，并将其用于设计当前控制律来补偿其对 NCS 的影响。本节重点描述了 NCS-SP 各个网络节点及网络本身的设计方法，下一节将重点介绍如何在控制器任务函数中设计控制律。

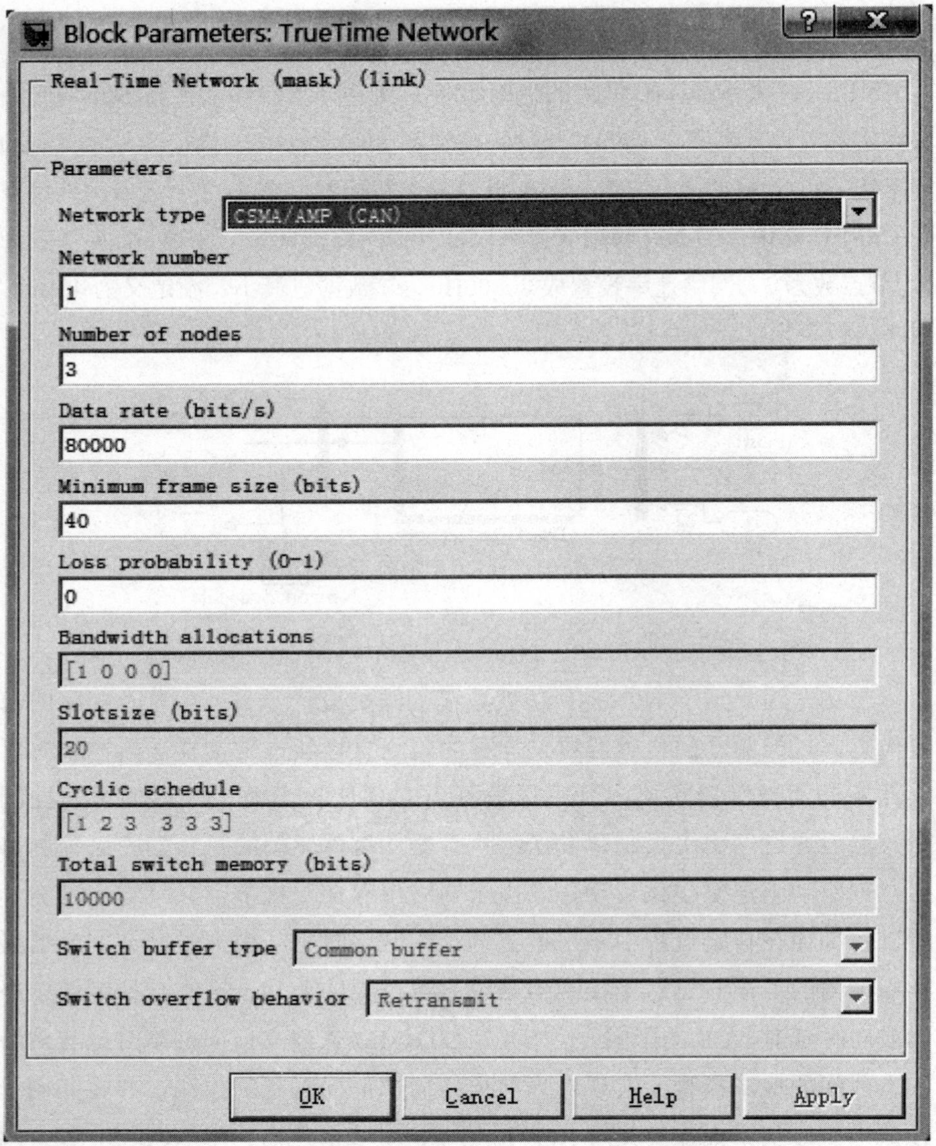

图 8.22　Network 模块参数配置

8.4　基于隐马尔可夫模型的 NCS 建模与控制算法设计

8.3 中主要完成了 NCS-SP 的结构设计，本节将以流程图的形式详细介绍基于 DTHMM 随机时延模型的 NCS 建模与控制算法设计，其中主要包括 DTHMM 参数训练算法（不完全数据期望最大化算法）、当前采样周期前向网络时延预测算法、状态反馈控制算法以及最优控制算法，这些算法均在控制器节点中实现。

在每一个采样周期里，当控制器接收到传感器发送来的采样数据后，即可执行如下一系列运算：

（1）对时延序列进行量化处理，可以采用平均量化方法，也可以采用基于 K-均值聚类的量化方法，从而得到与时延序列对应的量化序列；

（2）初始化 DTHMM 中的参数，包括 Markov 状态转移矩阵、观测概率矩阵和状态初始分布向量，通常对状态转移矩阵和初始分布向量采用均匀分配的方法进行初始化，但对于观测概率矩阵，一般按照“较好的网络状态产生较小时延的概率大，而较差的网络状态产生较大时延的概率大”这一原则进行初始化；

（3）循环开始，把量化序列作为输入，使用不完全数据期望最大化（MDEM）算法估计 DTHMM 的参数，主要是在程序上实现第 3 章的式（3.29）～式（3.31）的运算；

（4）使用 Viterbi 算法估计出与时延序列相对应的网络状态序列，并记录产生这种状态序列的概率；

（5）判断前后两次估计的 DTHMM 参数之间的变化是否大于设定的阈值，若判断结果为“是”，则程序顺序执行至（6），否则程序跳转到（7）；

（6）判断程序是否达到最大循环次数，若判断结果为“是”，则给出报警信息，并结束程序，否则程序跳转到（3）开始下一轮循环；

（7）预测当前采样周期的网络时延，预测值的选取因（1）中采用的时延量化方法不同而不同；

（8）计算控制律，可以采用 LMI 工具箱计算状态反馈控制律，或者采用 DLQR 函数计算最优控制律；

（9）为控制律数据包打上本地时间戳，并将其发送到网络上。

这些算法设计的具体流程如图 8.23 所示。

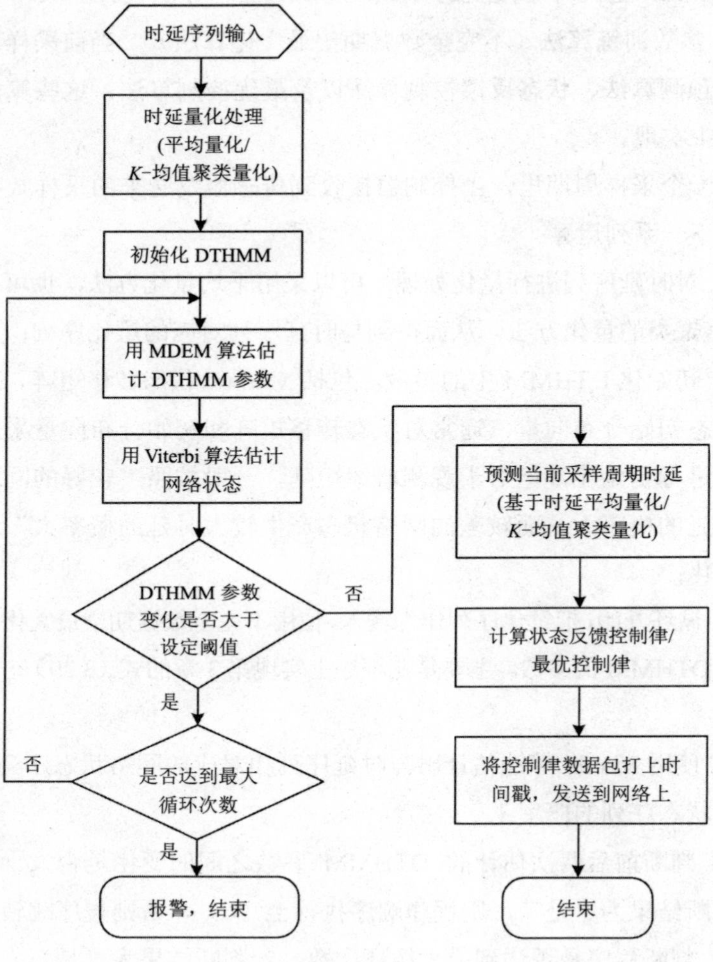

图 8.23　基于 DTHMM 时延模型的 NCS 建模与控制仿真流程图

8.5　本章小结

为了验证本书基于 DTHMM 随机时延模型的 NCS 建模与控制方法的有效性，本章利用 TrueTime1.5 工具箱中的 Kernel 模块和 Network 模块设计了网络化控制系统仿真平台 NCS-SP。首先简单介绍了 TrueTime1.5 的安装及运行环境设置；然后详细介绍了如何使用 Kernel 模块设计传感器、控制器、执行器和干扰节点，以及如何使 w 用 Network 模块设计网络参数及网路中各节点的连接方式，并给出了 Matlab 环境下的程序设计方法；最后在该仿真平台上设计并实现了基于 DTHMM 的时延量化、建模与预测算法以及状态反馈控制和最优反馈控制方法，并给出了算法实现流程图。可见，仿真平台 NCS-SP 为 NCS 的理论研究提供了科学有效的实验验证手段。

参考文献

[1]常玲芳，李惠光．随机最优非线性网络控制系统设计[J]．电机与控制学报，2006, 10(4): 435-439.

[2]程云鹏，张凯院，徐仲．矩阵论[M]．第 2 版．西安：西北工业大学出版社，1999.

[3]顾洪军．网络控制系统建模及性能分析方法的研究[D]．北京：清华大学，2001.

[4]纪志成，赵维一，谢林柏．δ 算子下的网络控制系统最优控制方法[J]．控制与决策, 2006, 21(12): 1349-1353, 1359.

[5]李洪波，孙增圻，孙富春．网络控制系统的发展现状及展望[J]．控制理论与应用, 2010, 27(2): 238-243.

[6]李雯，戴金海．航天领域研究网络控制系统的必要性分析[J]．航天控制，2008, 26(5): 93-96.

[7]李祖欣，王万良，雷必成，等．网络控制系统中基于模糊反馈的消息调度[J]．自动化学报, 2007, 33(11): 1229-1232.

[8]邱占芝，张庆灵．具有数据包丢失的奇异网络控制系统指数稳定性[J]．控制与决策, 2009, 24(6): 837-842.

[9]宋洪波，俞立，张文安．存在通信约束和时延的多输入多输出网络控制系统镇定研究[J]．信息与控制, 2007, 36(3): 334-339.

[10]孙海燕，侯朝桢．具有数据包丢失及多包传输的网络控制系统稳定性[J]．控制与决策, 2005, 20(5): 511-515.

[11]孙连坤．网络化控制系统调度与控制协同设计[D]．天津：天津大学, 2009.

[12]王武，杨富文．随机时延网络化不确定系统的鲁棒 H∞滤波[J]．自动化学报, 2007, 33(5): 557-560.

[13]王武, 林琼斌, 蔡逢煌, 等. 随机时延网络控制系统的 H∞输出反馈控制器设计[J]. 控制理论与应用, 2008, 25(5): 920-924.

[14]杨业, 王永骥. 一类多包传输网络控制系统的设计及稳定性分析[J]. 信息与控制, 2005, 34(2): 129-132.

[15]尹逊和, 李斌, 宋永端, 等. 网络控制系统的变采样周期调度算法[J]. 北京交通大学学报, 2010, 34(5): 135-141.

[16]俞立. 鲁棒控制——线性矩阵不等式处理方法[M]. 北京:清华大学出版社, 2002.

[17]俞立, 吴玉书, 宋洪波. 具有随机长时延的网络控制系统保性能控制[J]. 控制理论与应用, 2010, 27(8): 985-990.

[18]于之训, 蒋平, 陈辉堂. 具有传输延迟的网络控制系统中状态观测器的设计[J]. 信息与控制, 2000, 39(2): 125-130.

[19]于之训, 陈辉堂, 王月娟. 具有随机通讯延迟和噪声干扰的网络系统控制[J]. 控制与决策, 2000, 15(5): 518-522.

[20]于之训, 陈辉堂, 王月娟. 时延网络控制系统均方指数稳定的研究[J]. 控制与决策, 2000, 15(3): 278-281.

[21]于之训, 陈辉堂, 王月娟. 基于 H∞和 μ 综合的闭环网络控制系统的设计[J]. 同济大学学报, 2001, 29(3): 308-311.

[22]于之训, 陈辉堂, 王月娟. 基于 Markov 延迟特性的闭环网络控制系统研究[J]. 控制理论与应用, 2002, 19(2): 263-267.

[23]岳东, 彭晨. 网络控制系统的分析与综合[M]. 北京：科学出版社, 2007.

[24]张奇智, 张卫东. 网络控制系统中的时戳预测函数控制[J]. 控制理论与应用, 2006, 23(1): 126-130.

[25]朱其新, 胡寿松, 刘亚. 无限时间长时延网络控制系统的随机最优控制[J]. 控制理论与应用, 2004, 21(3): 321-326.

[26]ABERKANE S, PONSART J C, SAUTER D. Output-feedback H2/H∞ control of a class of networked fault tolerant control systems[J]. Asian Journal of Control, 2008, 10(1): 34-44.

[27]ANDERSSON M, HENRIKSSON D, CERVIN A. TrueTime 1.3—Reference

Manual[EB/OL]. Sweden: Lund University, 2005. http://www.control.lth.se/truetime/.
[28]ÅSTRÖM K J. Introduction to stochastic control theory[M]. New York: Academic Press, 1970.
[29]BAUM L E, PETRIE T, SOULES G, et al. A maximization technique occuring in the statistical analysis of probabilistic functions of Markov chains[J]. The Annals of Mathematical Statistics, 1970, 41(1): 164-171.
[30]BELLEGARDA J R, NAHAMOO D. Tied mixture continuous parameter models for large vocabulary isolated speech recognition[C]. Proceedings of 1989 International Conference on Acoustics, Speech, and Signal Processing, 1989: 13-16.
[31]BRANICKY M S, PHILIPS S M, ZHANG W. Stability of networked control systems: explicit analysis of delay[C]. Proceedings of 2000 American Control Conference, 2000: 2352-2357.
[32]CERVIN A, HENRIKSSON D, LINCOLN B, et al. How Does Control Timing Affect Performance? Analysis and Simulation of Timing Using Jitterbug and TrueTime[J]. IEEE Control Systems Magazine, 2003, 23(3): 16-30.
[33]CERVIN A, HENRIKSSON D, OHLIN M. TrueTime 2.0 beta 5 - Reference Manual[EB/OL]. Sweden: Lund University, 2010. http://www.control.lth.se/truetime/.
[34]CERVIN A, OHLIN M, HENRIKSSON D. Simulation of networked control systems using truetime[C]. Proceedings of the 3rd International Workshop on Networked Control Systems: Tolerant to Faults, 2007.
[35]CHEN C C, HIRCHE S, BUSS M. Stability, stabilization and experiments for networked control systems with random time delay[C]. Proceedings of 2008 American Control Conference, 2007: 1552-1557.
[36]CHEN Z S, HE Y, WU M. Robust fuzzy tracking control for nonlinear networked control systems with integral quadratic constraints[J]. International Journal of Automation and Computing, 2010, 7(4): 492-499.
[37]CONG S, ZHENG H. Modelling and performance analysis of networked control systems under different driven modes[J]. International Journal of

Computer Applications in Technology, 2009, 34(3): 192-198.

[38]COVER T M, THOMAS J A. Elements of information theory[M]. John Wiley and Sons, New York, 1991.

[39]DANG X D, ZHANG Q L. Exponential stability for singular networked control system with dynamical state feedback[C]. Proceedings of 2010 Chinese Control and Decision Conference, 2010: 1904-1909.

[40]DINGG J, LI L X, FEI M R. Design and development of real-time simulation experimentation for networked control systems[J]. Journal of System Simulation, 2008, 20(19): 5094-5098.

[41]DOMINGUEZ M A, MARINO P, POZA F, et al. Design of a networked control system to integrated vehicular electronic devices[C]. Proceedings of 2007 IEEE International Symposium on Industrial Electronics, 2007: 2870-2875.

[42]DRITSAS L, TZES A. Robust stability bounds for networked controlled systems with unknown, bounded and varying delays[J]. IET Control Theory and Applications, 2009, 3(3): 270-280.

[43]FANG X, WANG J. Stochastic observer-based guaranteed cost control for networked control [43]systems with packet dropouts[J]. IET Control Theory and Applications, 2008, 2(11): 980-989.

[44]FENG X, LOPARO K A, Ji Y, et al. Stochastic stability properties of jump linear systems[J]. IEEE Transactions on Automatic Control, 1992, 37(1): 38-53.

[45]GAID MEMB, CELA A, HAMAM Y. Optimal integrated control and scheduling of networked control systems with communication constraints: application to a car suspension system[J]. IEEE Transaction on Control Systems Technology, 2006, 14(4): 776-787.

[46]GAJATE A M, GUERRA REH. Internal model control based on a neurofuzzy system for network applications. A case study on the high-performance drilling process[J]. IEEE Transactions on Automation Science and Engineering, 2009,

6(2): 367−372.

[47]GE Y, CHEN Q G, JIANG M, et al. Stability Analysis of Networked Control Systems with Data Dropout and Transmission Delays[C]. Proceedings of the 7th World Congress on Intelligent Control and Automation, 2008, 7986−7991.

[48]GOKTAS F. Distributed control of systems over communication networks[D]. USA: University of Pennsylvania, 2000.

[49]GUERRERO C. Available bandwidth estimation: A hidden Markov model approach[M]. Germany: LAMBERT Academic Publishing, 2010.

[50]GUO X L, WANG H. Stochastic optimal control based on variable-period sampling model for Networked Control Systems with random delays[C]. Proceedings of the 21st Chinese Control and Decision Conference, 2009: 5582−5586.

[51]GUO Y F, LI S Y. Transmission probability condition for stabilisability of networked control systems[J]. IET Control Theory and Applications, 2010, 4(4): 672−682.

[52]GUO Y F, LI S Y. A new networked predictive control approach for systems with random network delay in the forward channel[J]. International Journal of Systems Science, 2010, 41(5):511−520.

[53]HALEVI Y, RAY A. Integrated communication and control systems: Part Ⅰ–Analysis[J]. Journal of Dynamic Systems, Measurement and Control, 1988, 110(4): 367−373.

[54]HASAN M S, YU H, GRIFFITHS A, et al. Simulation of distributed wireless networked control systems over MANET using OPNET[C]. Proceedings of 2007 IEEE International Conference on Networking, Sensing and Control, 2007: 699−704.

[55]HE X, WANG Z D, ZHOU D H. Robust fault detection for networked systems with communication delay and data missing[J]. Automatica, 2009, 45(11): 2634−2639.

[56]HENRIKSSON D, CERVIN A. TrueTime 1.1—Reference Manual[EB/OL].

Sweden: Lund University, 2003. http://www.control.lth.se/truetime/.

[57]HENRIKSSON D, CERVIN A. TrueTime 1.2—Reference Manual[EB/OL]. Sweden: Lund University, 2004. http://www.control.lth.se/truetime/.

[58]HIRAI K, SATOH Y. Stability of a system with variable time delay[J]. IEEE Transactions on Automatic Control, 1980, 25(3): 552-554.

[59]HU S, YAN W Y. Stability robustness of networked control systems with respect to packet loss[J]. Automatica, 2007, 43(7): 1243-1248.

[60]HU S S, ZHU Q X. Stochastic optimal control and analysis of stability of networked control systems with long delay[J]. Automatica, 2003, 39(11): 1877-1884.

[61]HU S, YAN W Y. Stability of networked control systems under a multiple-packet transmission policy[J]. IEEE Transactions on Automatic Control, 2008, 53(7): 1706-1711.

[62]HUANG C Z, BAI Y, LIU X J. H-infinity state feedback control for a class of networked cascade control systems with uncertain delay[J]. IEEE Transactions on Industrial Informatics, 2010, 6(1): 62-72.

[63]HUANG D, NGUANG S K. State feedback control of uncertain networked control systems with random time delays[J]. IEEE Transactions on Automatic Control, 2008, 53(3): 829-834.

[64]HUANG D, NGUANG S K. Robust disturbance attenuation for uncertain networked control systems with random time delays[J]. IET Control Theory and Applications, 2008, 2(11): 1008-1023.

[65]HUANG X D. Semi-continuous hidden Markov models for speech recognition[D]. England: University of Edinburgh, 1989.

[66]HUO Z H, FANG H J. Research on robust fault-tolerant control for networked control system with packet dropout[J]. Journal of Systems Engineering and Electronics, 2007, 18(1): 76-82.

[67]JI Y, CHIZECK H J. Controllability, stabilizability, and continuous-time Markovian jump linear quadratic control[J]. IEEE Transactions on Automatic

Control, 1990, 35(7): 777-788.

[68]JIA X C, ZHANG D W, HAO X H, et al. Fuzzy H∞ tracking control for nonlinear networked control systems in T-S fuzzy model[J]. IEEE Transactions on Systems, Man, and Cybernetics – Part B: Cybernetics, 2009, 39(4): 1073-1079.

[69]JIANG B, MAO Z H, SHI P. H∞-filter design for a class of networked control systems via T-S fuzzy-model approach[J]. IEEE Transactions on Fuzzy Systems, 2010, 18(1): 201-208.

[70]JIANG X F, HAN Q L, LIU S R, et al. A new H∞ stabilization criterion for networked control systems[J]. IEEE Transactions on Automatic Control, 2008, 53(4): 1025-1032.

[71]KIM D K, KO J W, PARK P. Stabilization of the asymmetric network control system using a deterministic switching system approach[C]. Proceedings of the 41st IEEE Conference on Decision and Control, 2002, 1638-1642.

[72]KIM D K, PARK P G, KO J W. Output-feedback H∞ control of systems over communication networks using a deterministic switching system approach[J]. Automatica, 2004, 40(7): 1205-1212.

[73]KIM J M, PARK J B, CHOI Y H. Stochastic observer based H∞ control of networked systems with packet dropouts[C]. Proceedings of 2010 International Conference on Control Automation and Systems, 2010: 2524-2528.

[74]KIM S H, PARK P G. Networked-based robust H∞ control design using multiple levels of network traffic[J]. Automatica, 2009, 45(3): 764-770.

[75]KIM W J, JI K, AMBIKE A. Networked real-time control strategies dealing with stochastic time delays and packet losses[C]. Proceedings of 2005 American Control Conference, 2005: 621-626.

[76]KIM Y H, PHONG L D, PARK W M, et al. Laboratory-level telesurgery with industrial robots and haptic devices communicating via the internet[J]. International Journal of Precision Engineering and Manufacturing. 2009, 10(2): 25-29.

[77]KOLBERG M, MAGILL E H. Using pen and paper to control networked appliances[J]. IEEE Communications Magazine, 2006, 44(11): 148-154.

[78]KOSKI T. Hidden Markov models of bioinformatics[M]. Netherlands: Kluwer Academic Publishers, 2001.

[79]KRASSOVSKII N N, LIDSKII E A. Analytical design of controllers in systems with random atrributes I[J]. Automation and Remote Control, 1961, 22(1): 1021-1025.

[80]KRASSOVSKII N N, LIDSKII E A. Analytical design of controllers in systems with random atrributes II[J]. Automation and Remote Control, 1961, 22(2): 1141-1146.

[81]KRASSOVSKII N N, LIDSKII E A. Analytical design of controllers in systems with random atrributes III[J]. Automation and Remote Control, 1961, 22(3): 1289-1294.

[82]LI H B, CHOW M Y, SUN Z Q. Optimal stabilizing gain selection for networked control systems with time delays and packet losses[J]. IEEE Transactions on Control Systems Technology, 2009, 17(5): 1154-1162.

[83]LI H B, CHOW M Y, SUN Z Q. State feedback stabilisation of networked control systems[J]. IET Control Theory and Applications, 2009, 3(7): 929-940.

[84]LI J, NAJMI A, GRAY R M. Image classification by a two dimensional hidden Markov model[J]. IEEE Transactions on Signal Processing, 2000, 48(2): 517-533.

[85]LI J G, YUAN J Q, LU J G. Observer-based H∞ control for networked nonlinear systems with random packet losses[J]. ISA Transactions, 2010, 49(1): 39-46.

[86]LI J N, ZHANG Q L, XIE Y H. Robust H∞ control of uncertain networked control systems with dropout compensation and Markov jumping parameters[C]. Proceedings of the 7th World Congress on Intelligent Control and Automation, 2008: 7970-7975.

[87]LI J N, ZHANG Q L, WANG Y L, et al. H∞ control of networked control

systems with packet disordering[J]. IET Control Theory and Applications, 2009, 3(11): 1463–1475.

[88]LI L, UGRINOVSKII V A. On necessary and sufficient conditions for H∞ output feedback control of Markov jump linear systems[J]. IEEE Transactions on Automatic Control, 2007, 52(7): 1287–1292.

[89]LIAN F L. Analysis, design, modeling, and control of networked control system[D]. USA: University of Michigan, 2001.

[90]LIAN F L, MOYNE J, TIBLURY D. Optimal controller design and evaluation for a class of networked control systems with distributed constant delays[C]. Proceedings of 2002 American Control Conference, 2002: 3009–3014.

[91]LIAN F L, MOYNE J, TILBURY D. Network design consideration for distributed control systems[J]. IEEE Transactions on Control System Technology, 2002, 10(2): 297–307.

[92]LIAN F L, MOYNE J, TILBURY D. Modelling and optimal controller design of networked control systems with multiple delays[J]. International Journal of Control, 2003, 76(5): 591–606.

[93]LIM D, ANBUKY A. A distributed industrial battery management network[J]. IEEE Transactions on Industrial Electronics, 2004, 51(6): 1181–1193.

[94]LIN T, RAN Y H, LIU J H. Research of scheduling and control co-design of networked control systems[C]. Proceedings of the 2nd International Conference on Intelligent Networks and Intelligent Systems, 2009: 201–204.

[95]LINCOLN B, BEMHARDSSON B. Optimal control over networks with long random delays[C]. Proceedings of the 14th International Symposium on Mathematical Theory of Networks and Systems, 2000: 84–90.

[96]LING Q, LEMMON M D. Robust performance of soft real-time networked control systems with data dropouts[C]. Proceedings of the 41st IEEE Conference on Decision and Control, 2002: 1225–1230.

[97]LIOU L W, RAY A. Integrated communication and control systems: Part Ⅲ–Nonidentical sensor and controller sampling[J]. Journal of Dynamic Systems,

Measurement and Control, 1990, 112(3): 357–364.

[98]LIOU L W, RAY A. A stochastic regulator for integrated communication and control systems: Part Ⅰ– Formulation of control law[J]. Journal of Dynamic Systems, Measurement and Control, 1991, 113(4): 604–611.

[99]LIOU L W, RAY A. A stochastic regulator for integrated communication and control systems: Part Ⅱ– Numerical analysis and simulation[J]. Journal of Dynamic Systems, Measurement and Control, 1991, 113(4): 612–619.

[100]LIU F C, YAO Y. Modeling and analysis of networked control systems using hidden Markov models[C]. Proceedings of the 4th International Conference on Machine Learning and Cybernetics, 2005: 928–931.

[101]LIU G P, MU J, REES D. Networked predictive control of systems with random communications delay[C]. Proceedings of 2004 UKACC International Conference on Control, 2004.

[102]LIU G P, MU J X, REES D, et al. Design and stability analysis of networked control systems with random communication time delay using the modified MPC[J]. International Journal of Control, 2006, 79(4): 287–296.

[103]LIU G P, XIA Y Q, REES D, et al. Design and stability criteria of networked predictive control systems with random network delay in the feedback channel[J]. IEEE Transactions on Systems, Man and Cybernetics – Part C, 2007, 37(2): 173–184.

[104]LIU G P, XIA Y Q, CHEN J, et al. Networked predictive control of systems with random network delays in both forward and feedback channels[J]. IEEE Transactions on Industrial Electronics, 2007, 54(3): 1282–1297.

[105]LIU G P, CHAI S C, MU J X, et al. Networked predictive control of systems with random delay in signal transmission channels[J]. International Journal of Systems Science, 2008, 39(11): 1055–1064.

[106]LIU J G, LIU B Y, ZHANG R F, et al. The new variable-period sampling scheme for networked control systems with random time delay based on BP neural network prediction[C]. Proceedings of the 26th Chinese Control

Conference, 2007: 81-83.

[107]LIU L M, SHAN L Q, TONG C N. Delay-quantization and augmented controller vector method of networked control systems modeling[C]. Proceedings of the 1st International Workshop on Education Technology and Computer Science, 2009: 278-282.

[108]LIU N, LIU H, FEI S M. Optimal tasks and messages scheduling for asynchronous networked control systems[C]. Proceedings of the 2007 IEEE International Conference on Automation and Logistics, 2007: 2329-2333.

[109]LIU Y, SUN D Q. Delay-dependent H∞ stabilisation criterion for continuous-time networked control systems with random delays[J]. International Journal of Systems Science, 2010, 41(11): 1399-1410.

[110]LUCK R, RAY A. Delay Compensation in integrated communication and control systems: part Ⅰ- Conceptual development and analysis[C]. Proceedings of 1990 American Control Conference, 1990: 2045-2050.

[111]LUCK R, RAY A. Delay Compensation in integrated communication and control systems: part Ⅱ- Implementation and verification[C]. Proceedings of 1990 American Control Conference, 1990: 2051-2055.

[112]LUCK R, RAY A. An observer-based compensator for distributed delays[J]. Automatica, 1990, 26(5): 903-908.

[113]LUCK R, RAY A. Experimental verification of a delay compensation algorithm for integrated communication and control systems[J]. International Journal of Control, 1994, 59(6): 1357-1372.

[114]LUO D D, WANG Z W, GUO G. Stability of model-based networked control systems with multi-rate input sampling[C]. Proceedings of the 20th Chinese Control and Decision Conference, 2008： 348-351.

[115]LUO R C, CHEN T M. Development of a multi-behavior based mobile robot for remote supervisory control through the internet[J]. IEEE/ASME Transactions on Mechatronics, 2000, 5(4): 376-385.

[116]MA C L, FANG H J. Stochastic stabilization analysis of networked control

systems[J]. Journal of Systems Engineering and Electronics, 2007, 18(1): 137−141.

[117]MA C L, FANG H J. Research on stochastic control of networked control systems[J]. Communications in Nonlinear Science and Numerical Simulation, 2009, 14(2): 500−507.

[118]MA W G , SHAO C. Robust H∞ control for networked control systems[J]. Journal of Systems Engineering and Electronics, 2008,19(5): 1003−1009.

[119]MA Z P, CUI D G, CHENG P. Dynamic network flow model for short-term air traffic flow management[J]. IEEE Transactions on Systems, Man and Cybernetics, Part A: Systems and Humans, 2004, 34(3): 351−358.

[120]MACQUEEN J. Some methods for classification and analysis of multi-variate observations[C]. Proceedings of the 5th Berkeley Symposium on Mathematics Statistic Problem, 1967: 281−297.

[121]MAMON R S, ELLIOTT R J. Hidden Markov models in finance[M]. New York: Springer Verlag, 2007.

[122]MAO Z H, JIANG B, SHI P. Fault detection for a class of nonlinear networked control systems[J]. International Journal of Adaptive Control and Signal Processing, 2010, 24(7): 610−622.

[123]MASTELLONE S, ABDALLAH C T, DORATO P. Model-based networked control for nonlinear systems with stochastic packet dropout[C]. Proceedings of 2005 American Control Conference, 2005: 2365−2370.

[124]MOAYEDI M, FOO Y K, SOH Y C. Filtering for networked control systems with single/multiple measurement packets subject to multiple-step measurement delays and multiple packet dropouts[J]. International Journal of Systems Science,2011, 42(3): 335−348.

[125]MONTESTRUQUE L A, ANTSAKLIS P J. On the model-based control of networked systems[J]. Automatica, 2003, 39(10): 1837−1843.

[126]MUELLER J B, ZHAO Y Y. Distributed real-time optimization across airborne networks[C]. Proceedings of 2008 IEEE Aerospace Conference,

2008: 1-12.

[127]MURRAY R M, ASTROM K J, BOYD S P, et al. Future direction in control in an information-rich world[J]. IEEE Control Systems Magazine, 2003, 23(2): 20-33.

[128]NILSSON J, BERNHARDSSON B. LQG control over a Markov communication network[C]. Proceedings of the 36th IEEE Conference on Decision and Control, 1997: 4586-4591.

[129]NILSSON J, BERNHARDSSON B, WITTENMARK B. Stochastic analysis and control of real-time systems with random time delays[J]. Automatica, 1998, 34(1): 57-64.

[130]NILSSON J. Real-time control systems with delays[D]. Sweden: Lund Institute of Technology, 1998.

[131]OH P Y. Motor-propeller damped compound pendulum[EB/OL]. USA: Drexel University, 2008. http://prism2.mem.drexel.edu/~paul/thrustTester/thrustTester.html/.

[132]OHLIN M, HENRIKSSON D, CERVIN A. TrueTime 1.4—Reference Manual[EB/OL]. Sweden: Lund University, 2006. http://www.control.lth.se/truetime/.

[133]OHLIN M, HENRIKSSON D, CERVIN A. TrueTime 1.5—Reference manual[EB/OL]. Sweden: Lund University, 2007. http://www.control.lth.se/truetime/.

[134]OTANEZ P G, MOYNE J R, TILBURY D M. Using deadbands to reduce communication in networked control systems[C]. Proceedings of 2002 American Control Conference, 2002: 3015-3020.

[135]PARK H S, LEE S W. A truly 2-D hidden Markov model for off-line handwritten character recognition[J]. Pattern Recognition, 1998, 31(12): 1849-1864.

[136]QIU L, Xu B G, LI S B. Stability analysis and controller design for networked control systems based on hidden Markov model[C]. Proceedings of the 8th IEEE International Conference on Control and Automation, 2010: 1316-1320.

[137]RABINER L R. A tutorial on hidden Markov models and selected applications

in speech recognition[J]. Proceedings of the IEEE,1989, 77(2): 257-286.

[138]RAY A, HALEVI Y. Integrated communication and control systems: Part Ⅱ — Design consideration[J]. Journal of Dynamic Systems, Measurement and Control, 1988, 110(4): 374-381.

[139]RAY A. Distributed data communication networks for real time process control[J]. Chemical Engineering Communications, 1988, 65(2): 139-154.

[140]RAYMAN R, PRIMAK S, EAGLESON R. Effects of network delay on training for telegurgery[C]. Proceedings of the 1st International Conference on Wireless Communication, Vehicular Technology, Information Theory and Aerospace & Electronic Systems Technology, 2009: 63-67.

[141]SADEGHI P, KENNEDY R, RAPAJIC P, et al. Finite-state Markov modeling of fading channels — a survey of principles and applications[J]. IEEE Signal Processing Magazine, 2008, 25(5): 57-80.

[142]SAUTER D, LI S B, AUBRUN C. Robust fault diagnosis of networked control systems[J]. International Journal of Adaptive Control and Signal Processing, 2009, 23(8): 722-736.

[143]SEILER P, SENGUPTA R. Analysis of communication losses in vehicle control problem[C]. Proceedings of 2001 American Control Conference, 2001: 1491-1496.

[144]SHI Y, YU B. Output feedback stabilization of networked control systems with random delays modeled by Markov chains[J]. IEEE Transactions on Automatic Control, 2009, 54(7): 1668-1674.

[145]SHI Y, YU B, HUANG J. Mixed H2/H∞ control of networked control systems with random delays modeled by Markov chains[C]. Proceedings of 2009 American Control Conference, 2009: 4038-4043.

[146]TAN P N, STEINBACH M, KUMAR V. Introduction to data mining[M]. USA: Addison-Wesley, 2005.

[147]TIBSHIRANI R, WALTHER G , HASTIE T. Estimating the number of clusters in a data set via the gap statistic[J]. Journal of the Royal Statistic

Society: Series B (Statistical Methodology) ,2001, 63(2): 411–423.

[148]TIPSUWAN Y, CHOW M Y. Network-based controller adaptation based on QoS negotiation and deterioration[C]. Proceeding of the 27th annual conference of the IEEE industrial electronics society, 2001, 1794–1799.

[149]TIPSUWAN Y, CHOW M Y. Gain adaptation of networked mobile robot to compensate QoS deterioration[C]. Proceeding of the 28th annual conference of the IEEE industrial electronics society, 2002, 3146–3151.

[150]TIPSUWAN Y, CHOW M Y. Control methodologies in networked control systems[J]. Control Engineering Practice, 2003, 11(10): 1099–1111.

[151]VATANSKI N, GEORGES J P, AUBRUN C, et al. Networked control with delay measurement and estimation[J]. Control Engineering Practice, 2009, 17(2): 231–244.

[152]VITERBI A J. Error bounds for convolutional codes and an asymptotically optimum decoding algorithm[J]. IEEE Transactions on Information Theory, 1967, 13(2): 260–269.

[153]WALSH G C, YE H, BUSHNELL L G. Stability analysis of networked control systems[C]. Proceedings of 1999 American Control Conference, 1999: 2876–2880.

[154]WALSH G C, YE H. Scheduling of networked control systems[J]. IEEE Control System Magazine, 2001, 21(1): 57–65.

[155]WALSH G C, BELDIMAN O, BUSHNELL L G. Asymptotic behavior of nonlinear networked control systems[J]. IEEE Transactions on Automatic Control, 2001, 46(7): 1093–1097.

[156]WALSH G C, YE H, BUSHNELL L G. Stability analysis of networked control systems[J]. IEEE Transactions on Control Systems Technology, 2002, 10(3): 438–446.

[157]WALSH G C, BELDIMAN O, BUSHNELL L G. Error encoding algorithms for networked control systems[J]. Automatica, 2002, 38(2): 261–267.

[158]WANG Q F, CHEN H. H∞ control of networked control system with long

time delay[C]. Proceedings of the 7th World Congress on Intelligent Control and Automation, 2008: 5457-5462.

[159]WANG R, LIU G P, WANG B, et al. L2-gain analysis for networked predictive control systems based on switching method[J]. International Journal of Control, 2009, 82(6): 1148-1156.

[160]WANG R, WANG B, LIU G P, et al. H∞ controller design for networked predictive control systems based on the average dwell-time approach[J]. IEEE Transactions on Circuits and Systems – II: Express Briefs, 2010, 57(4): 310-314.

[161]WANG R, LIU G P, WANG W, et al. H∞ control for networked predictive control systems based on the switched Lyapunov function method[J]. IEEE Transactions on Industrial Electronics, 2010, 57(10): 3565-3571.

[162]WANG W, CAI F H, YANG F W. An H2 approach for networked control systems with multiple packet dropouts[C]. Proceedings of the 8th World Congress on Intelligent Control and Automation, 2010, 1277-1282.

[163]WANG Y, SUN Z Q. H∞ control of networked control systems via LMI approach[J]. International Journal of Innovative Computing, Information and Control, 2007, 3(2): 343-352.

[164]WANG Y L, YANG G H. H∞ control of networked control systems with delay and packet disordering via predictive method[C]. Proceedings of 2007 American Control Conference, 2007: 1021-1026.

[165]WANG Y L, YANG G H. H∞ control of networked control systems with time delay and packet disordering[J]. IET Control Theory and Applications, 2007, 1(5): 1344-1354.

[166]WANG Z D, YANG F W, HO DWC, et al. Robust H∞ control for networked systems with random packet losses[J]. IEEE Transactions on Systems, Man, and Cybernetics – Part B: Cybernetics, 2007, 37(4): 916-924.

[167]WEI W, WANG B, TOWSLEY D. Continuous-time hidden Markov models for network performance evaluation[J]. Performance Evaluation, 2002,

49(1-4): 129-146.

[168]WEI Z, Li C H, XIE J Y. Improved control scheme with online delay evaluation for networked control systems[C]. Proceedings of the 4th World Congress on Intelligent Control and Automation, 2002: 1319-1323.

[169]WEN D L, GAO Y. Networked control systems in multiple-packet transmission[C]. Proceedings of 2008 Chinese Control and Decision Conference, 2008: 423-426.

[170]WU D, WU J, CHEN S. Robust H∞ control for networked control systems with uncertainties and multiple-packet transmission[J]. IET Control Theory and Applications, 2010, 4(5): 701-709.

[171]WU J, CHEN T W. Design of networked control systems with packet dropouts[J]. IEEE Transactions on Automatic Control, 2007, 52(7): 1314-1319.

[172]WU J, DENG F Q. Finite horizon optimal control of networked control systems with Markov delays[C]. Proceedings of the 6th World Congress on Intelligent Control and Automation, 2006: 4513-4517.

[173]WU J, ZHANG L Q, CHEN T W. Model predictive control for networked control systems[J]. International Journal of Robust and Nonlinear Control, 2009,19(9): 1016-1035.

[174]XIA Y, LIU G P, FU M, et al. Predictive control of networked systems with random delay and data dropout[J]. IET Control Theory and Applications, 2009, 3(11): 1476-1486.

[175]XIAO L, HASSIBI A, HOW J P. Control with random communication delays via a discrete-time jump system approach[C]. Proceedings of 2000 American Control Conference, 2000: 2199-2204.

[176]XIONG J L, LAM J. Stabilization of linear systems over networks with bounded packet loss[J]. Automatica, 2007, 43(1): 80-87.

[177]YANG C, GUAN Z H, HUANG J, et al. Design of stochastic switching controller of networked control systems based on greedy algorithm[J]. IET

Control Theory and Applications, 2010, 4(1): 164−172.

[178]YANG C X, GUAN Z H, HUANG J, et al. Stochastic controlling tolerable fault of Network Control Systems[C]. Proceedings of 2008 American Control Conference, 2008: 1979−1984.

[179]YANG F W, WANG Z D, HUNG Y S, et al. H∞ control for networked systems with random communication delays[J]. IEEE Transactions on Automatic Control, 2006, 51(3): 511−518.

[180]YAZ E. Control of randomly varying system with predescribed degree of stability[J]. IEEE Transactions on Automatic Control, 1988, 33(4): 407−410.

[181]YORKE J A. Asymptotic stability for one dimensional differential delay equations[J]. Journal of Differential Equations, 1970, 7(1): 189−202.

[182]YU B, SHI Y. State feedback stabilization of networked control systems with random time delays and packet dropout[C]. Proceedings of 2008 ASME Dynamic Systems and Control Conference, 2008: 127−133.

[183]YU M, WANG L, CHU T G, et al. Stabilization of networked control systems with data packet dropout and network delays via switching system approach[C]. Proceedings of the 43rd IEEE Conference on Decision and Control, 2004: 3539−3544.

[184]YUE D, HAN Q L, LAM J. Network-based robust H∞ control of systems with uncertainty[J]. Automatica, 2005, 41(6): 999−1007.

[185]ZEIGER F, SCHMIDT M, SCHILLING K. Remote experiments with mobile-robot hardware via internet at limited link capacity[J]. IEEE Transactions on Industrial Electronics, 2009, 56(12): 4798−4805.

[186]ZHANG L Q, SHI Y, CHEN T W, et al. A new method for stabilization of networked control systems with random delays[J]. IEEE Transactions on Automatic Control, 2005, 5(8): 1177−1181.

[187]ZHANG W, BRANICKY M S, PHILLIPS S M. Stability of networked control systems[J]. IEEE Control Systems Magazine, 2001, 21(1): 84−99.

[188]ZHANG W A, YU L. Output feedback stabilization of networked control

systems with packet dropouts[J]. IEEE Transactions on Automatic Control, 2007, 52(9): 1705-1710.

[189]ZHANG W A, YU L. Output feedback guaranteed cost control of networked linear systems with random packet losses[J]. International Journal of Systems Science, 2010, 41(11): 1313-1323.

[190]ZHANG Y, TANG G Y. Feedforward and feedback optimal control for networked control systems with long time-delay[C]. Proceedings of the 21st Chinese Control and Decision Conference, 2009: 582-587.

[191]ZHANG Y, WANG S Q. Delay-loss estimation and control for networked control systems based on hidden Markov models[C]. Proceedings of the 6th World Congress on Intelligent Control and Automation, 2006: 4415-4419.

[192]ZHAO Y B, LIU G P, REES D. A predictive control-based approach to networked Hammerstein systems: design and stability analysis[J]. IEEE Transactions on Systems, Man, and Cybernetics – Part B: Cybernetics, 2008, 38(3): 700-708.

[193]ZHAO Y B, LIU G P, REES D. A predictive control based approach to networked Wiener systems[J]. International Journal of Innovative Computing, Information and Control, 2008, 4(11): 2793-2802.

[194]ZHAO Y B, LIU G P, REES D. Improved predictive control approach to networked control systems[J]. IET Control Theory and Applications, 2008, 2(8): 675-681.

[195]ZHAO Y B, LIU G P, REES D. Modeling and stabilization of continuous-time packet-based networked control systems[J]. IEEE Transactions on Systems, Man, and Cybernetics, Part B: Cybernetics, 2009, 39(6): 1646-1652.

[196]ZHAO Y B, LIU G P, REES D. Design of a packet-based control framework for networked control systems[J]. IEEE Transactions on Control Systems Technology, 2009, 17(4): 859-865.

[197]ZHAO Y B, LIU G P, REES D. Actively compensating for data packet disorder in networked control systems[J]. IEEE Transactions on Circuits and

Systems – II : Express Briefs, 2010, 57(11): 913–917.

[198]ZHENG Y, FANG H J, WANG H O. Takagi-Sugeno fuzzy-model-based fault detection for networked control systems with Markov delays[J]. IEEE Transactions on Systems, Man, and Cybernetics – Part B: Cybernetics, 2006, 36(4): 924–929.

[199]ZHU Q X, LIU G P, CAO J Y, et al. Stability analysis of networked control systems with Markov delay[C]. Proceedings of 2005 International Conference on Control and Automation, 2005: 720–724.

[200]ZHU X L, YANG G H. State feedback controller design of networked control systems with multiple-packet transmission[J]. International Journal of Control, 2009, 82(1): 86–94.

[201]ZIV J, LEMPEL A. A universal algorithm for sequential data compression[J]. IEEE Transactions on Information Theory IT, 2003, 23(3): 337–343.

[202]ZIV J, MERHAV N. Estimating the number of states of a finite-state source[J]. IEEE Transactions on Information Theory, 2002, 38(1): 61–65.

